A MESSIEURS

<table>
<tr><td align="center">

A. THAREL

DIRECTEUR

de l'Exposition de Lyon

</td><td align="center">

L. DABONEAU

PRÉSIDENT

du Conseil d'administration

</td></tr>
</table>

LES MERVEILLES

DE

L'INDUSTRIE

A L'EXPOSITION

DE LYON

Par MM. Henry de LAGORCE — Ernest FONTÈS
et Georges BARETTI

LYON

ÉVRARD, LIBRAIRE-ÉDITEUR

32, RUE DE LYON, 32

1872

LYON. — IMPRIMERIE VEUVE CHANOINE
10, place de la Charité, 10

AVANT-PROPOS

Nous n'avons point la prétention, dans ce livre, de relever les erreurs qu'ont pu commettre les différents jurys; nous marchons, au contraire, à côté des jurys, et nous croyons pouvoir affirmer que pas un des produits que nous avons remarqués nous-mêmes n'a été oublié par eux dans la distribution des récompenses.

Il nous est arrivé parfois, de trouver que tel ou tel produit méritait qu'on s'étendit davantage sur sa valeur, que pourrait ne le faire supposer la distinction accordée par le jury, d'autres fois d'accorder dans notre texte une place plus grande à certains produits réellement inférieurs à ceux auxquels nous ne consacrions que quelques lignes. Nous avons agi ainsi, soit parce qu'à nos yeux, certains produits nous ont semblé avoir droit à des distinctions plus grandes que celles qu'ils ont obtenues, — sans avoir toutefois la prétention de substituer notre jugement à celui du jury, — soit que nous ayons cru que certains industriels méritaient, par l'intelligence et la persévérance de leur travail, d'être encouragés d'une façon toute spéciale.

D'ailleurs, nous le répétons, nous ne prétendons pas nous poser en juges absolus, et dans le but de mettre le public à même d'être bien renseigné, nous plaçons à côté de nos articles les listes exactes des récompenses, accompagnées de celles des membres des jurys de chaque section, l'autorité des noms de ces juges ne pouvant que servir à appuyer leur jugement.

Il nous reste à dire pourquoi nous avons placé à la tête de ce livre les noms de M. Tharel et de M. Daboneau. Nous l'avons fait parce que nous avons toujours été les amis de leur œuvre, quoi qu'on ait dit d'elle, et que nous avons cru devoir dédier notre livre, dernier monument de l'Exposition de 1872, aux deux hommes qui nous ont paru avoir le plus fait pour elle : à M. Tharel, l'énergique directeur, l'homme infatigable, qui, toujours sur la brèche, n'a jamais reculé, n'a jamais douté et a soutenu par sa foi dans l'œuvre qu'il dirigeait, malgré de lâches attaques, le courage de tous ; à M. Daboneau, l'intelligent président du Conseil d'administration, qui a su conduire un conseil d'actionnaires souvent épouvanté et toujours ombrageux, faire entendre sa voix à la direction et à l'architecte en chef, maintenir l'ordre dans cette petite république et la faire arriver à sa fin, sans que la paix ait jamais été troublée d'une façon sérieuse.

THE
HOWE MACHINE CO
NEW YORK
699 Broadway
PARIS
46 Boulevard Sébastopol
LYON
Passage de l'Hôtel Dieu
LA
MEILLEURE COUSEUSE
DU MONDE
C'EST LA
Machine Véritable
AMÉRICAINE
DE
ELIAS HOWE
ELIAS HOWE
MACHINE ELIAS HOWE

CHAPITRE 1

LES INDUSTRIELS DÉCORÉS

A L'EXPOSITION

Le gouvernement français avait promis de donner des décora tions, comme récompense supérieure, à MM. les industriels dont les produits seraient jugés dignes de mériter à leurs auteurs cette haute distinction.

La croix de la Légion d'honneur, qui devait être seulement, dans la volonté de son fondateur, l'*Etoile des braves*, est entrée dans l'ordre civil et est devenue le prix du travail comme elle avait été celui du courage. Malheureusement, elle a été parfois un peu prodiguée aux militaires, et les industriels qui l'ont obtenue sont trop rares, auprès du grand nombre, dont les remarquables travaux l'auraient méritée. Elle n'en est que plus précieuse et plus méritoire pour ceux qui l'ont acquise, et cette rareté des industriels décorés, oblige à un plus grand respect envers les élus.

Nous le répétons, ils sont trop peu nombreux. Le gouvernement, cette fois encore, s'est montré trop avare, et nous espérons bien qu'un nouveau décret viendra payer à l'industrie qui a concouru à l'Exposition de Lyon, un plus juste tribut d'honneur et de distinction.

Sept noms seulement ont paru au décret, qui a été lu le jour de la distribution des récompenses. Ce sont ceux :

De M. Dusseigneur-Kléber, personnalité des plus savantes et des plus illustres, dans l'industrie lyonnaise; chevalier déjà, il a été fait officier de la Légion d'honneur.

De M. François Coignet, autre savant qui a fait faire de si grands pas à la chimie industrielle.

De M. Daboneau, le fils de ses œuvres, le propriétaire des magasins de la *Ville de Lyon*, l'un des négociants les plus considérables de France et des plus intelligents de la cité lyonnaise, qui a déployé un si grand talent comme Président du Conseil d'administration de l'Exposition de Lyon.

De M. Geneste, l'ingénieur-constructeur habile, qui a fait accomplir de si grands progrès aux industries de la ventilation et du chauffage.

De M. Kleber, de la maison Blanchet et Kleber, ces sommités dans la production du papier, dont tous les associés ont mérité et obtenu déjà cette distinction.

De M. Lemoine, le roi du mobilier, cet artiste, des ateliers duquel sortent les merveilles les plus pures, renouvelées des temps où le goût fut le plus élevé dans cet art : *Louis XV, Louis XVI, Empire*.

Enfin, de M. Plissonnier, le constructeur de machines agricoles de Loizy, près Tournon.

Nous ne faisons que citer les noms de ces hommes qu'a distingués le gouvernement. Nous parlerons plus longuement à d'autres chapitres de ce livre, d'eux et de leurs produits.

Nous avons tenu seulement à donner à leurs noms la première place dans ce volume, comme un juste hommage rendu au travail intelligent, spéculatif et producteur.

CHAPITRE II

L'EXPOSITION

Son Palais — Son Parc

En commençant ce livre des *Merveilles de l'Industrie à l'Exposition*, une chose s'offre principalement à nos regards : l'Exposition elle-même, son palais et son parc.

Tout, en effet, dans cette œuvre gigantesque, est une merveille : l'œuvre morale comme l'œuvre matérielle.

On sait dans quelles circonstances est née l'Exposition, quelles épreuves elle a traversées, et l'on se demande vraiment comment il a été possible à l'Industrie privée de lutter, à la fois, contre les éléments et contre le mauvais vouloir des Lyonnais qui ne voulaient pas croire à la possibilité de cette œuvre.

On se demande comment toutes les industries françaises, si éprouvées par deux guerres atroces, ont pu retrouver assez de vie pour répondre à l'appel pressant qui leur était fait, et se donner rendez-vous en aussi grand nombre dans le palais dû aux plans de M. Chatron et à l'habileté de M. Savy.

On se demande comment vingt fois les directeurs de cette entreprise, n'ont pas jeté le froc aux orties et abandonné une œuvre aussi ingrate ; on admire autant le patriotisme que la persévérance et l'énergie qu'il leur a fallu déployer pour montrer au monde, qui la croyait morte, que la France était encore debout et que rien ne peut ébranler la puissance de sa vitalité industrielle.

*
* *

Mais, attaquons bravement notre œuvre et parlons maintenant des merveilles véritablement industrielles.

La première est certainement le Palais de l'Exposition.

M. CHATRON, qui a conçu ses plans, après avoir l'un des premiers eu l'idée de l'œuvre, n'en était plus à faire sa réputation d'architecte quand il a commencé son travail capital. Élève de M. Labrouste, beaucoup des plus belles maisons de Lyon ont été construites par lui, et son talent incontesté le désignait d'avance comme l'architecte nécessaire de l'Exposition.

M. CHATRON connaissait déjà, d'ailleurs, les Expositions et le genre de travaux que nécessitent les œuvres de ce genre, qui doivent être éphémères et cependant monumentales.

Il avait été déjà délégué par les exposants de soieries lyonnaises à l'exposition du Havre pour la décoration de la salle des tissus, et y avait reçu, en récompense des services réels par lui rendus, une médaille d'argent.

Il avait été délégué à l'exposition de Rome, comme architecte français, pour faire toute la section française, et y avait remporté les plus grands succès.

M. CHATRON avait donc, nous ne saurions trop le répéter, sa place marquée comme architecte en chef de l'Exposition de Lyon; s'il n'en avait pas été l'un des premiers inspirateurs et, dès le début, l'un des plus actifs auteurs, ses antécédents et son mérite devaient lui donner cette place.

Mais je veux vous parler des plans de l'Exposition elle-même et entrer dans quelques détails sur l'ensemble du monument.

Les plans avaient été conçus d'abord plus grandioses encore

qu'ils n'ont été exécutés, ainsi qu'il nous a été permis de le voir sur un croquis exposé dans le cabinet de M. CHATRON. L'Exposition et son parc devaient occuper tout le parc de la Tête-d'Or, et les bâtiments situés au centre, avaient quelque rapport avec ceux de l'Exposition de Paris, sans leur ressembler toutefois.

Mais le parc est une promenade publique et la ville n'a pas pu s'en dessaisir.

Il a bien fallu se contenter de la digue qui, seule, était concédée, et M. CHATRON a dû limiter son génie à cet espace plus restreint.

Il en a tiré le meilleur parti qu'il fût possible d'en espérer, et l'on se demande vraiment quand on a vu la digue telle qu'elle était avant la construction, un chemin de grande communication, et qu'on voit aujourd'hui le palais, comment on a pu faire reposer un aussi beau monument sur une base aussi mesquine. Il est vrai que d'immenses travaux de soubassements ont été jetés sur les terrains sablonneux et presque toujours submergés qui séparent la digue du chemin de hallage, et que sur ces soubassements ont pu être construits l'un des bas-côtés de la grande galerie des machines, une partie des deux galeries 5 et 9 perpendiculaires au Rhône, les galeries 6 et 8 construites en reculement sur la digue qui forme une esplanade devant elles, et la partie centrale qui devait être, dans l'esprit de l'architecte, une grande coupole se terminant vers le Rhône par une grande nef. Mais ici M. CHATRON a dû encore limiter ses plans au budget de l'entreprise, chose que nous déplorons en nous imaginant combien elle eût été plus grandiose, telle que l'artiste l'avait conçue.

C'était une exposition qu'avait à construire M. CHATRON, une Exposition universelle et internationale, c'est-à-dire un immense bâtiment destiné à contenir une multitude de produits dissemblables, à la nature desquels les constructions devaient être appropriées. Il a dû, en conséquence, disposer ses plans de façon à ce que l'harmonie générale ne fût pas troublée par une plus ou moins grande élévation, une ampleur plus ou moins grande donnée à certaines parties des bâtiments.

Il a donc fait en arc de cercle suivant la digue, neuf galeries. La première, immense et monumentale, avec ses deux bas-côtés destinés à la mécanique générale; la galerie 2, plus restreinte, destinée aux machines plus petites et aux métiers; les galeries 4 et 10, pendant l'une de l'autre, — la galerie 10 réservée aux soieries, plus basse, parce que cette industrie étant essentiellement lyonnaise, les passages devaient être plus larges et qu'une trop grande hauteur eût nui à l'aspect général de la galerie, les installations une fois faites; — les galeries 5 et 9, de 110 mètres perpendiculaires au Rhône et aux galeries 6 et 8, avec lesquelles elles forment deux esplanades entre lesquelles s'avance la grande coupole qui est inscrite sous le nom de galerie n° 7.

Ces neuf galeries sont coupées par le pavillon carré inscrit sous le n° 3, et terminées par un pavillon semblable (n° 11) qui se serait trouvé le n° 3 aussi de son côté, c'est-à-dire le pendant du premier, si les plans de l'architecte n'eussent pas dû être encore tronqués ici par le manque d'exposants et le manque d'argent, et enlever ainsi au monument l'ensemble absolu qu'il avait dans la pensée de l'artiste.

Quoi qu'il en soit et quelles qu'aient été les entraves de toute nature qu'ait eues à subir l'architecte, le monument tel qu'il est, est véritablement remarquable, est absolument artistique et fait le plus grand honneur à l'Exposition, pour qui il a été construit, à la ville qui ne pourra sans doute se décider à le détruire en entier, enfin à l'habile architecte qui l'a conçu.

*
* *

A côté de M. Chatron nous ne pouvons oublier M. Savy, le célèbre entrepreneur de travaux, qui l'a si bien secondé. Cette figure sympathique entre toutes a droit, autant qu'aucune autre, à nos respects et à notre admiration.

Mais nous ne voulons nous occuper que du système de construction employé dans ce magnifique Palais, système spécial breveté, qui a illustré le nom de M. Savy.

Les fermes, d'une légéreté et d'une hardiesse étonnantes, sont formées d'un arc d'un seul morceau, en plateaux de sapin superposés à plat et reliés ensemble par des frettes et des boulons ; les tendeurs sont en fer et les bielles en fer creux ; la pointe ajourée donne une grande solidité au système, en même temps qu'elle est du plus agréable effet; deux retombées circulaires complètent l'ensemble et rectifient la courbe de la ferme, qui présente intérieurement une forme elliptique des plus gracieuses; l'aspect extérieur offre une ligne de faîte nettement accusée, avec une courbure peu sensible à la partie basse. Cette forme un peu mauresque est des plus heureuses et en parfait accord avec le style général du Palais.

C'est là, certainement, le *nec plus ultra* des constructions élégantes et légères, et aucun autre système n'a pu donner de tels résultats. M. Savy, digne émule des Fourneau, des Pollonceau et des Émy, a pris à la lettre les paroles de Philibert Delorme, qui disait, il y a un siècle :

« Les forêts vont se dépeuplant; si l'on pouvait courber des
« grands bois au moyen du feu, on arriverait à construire des
« arcs à grandes portées qu'on maintiendrait par des cordes ;
« on aurait alors des charpentes légères et solides bâties à petits
« frais et avec une économie de bois. »

M. Savy a résolu ce problème difficile des combles à grande portée. Ses premiers essais dans ce genre ont été faits à Paris, il y a quelques années, et ont produit une véritable sensation dans le monde des ingénieurs et des architectes.

Les magnifiques ateliers de Million et Cie, avenue Rapp, construits sur 35 mètres de largeur, ont seuls résisté à l'explosion de la cartoucherie du Champ-de-Mars; les raffineries de Braisnes, près Soissons, les halles d'Amiens, le marché au lin de Doullens, l'église des Augustins, à Rouen, l'exposition de Beauvais, etc., sont autant d'œuvres qui témoignent en faveur de l'excellent système de M. Savy.

A l'exposition de 1867, à Paris, il fut chargé des constructions de la section égyptienne, travail difficile dont il s'acquitta si bien que, sur la proposition de l'architecte et de Nubar-Pacha, il fut nommé par le khédive chevalier de l'ordre du Medjidié.

A Beauvais, la commission du jury lui décerna le diplôme d'honneur, pour son exposition de constructions mobiles pour les marchés publics, la marine, les campements, etc.

Nous ne voulons pas dans ces lignes faire l'apologie du constructeur, nous cherchons seulement à faire connaître à nos lecteurs ces étonnantes constructions si merveilleusement appropriées aux galeries de l'Exposition, et qui sont en outre appelées à rendre tant de services aux grandes industries ainsi que pour l'établissement de docks, magasins généraux, etc. etc.

*
* *

Nous arrivons au Parc.

On connaît ce magnifique ouvrage de M. Vaïsse dont les lyonnais sont à juste titre si fiers, et bien des étrangers, gâtés par les merveilles de Paris, ont été ravis de ce site charmant avec ses grands arbres, ses allées tortueuses, ses pelouses, son lac et ses îles, son joyeux canotage, enfin tout ce que ce bois, dû à la main des hommes, possède d'enchanteur.

Les entrepreneurs de l'Exposition ont voulu pour embellir leur œuvre, le modifier sur quelques points. Ils avaient l'intention de le bouleverser entièrement, l'argent leur a heureusement manqué à cet effet, et le parc de la Tête-d'Or est resté à peu près intact.

Il s'est enrichi seulement d'un bassin entouré d'une rocaille

qui fait honneur au rocailleur qui l'a conçue, mais qui est placée
bien trop près de la grande nef et ôte à l'entrée principale une
partie de l'aspect grandiose qu'elle devrait avoir. Le dessinateur
de cette partie modifiée du parc, est M. CASTAGNE-FROSSARD, qui
a obtenu une médaille d'argent, tandis que son patron a été décoré
d'un diplôme d'honneur.

*
* *

Mais arrivons aux installations principales qui peuplent le parc,
et citons en quelques-unes qui ont eu le mérite d'en être l'ornement, tout en étant d'un grand intérêt pour le visiteur. Ici encore
l'Administration n'a pas obtenue les résultats qu'elle attendait,
et n'a pu obtenir, comme à Paris en 1867, cette variété de constructions de tous les pays et de toute nature, où l'illusion était
telle que vous vous trouviez transporté de fait dans toutes les
parties du monde.

BILGER — *Chaumière Normande* — LE HAVRE

MÉDAILLE D'OR

A Lyon, moins d'exposants ont répondu à cet appel. Cependant,
il en est qui l'ont fait d'une façon complète. Pour notre part, nous
sommes allés souvent à la *Chaumière Normande,* où M. BILGER,
du Havre, régalait d'une façon succulente avec une soupe au
choux du crû, et des tripes à la mode de Caen, le tout suivi
d'un fromage de Pont-l'Evêque et arrosé d'un cidre *première
marque.*

Nous avons appris le chemin de cette chaumière, un jour de
chaleur tropicale, où nous ne pouvions respirer ailleurs ; nous
allâmes chercher de l'ombrage dans le massif touffu près duquel
cette construction a été élevée. La cabane nous plut d'abord
comme originalité extérieure. Bâtie en torchis, une de ses parties
forme tour avec pigeonnier ; dans l'autre, plus allongée, se trouve

l'appartement. La cuisine est derrière. Sous le massif d'arbres, des tables rustiques, pareilles à celles qu'on remarque à l'intérieur. Les murs sont absolument tapissés de coquillages aux mille couleurs. Le comptoir est un chef-d'œuvre d'ornementation en ce genre. De l'améthyste partout, scintillant au milieu de cailloux artistement incrustés. Le bois surtout est admirablement travaillé sous toutes ses formes et utilisé pour tout.

Grand propriétaire, près du Hàvre et au Hàvre même, M.Bilger récolte en personne les délicieux cidres, le poiré et le calvados qu'il a exposés dans la galerie des vins, et qui ont été médaillés par le jury.

Ils sont reconnaissables à leur enveloppe toujours rustique.

Nos amis Alouis et Randon doivent nous faire de cette jolie chaumière un petit croquis. Nous ne quitterons certainement pas Lyon, sans que l'un des deux se soit exécuté. Nous voulons emporter un souvenir palpable de la *Chaumière Normande*.

Z. BLANCHET

Ingénieur-Directeur de la Société anonyme *des Houillères et du Chemin de fer*
Epinac (Saône-et-Loire)

PUITS ATMOSPHÉRIQUE

MÉDAILLE D'OR

Une des plus belles installations du parc a été sans contredit le puits atmosphérique exposé par M. Z. BLANCHET, Directeur de la Société anonyme *des Houillères et du Chemin de fer* d'Epinac (Saône-et-Loire).

L'exploitation de la Houille aux grandes profondeurs est depuis plusieurs années l'objet de l'attention du monde des Mines. Il faut de jour en jour aller chercher ce précieux combustible, à une profondeur plus grande. De là des difficultés que des efforts surhumains, des dépenses énormes, n'ont qu'imparfaitement vaincues. Tous les artifices de la science et du génie s'y sont épuisés et n'ont enfanté que des résultats mal proportionnés aux peines qu'ils ont coûtées.

M. Z. Blanchet, forcé de donner une solution au problème en découvrant par le puits Hottinguer, de la concession d'Epinac, des richesses minérales considérables, 400 millions d'hectolitres à extraire, de 500 à 1,000 mètres de profondeur, l'a abordé avec une grande hardiesse de conception. Il a imaginé d'installer, dans ce puits, un tube en tôle dans lequel voyage un piston qui entraîne avec lui une cage contenant neuf chariots. Le vide est fait au-dessus du piston par des cylindres pneumatiques commandés par une machine à vapeur; et sans câbles, à la faveur du poids et de la force élastique de l'air, la charge calculée à 0 k. 60 par centi-mètre carré, soit à 6,000 kilogrammes par mètre, est élevée dans le tube.

Le tube est muni de tous les appareils nécessaires aux manœu-vres. Des taquets et des tuyaux d'équilibre, permettent à l'orifice et au fond de prendre et de remplacer à la fois les chariots; un petit mécanisme spécial très-simple indique, de distance en distance, la position de la cage dans le tube et fait connaître son départ et son arrivée, soit à l'ascension soit à la descente.

La vitesse du train, montant ou descendant, est réglée avec une extrême simplicité, au moyen de robinets et de soupapes dont le fonctionnement a lieu comme dans les machines à vapeur. Un parachute à force centrifuge prévient tout accident.

On estime que le système Z. Blanchet, dont le spécimen a figuré à l'Exposition, monté dans un pylône en charpente, de 30 mètres de hauteur, présente les avantages ci-après :

Il active l'aérage et l'abaissement de température de la mine.

Il laisse libre le puits dans lequel on peut circuler en tout temps, soit pour faire des réparations soit pour ouvrir les recettes de nouveaux étages, soit enfin pour l'approfondir sans faire chômer l'extraction.

Il utilise mieux la force dépensée, qu'il réduit encore de 50 0/0, en faisant usage de deux tubes conjugués.

A tous titres, l'invention BLANCHET est appelée à jouer un rôle considérable et à rendre de grands services dans les mines. Nous sommes heureux qu'elle appartienne à un Français donnant à son pays la gloire d'un progrès qui contribuera, pour une large part, au bien-être général qu'entraîne la civilisation moderne.

M. Z. BLANCHET a reçu du jury international de Lyon, une médaille d'or.

Stanislas FERRAND — *25, rue de la Paix* — PARIS

MÉDAILLE D'OR

M. Stanislas FERRAND a résolu le problème qui consiste à construire un bâtiment municipal, composé de la mairie, contenant tout ce qui est nécessaire à la vie civile et politique, au village, l'école des garçons, l'école des filles, le logement de l'instituteur et celui de l'institutrice, le tout complétement aménagé, au prix de 12,000 fr. En d'autres termes, M. FERRAND a mis à la portée de la plus petite commune, réunis en un seul, les établissements municipaux qui sont indispensables à toutes.

Son bâtiment se compose de trois parties. Un bâtiment principal, la mairie, au rez-de-chaussée duquel se trouvent le cabinet du maire, la salle de l'Etat civil et des mariages, s'il est nécessaire, les bureaux du télégraphe et de la poste, le cabinet du secrétaire de la mairie, qui communique avec l'école des garçons, car, on le sait, le secrétaire de la mairie, dans les communes, est généralement l'instituteur; au premier, sont les logements de l'instituteur et de l'institutrice, parfaitement suffisants et complétement séparés. De chaque côté de la mairie, et en arrière de la route, de façon à ce qu'il existe une cour les en séparant, sont les deux écoles, celle des garçons et celle des filles.

Qu'il nous soit permis de dire quelques mots de la construction de ces deux écoles, qui présente des conditions hygiéniques toutes spéciales.

D'abord, au point de vue économique, elles sont octogonales et ne reposent que sur huit points, les huit angles; ce qui n'ôte rien à leur solidité. Ensuite, les murs sont construits en briques creuses, et dans ces murs circule une chambre d'air, reliée à une cavité qui est placée dans le sol; cette couche d'air demeure, on le comprend, été comme hiver, à une température constante de 12 degrés environ, et empêche l'air chaud ou l'air froid du dehors, de pénétrer dans les classes.

Le chauffage se fait aussi d'une façon particulière. Le poële, qui a pour effet d'échauffer outre mesure la tête des enfants, se trouve placé au dehors, envoie sa chaleur dans le parquet fait aussi en briques creuses et chauffe également toute la classe. Ce système maintient chauds les pieds des enfants, ce qui est un véritable progrès réalisé.

Mais nous ne pouvons ici qu'expliquer en termes très-vagues le système de M. FERRAND. Si notre livre tombe sous les yeux de quelques municipalités ou de quelques personnages influents, nous aimons mieux les prier de se renseigner eux-mêmes auprès de l'architecte ingénieur, 25, rue de la Paix, et nous ne doutons pas que de sa conversation, avec lui, chacun n'emporte le désir de voir sa commune dotée de la mairie et des écoles modèles dont M. Stanislas FERRAND est l'inventeur.

*
* *

Il nous reste à dire quelques mots de l'installation de la vapeur faite par M. GRENIER, qui a fourni deux générateurs de la force de 200 chevaux, et de M. VASSIVIÈRE, qui a construit le chalet qui les contient et la cheminée d'usine, en briques, haute de 35 mètres que l'on admire en avant de l'installation des générateurs.

Nous retrouverons MM. Grenier et Vassivière à d'autres pages de ce volume, aussi n'allons nous parler ici que de la cheminée d'usine, construite d'après un mode entièrement nouveau.

L'une des difficultés les plus grandes, dans l'élévation des cheminées d'usine, est l'ascension des matériaux à une hauteur considérable. Cette ascension nécessite des échaffaudages coûteux et exige un temps souvent fort long pour la construction.

M. Vassivière a résolu mécaniquement le problême de l'ascension rapide et économique des matériaux. Il a inventé un nouveau système de grue pivotante et portative, qu'il installe à l'intérieur de la cheminée en construction.

Grâce à cet engin, tous ses travaux en élévation sont aujourd'hui exécutés avec autant de rapidité que de sureté. Les ouvriers ne sont plus exposés aux accidents si nombreux, jusqu'à ce jour, dans ce genre de construction, leur action s'exerçant en dehors de la ligne de chûte possible des fardeaux.

Le nouveau mode de construction de cheminée, inventé par M. Vassivière, mérite l'attention de tous les ingénieurs, comme celle qu'il a construite à l'Exposition, mérite l'admiration de tous les visiteurs.

Le lecteur comprendra, par ce que nous venons de lui dire, qu'une notable économie dans la main-d'œuvre résulte forcément du mode de construction dont M. Vassivière est l'inventeur.

Ne quittons pas les générateurs, sans dire un mot des fourneaux également construits par M. Vassivière.

Nous nous bornerons à faire remarquer la combustion vigoureuse et la bonne utilisation du calorique, résultant des nouvelles dispositions données à la construction des fourneaux.

GROUPE I

Origine, Industrie

et Produit de la Soie

CHAPITRE III

SECTION I

Production de la soie

CLASSE PREMIÈRE

Appareils de la magnanerie asiatique. Méthodes diverses d'éclosion, chauffage, boisage, délitage du Japon, de la Chine, Cochinchine, etc. — Appareils de la magnanerie européenne. — Méthodes diverses d'éclosion, chauffage, ventilation, filets, bruyères, claies, cellules, etc.

Magnaneries en activité. Procédés d'élevage japonais, chinois, indiens orientaux, etc. — Procédés européens. — Éducation du ver en plein air. — Collections de cocons. Echantillons de cocons de tous pays. — Documents relatifs à la maladie des vers à soie. — Fabrication de la graine de vers à soie. Cadres japonais, procédés japonais, cartons et papiers. — Procédés européens. Harpes, grainage, cellulaire. Histoire des parasites du cocon Bengale et Japon, Gudji. Diagnostic des papillons et graines, instruments. — Examen microscopique. — Appareils servant à la conservation, à l'emballage et au transport des graines.

CLASSE 2e

Etouffage des cocons. — Procédés d'étouffage, primitifs, asiatiques. — Etouffage à vapeur, systèmes mixtes, vapeur et air chaud. — A air chaud avec séchage de cocons. — Procédé à vapeur gazeuze. — Coconnières. — Appareils divers pour l'aménagement des cocons. — Triage des cocons. — Histoire des cocons défectueux, avec types.

CLASSE 3e

Filature de la soie. — Appareils primitifs de filature long guindre : chinois, cochinchinois, russes, persans, espagnols, turcs.

Filatures à vapeur européennes, à la Chambon.

Filatures à vapeur européennes, à la Tavelle.

Filatures à vapeur européennes, sur bobines.

Filatures a vapeur européennes, à battage séparé.

Filatures à vapeur européennes, avec torsion et ouvraison.

Tours comptés à la filature. — Menus appareils à l'usage de la filature. — Croiseurs, réglages, filières, porte-bouts, etc.

CLASSE 4e

Soies grèges. — De Perse, de Chine, de Bengale, du Japon, — de Russie, Caucase, Mingrélie, Daghestan, Géorgie, Schirwann, — de Turquie, Bosnie, Thessalie, Macédoine, Archipel turc, Anatolie, Syrie, Arménie, — de Grèce, — de l'Archipel grec, d'Egypte. — d'Amérique, Equateur, Chili, Confédération argentine, Urugay, Californie, — d'Autriche, Bohême, Moravie, Hongrie, Carinthie, Croatie, Carniole, Gallicie, Esclavonie, Transylvanie, Dalmatie, — de Prusse, — des Principautés, — Valachie, — Bulgarie, — de Portugal, — d'Espagne, — Iles Baléares, Iles Canaries, — d'Angleterre, Malte, Iles Ioniennes, Cap de Bonne-Espérance, Natal, Australie, — d'Italie, Piémont, Lombardie, Toscane, Duchés, Tyrol, Frioul, Romagne, Etats-Pontificaux, Naples, Calabre, Sicile, — de France, Corse, Algérie, Cochinchine, Réunion, Guyanne.

CLASSE 5e

Bas produits de la filature en tous pays. — Cocons doubles, cocons percés, cocons bassinés, frisons, frisonnets, ouates, etc.— Procédés de décreusage et schappage. — Machines servant au cardage. — Barbes diverses de fantaisie. — Machines servant à la filature, fantaisies filées. — Appareils de grillage, élaçage, etc.

CLASSE 6e

Moulinage de la soie. — Moulins primitifs, chinois, cochinchinois, asiatiques. — Moulins ronds piémontais. — Moulins français. — Moulins anglais. — Moulins à triple effet. — Menus appareils du moulinage, fuseaux, crapaudines, réglages, purgeoirs, presses, etc.

CLASSE 7e

Soies ouvrées de tous les pays déjà cités. — Bas produits du moulinage, bourres.

CLASSE 8e

Machines à essayer les soies grèges et ouvrées, — Eprouvettes, balances. — Sérimètre, robinet, compteur d'apprêt. — Appareil à conditionner. — Appareil à décreuser.

COMPOSITION DU JURY

Président.

BESSON (Henry)......... Lyon.

Secrétaire.

CHAMPAUHET-SARGEAS. Vals.

Membres.

CESANO............... Lyon.
GERVAIS (César)........ Nimes.

GOIAB (Adrien)............ Lyon.
PARISET (Ernest)......... Lyon.
DESGEORGES (Alphonse)... Lyon.
ROE (Charles)............. Lyon.
SEMENZA (Henri).......... Lyon.
GERMAIN (Henri).......... Lyon.
RAMBAUD (Thoral)....... Lyon.
PASQUET (Léon).......... Lyon.

ISMAÏL PACHA

Khédive d'Egypte

MÉDAILLE D'OR DE LA SOCIÉTÉ DE SÉRICICULTURE

MÉDAILLE D'ARGENT DU JURY

L'Exposition de Lyon a eu l'honneur d'avoir au nombre de ses exposants, un souverain, le Khédive d'Egypte, ISMAÏL PACHA.

Ce prince est le second fils de l'illustre conquérant de la Morée et de la Syrie, IBRAHIM PACHA, à qui la France fit, au Champ-de-Mars, après la victoire de Nézib, une réception si brillante à laquelle assista ISMAÏL, jeune encore.

ISMAÏL PACHA, né l'an 1248 de l'Hégire (1830), a succédé à son oncle SAÏD, le 18 janvier 1863.

On sait que ce prince fut un des plus brillants élèves de l'Ecole d'Etat-Major, et qu'il resta en France jusqu'à la Révolution de février 1848.

A cette époque, il retourna en Egypte, où il fut un des membres les plus actifs du *parti des princes,* et fut nommé pacha à la suite d'un voyage à Constantinople.

Plus tard, en 1855, il revint en France, chargé, dit-on, d'une mission confidentielle de son oncle MOHAMMED SAÏD.

Nous l'avons vu depuis à l'Exposition de 1867, et la France y fut à même d'admirer sa libéralité qui est proverbiale.

ISMAÏL PACHA a toujours été l'ami de la France, comme la France a été l'alliée des princes qui ont fait la dynastie actuelle d'Egypte. Sa haute protection a été un puissant élément de succès pour M. de Lesseps, dans le percement de l'Isthme de Suez, qui donne à l'Egypte la clef du transit de l'Extrême-Occident à l'Extrême-Orient.

L'esprit d'observation et de pénétration de ce prince est vanté au plus juste titre, et il est pour l'Egypte un puissant administrateur. Ce pays, riche entre tous, fertilisé par son beau soleil et par les débordements de son grand fleuve, le Nil, pouvait produire plus que nul autre et devenir non-seulement le grenier du monde, mais encore son magasin dans toute espèce de disette.

C'est ce qu'il a été, grâce à l'intelligence d'ISMAÏL, lors de la guerre d'Amérique, et c'est grâce à lui que l'industrie cotonnière n'a pas reçu alors un coup mortel. Il a même sacrifié un peu, à cette époque, l'Isthme de Suez à la culture du coton, en enlevant des sables qui séparent l'Egypte et l'Arabie, la Méditerranée et la Mer Rouge, les 30,000 fellahs qui travaillaient au canal. Il accomplit d'ailleurs, en même temps, un autre acte qui demeurera à son honneur : l'abolition de la Corvée.

L'Egypte, avec ses ressources particulières, si immenses, nous l'avons dit, ne peut devenir, sous un tel prince, qu'un pays absolument grand. Elle doit être de nouveau, pour le monde, ce qu'elle a été dans les temps les plus anciens : une grande puissance qui, sous la suzeraineté de la Porte, est la gloire de l'Orient.

Le Khédive a envoyé à l'Exposition de Lyon des cocons qui y ont obtenu une médaille d'or de *la Société de Sériciculture*, et des jurés une médaille d'argent. Le jury, paraît-il, ne s'est pas laissé influencer par le grand nom de l'exposant, pas assez peut-être, car l'industrie de la soie, qui aboutit à la production d'une étoffe non-seulement si belle, mais aussi si solide et si pratique, doit être protégée entre toutes comme humanitaire, développée au plus haut degré, afin que le prix de l'étoffe étant enfin abordable,

son emploi, qui accomplira une révolution dans le vêtement,
puisse devenir commun, chose impossible tant que cette industrie
restera le monopole à peu près exclusif d'un pays et d'une ville.

Beaucoup de peuples, d'ailleurs, ont compris son importance.
Grâce aux efforts incessants de son vice-roi, l'Egypte est devenue
aujourd'hui, pour l'éducation, une rivale sérieuse du Japon, et les
plantations de mûriers qui se développent dans la France méridio-
nale, assurent l'éducation contre les hasards de la production
lointaine.

Quant à la fabrication de la soie, nous voyons que les Etats-Unis,
l'Angleterre, la Suisse, produisent déjà beaucoup, moins beau
encore sans doute, mais bien moins cher que Lyon. Ce déplacement de la fabrication amènera fatalement les producteurs d'une
ville, qui tient trop à son monopole, à abaisser le prix des soieries,
sans être obligés pour cela d'abaisser les salaires des ouvriers, mais
de restreindre un peu leurs propres bénéfices, et de faire leur
fortune moins vite.

Mais revenons au vice-roi d'Egypte, auquel nous nous plaisons à
décerner dans notre livre, un DIPLOME D'HONNEUR, et parce
que, pour beaucoup, grâce à ses soins, le pays qu'il gouverne est destiné à devenir la Providence de l'Europe, aussi bien pour la soie que
pour le blé, le coton, le transit des deux Océans; et parce que,
souverain, il ne dédaigne pas de venir, à côté du plus humble
fabricant, concourir au développement de l'industrie humaine, en
exposant les objets qu'il fait produire à l'Egypte.

GOUDAREAU Frères — AVIGNON

MÉDAILLE D'OR

L'usine de MM. Goudareau Frères, si bien représentée à l'Exposition de Lyon, est située près la gare du Pontet (Vaucluse). Elle occupe environ 150 personnes toute l'année. Dans ces temps critiques, les fileuses gagnent encore 1 fr. 60 c. par jour.

Les progrès que la filature des cocons a faits, et ceux qu'elle peut faire encore, dépendent surtout de l'habileté de l'ouvrière et de la conscience qu'elle met dans son travail.

C'est donc de l'action intelligente, paternelle, morale et religieuse des chefs, que dépendent les succès et les récompenses qu'on peut obtenir.

Vᵉ LOUIS SOUBEYRAND — LARGENTIÈRE (Ardèche.)

MÉDAILLE D'OR

La maison Louis Soubeyrand s'occupe de tout ce qui concerne la matière première en soierie. Elle fait l'éducation, la filature et le moulinage, sur une grande échelle, dans ses usines de Saint-Jean-du-Gard et de Largentière.

Elle s'occupe d'éducation particulière de graines de vers à soie, de pays à cocons verts, jaunes et blancs, produit des soies grèges grand blanc en titre fin pour rubans et des organsins verts, blancs et jaunes en titre de 24/26 et 26/28 deniers avec apprêts spéciaux pour la peluche et le satin.

Nous ne croyons pas devoir nous étendre davantage sur cette maison; mais nous voulons publier ses récompenses qui donnent une idée de son importance réelle. Elle a obtenu à Paris, en 1844, 1849 et 1855, des médailles d'argent; en 1872, une médaille d'or décorative de l'institut scientifique Européen d'Italie. A Londres, en 1851, une médaille du prince Albert, et enfin une médaille d'or à l'Exposition de Lyon 1872.

C.-B. LEDOUX — *83, boulevard Saint-Michel* — PARIS

MÉDAILLE D'ARGENT

M. LEDOUX a exposé des cocons soie de graine, disposés pour le dévidage.

Le problème du dévidage des cocons de graine, posé depuis des siècles aux filateurs de tous les pays, a été résolu en France par une heureuse application du Caoutchouc vulcanisé.

Cette solution, au dire des hommes les plus compétents, a fait faire un pas énorme à cette industrie.

NOMS DES RÉCOMPENSÉS

DIPLOMES D'HONNEUR

Chambre de commerce d'Aubenas (Ardèche). — Chambre de commerce de Nîmes. — Chambre de commerce de Turin. — Chambre de Commerce de Milan.

MÉDAILLES D'OR

Louis Boudon, de Saint-Jean-du-Gard. — Barès frères, de Saint-Julien, Saint-Alban. — Veuve J. Pujals, de Valence (Espagne). — Franc. Chicco, de Fossano (Piémont). — Louis Martin et Cie, de Lassalle (Gard). — Cantini Borgoguini, de Pescia (Toscane). — Dusseigneur, de Lyon. — A. Keller, de Milan. — Goudareau frères, d'Avignon. — Louis Brotte, de Brousse (Asie). — J. Chabert et Cie, de Chomérac (Ardèche). — Veuve Louis Soubeyran, de Saint-Jean-du-Gard.

MÉDAILLES D'ARGENT

Pierre Pellet, de Saint-Jean-du-Gard. — Rouchetti frères, de Milan. — Gibelin et fils, de Lassalle (Gard). — Combier-Blanchon, de Livron (Drôme). — Combier frères, de Livron (Drôme). — Lascour, de Crest (Drôme). — Le khédive d'Egypte. — Meynard et Cie, de Valréas (Vaucluse). — Arlès-Dufour et Cie, de Lyon. — Belin jeune, de St-Jean-de-Bournay (Isère). — Santi Borgheri, de Florence. — Manasse et fils, de Brousse (Asie). — Janico Papasoglia, de Brousse. — Pietro Abbatti, de Parme. — Mouzon Mercadal, d'Hijar (Espagne). — Compte-Calix et Cie, de Brousse. — Natale Bonani, de Udine. — A. Gaydon, de Turin. — Michel Bravo et fils, de Turin. — A. Gibert, de Milan. — Fratelli Verza, de Milan. — J.-A. Dupin, de la Tronche (Isère). — Marius Bouvié, de Dié. — A. Giretti, de Brichesrasio (Piémont). — Ferri et Cie, de Milan. — Jouffray, de Vienne. — Cte Bronno Bronski, de St-Selve (Gironde). — Bertaud et Cie, de Lyon. — Castrogiovani, de Turin. — E. Bindschedler, de Thann. — Ritaud, Plataret et Cie, de Paris. — Hamelin et fils, de Paris. — Veuve Jaricot et fils, de Lyon. — Gerolamo Tramontini, de Milan. — Amandy et fils, de Taulignan (Drôme). — Erba, de Milan. — Chardin, de Paris. — Plailly, de Paris. — Chabod, de Lyon.

Coopérative. — P. Morin, chez M. Dusseigneur, de Lyon.

MÉDAILLES DE BRONZE

Perbost aîné, de Sigalières (Ardèche). — Sicardi et fils, de Céva (Piémont). — Rocheblave, d'Alais (Gard). — Seux et Cⁱᵉ, de Lyon. — Goldchmidt Sipman, de Nottingham. — Barthélemy, d'Oraison (Basses-Alpes). — Blachier, de Sorgues (Vaucluse). — Bessy, de Granne (Drôme). — Vernède (Adrien), de Joyeuse (Ardèche). — Charles Noyer, de Dieu-le-Fit (Drôme). — Lega (Michel), de Drizighella (Italie). — Augusto del Lemos, de Lamégo (Portugal). — Stachini, de Sesi (Italie). — Veyranne, de Beaumont (Drôme). — Vincent Zatta, de Padoue. — Courtial et Giraud, de Valence (Drôme). — Simon et Schœllhammer, de Soultzmatt. — Auquier et Paillac, de Thizy (Rhône). — Grilliet, de Nantua (Ain). — Canoville, de Paris. — Durieux et L. Charbon, de Lyon. — Tastevin, de Lyon. — Main et fils, de Cerdon (Ain). — A. Crippa, de Milan (Italie). — A. der Alden, de Colmar (Alsace). — Chuvin, de Suze-la-Rousse (Drôme). — Changéa, de Lausastre. — Ferdinand Blancher, d'Alais (Gard). — Jules Rieux, de Valréas (Vaucluse).

MENTIONS HONORABLES

David, de Saint-Etienne. — Gascuel et Trouilhias, d'Alais. — Bayle, de Moulinon (Ardèche). — Carton, de Paris. — Debernardi, de Turin. — Schreiner, de Saint-Amarin (Alsace). — Pinto, de Porto (Portugal). — Guy-Raynaud, de Lavaur (Tarn). — L. Cousino, du Chili. — Jacinthe Peirera-Valverde-Mianda-Vasconcellos, de Porto (Portugal). — Ruschi, de Pise. — Patricio di Guarda, de Porto. — E. Père, d'Aubenas (Ardèche). — Moser, de Porto. — E. Desouches, de Gravelle-St-Maurice (Seine). — Planus, de St-Didier-au-Mont-d'Or. — Meyzonnier, d'Annonay. — Delarbre, de Ganges (Gard). — Brun et Guichard, de Romans (Drôme). — Taurigna, de Grenoble. — Christian Ledoux, de Paris. — D. Paysan, de Vinay (Isère). — Martin, de Nîmes. — Limet, de Cosne. — Moro Carlo, de Brescia (Italie).

SECTION II

Production de l'Etoffe

CLASSE 9ᵉ

Appareils et ustensiles pour la teinture de la soie.

CLASSE 10ᵉ

Appareils et procédés de dévidage, dé-trancanage, ourdissage, pliage, bobinage (canetage).

CLASSE 11ᵉ

Appareils, machines et ustensiles de tissage en fer, fonte, cuivre et bois pour métier à tisser, mécanique ou à la main et à la barre, unis, façonnés ou armures, tels que : métiers bobins, circulaires, à la chaîne, pour bas, gants, et autres tissus de soie.

Mécanique Jacquard, type ou perfectionnée. Lisage et repiquage de dessins de fabrique. Lisage au métier ou à la main, enlaçage de cartons, brocheur en fer, cuivre ou bois, brodeuse, battant, peignes à tisser, cerceaux, régulateur, compensateur, navette cuivre, bois ou cuirassée, conducteur, tuyaux, pointiselles, maillons, verroterie et autres objets d'outillage en général, à l'usage de la fabrication des tissus de soie.

CLASSE 12e

Appareils et procédés d'apprêt, moirage, cylindrage, rasage, polissage, gaufrage, découpage, pliage, baguettage et mesurage de tous genres à l'usage des étoffes de soie.

COMPOSITION DU JURY

Président.	*Membres.*
BURDET.................. Lyon.	MARNAS.................. Lyon.
Secrétaire.	AUDIBERT.............. Lyon.
COINT-BAVAROT......... Lyon.	SOUTON .... Lyon.

Annexe (Teinture)

Président.	*Membres.*
LOIR.................... Lyon.	RENARD................. Lyon.
MARNAS, *Secrétaire*..... Lyon.	GILLET................. Lyon.

Malgré sa réputation, la teinturerie lyonnaise n'a pas jugé plus à propos que la soierie de se montrer tout entière à l'Exposition de Lyon.

Un de nos confrères Lyonnais, M. Sérullaz, a publié sur ce sujet des notes fort bien faites et destinées par lui à un ouvrage plus complet qui, malheureusement, n'a pas paru.

Il n'a remarqué que quelques vitrines, celles de MM. :

GROBON — MIRIBEL (Ain)

MÉDAILLE D'OR

« L'Exposition de M. GROBON offre une réunion assez ingénieuse et assez habile de toutes les nuances possibles.

« Si ces couleurs ne brillent pas par leur netteté, si elles lais-
sent quelque peu à désirer au point de vue de la fraicheur — ce
que l'on peut, à la rigueur, attribuer à un long séjour dans la vitrine — l'ensemble du moins est installé avec assez de goût et de
tact; les tons d'ailleurs y sont bien assortis sans aucun rapproche-
ment pénible.

RENARD ET VILLETTE — LYON

MEMBRE DU JURY — HORS CONCOURS

« Celle de la maison RENARD ET VILLETTE est préférable, mais
aussi plus simple. Aucune nuance défectueuse ne s'y rencontre;
des tons purs et frais, des couleurs pleines d'éclat : voilà son côté
saillant.

« Un soleil dont le centre est formé d'un satin blanc et l'auréole
de flottilles de soie d'un bleu foncé de la plus remarquable beauté
et très-franc, surmonte quelques flottes de soie organsin de
nuances variées et toutes de couleur d'aniline; ces flottes n'ont
qu'un tort à notre avis, c'est d'avoir emprunté à un moyen mécanique d'un usage nuisible, ce brillant qu'elles n'auraient certainement pas eu sans la lustreuse dont l'emploi immodéré, comme ici,
désagrége le brin, en énervant la soie.

LARPIN — LYON

MÉDAILLE D'ARGENT

« Obtenir toujours de belles nuances solides avec des produits
même supérieurs d'aniline, est déjà très-difficile; aussi est-il encore
moins possible à l'ouvrier d'exécuter en une seule couleur une série
de tons, dont la réunion forme ce que l'on appelle un ombré, surtout si l'ombré est fait en couleurs composées, comme celle des
marrons ou des nuances de modes.

« C'est pourtant ce qu'a tenté M. LARPIN, dont la spécialité est

de teindre la soie à coudre et le cordonnet; il est vrai d'ajouter que
le succès n'a pas complètement couronné l'essai; et la vitrine dont
nous parlons est un peu trop confuse; la réunion des nuances n'y
est pas constamment heureuse; parmi les ombrés, il en est qui présentent des différences choquant par trop.

CORRON ET VIGNAT — SAINT-ÉTIENNE

MÉDAILLE D'OR

« Une exposition plus considérable, plus importante, sinon meilleure que celle de MM. Renard et Villette, est celle de la maison
CORRON ET VIGNAT, de St-Etienne. Les nuances, plus nombreuses,
y sont peut-être moins pures; mais il s'y rencontre quelques étoffes
dont la fraîcheur est excessive.

« C'est enfin avec un vif plaisir, mêlé d'un étonnement bien
naturel, que les yeux ne rencontrent aucun contraste fâcheux
dans une vitrine où toutes les nuances semblent jetées pêle-
mêle.

GILET — LYON

MEMBRE DU JURY

« En noir, une seule vitrine sérieuse attire les regards, celle de
la maison GILET ET FILS. Autant que nous ayons pu en juger, les
nuances sont franches et brillantes, avec un reflet bleu d'un très-
bel effet. Mais si nous avons pu admirer la nuance, nous ne pouvons
pas donner notre avis complet; car pour cela il nous faudrait avoir
pu juger et du poids donné à la soie et de la force de résistance du
fil. Personne n'ignore, en effet, que pour livrer des étoffes à des
prix minimes, les fabricants se voient dans l'obligation de faire
charger leurs soies à des degrés souvent fort élevés (60, 100, 150
et même 200 0/0) Cette opération consiste à faire absorber par la
soie une certaine quantité de rouille de fer mise en dissolution au

moyen d'acides nitrique et chlorydrique dont l'action est excessivement funeste. L'habileté du teinturier consiste donc à donner une charge élevée à la soie sans lui enlever toutefois aucune de ses qualités essentielles, telles que : éclat, solidité. Nous ne saurions donc pas formuler sur l'exposition de la maison GILET ET FILS une opinion complète, et nous nous contentons de reconnaître que toutes les nuances exposées par elle sont parfaitement pures et n'ont rien enlevé de son éclat à la soie. »

NOMS DES RÉCOMPENSÉS

HORS CONCOURS

Gantillon, de Lyon.

MÉDAILLES D'OR

Corron et Vignat, de St-Etienne. — Richard et Puthod, de Lyon. — Grobon, de Miribel. — Descat, à Flers, près Lille. — Sallier, de Lyon.

MÉDAILLES D'ARGENT

Rivoiron, de Lyon. — Th. Lions, de Lyon. — Orelle, de Lyon. — Tournier, de Lyon. — Triquet, de Lyon. — Vincenzi, de Roubaix.— Chanel, de Lyon. —Croizier Deronzière, de Lyon. — Larpin, de Lyon.

— Garnier, de Lyon. — Veuve Thuillier et Bonnefont, de Lyon. — Soins père et fils, de Lille.

Rappel. — Martin, de Lyon.

MÉDAILLES DE BRONZE

Rendu, de Lyon. — Vieux, de Lyon. — Lachenal, de Lyon. — Ferlat, de Lyon. — Descombes, de Lyon. — Trœndlé et Cie, de Mulhouse. — Montfray, de Paris. — Dubois et Buenerd. — Desquiens, de Roubaix.

MENTIONS HONORABLES

Berujon, de Lyon. — Martelet frères, de Lyon. — Em. Roussel, de Roubaix.

SECTION III

Produits de la Soie

CLASSE 13e

Etoffe unie noire et couleurs, taffetas, satin, sergé, pékin, armure à dispositions ou autres pour robes.

CLASSE 14e

Façonné grand et petit, articles pour robes, tous genres.

CLASSE 15e

Etoffe unie et façonnée pour gilets, cols-cravates, confection, lancé ou broché, ombrelle, parapluie, marceline, lustrine, florence foulards unis et façonnés, chinés, imprimés. Soierie pour chapellerie.

CLASSE 16e

Velours unis et façonnés pour robe et confection, velours et peluche à une ou deux pièces à la fois, velours frisés et épinglés.

CLASSE 17e

Etoffe pour meuble, brocard, lampas, damas, brocatelle, satins unis et façonnés. Articles, pour voiture. — Ornements d'église, drap d'or, d'argent et de soie. — Article d'Orient, lamés, frisés, filet, clinquant.

CLASSE 18e

Broderie, bonneterie, rubanerie, passementerie, galons, bourdaloux, franges, résilles, colifichets au métier, or, argent ou soie. — Dentelles, tulles, crêpes de soie (articles légers).

CLASSE 19e

Châles soie, unis, façonnés, armure grenadine, crêpe de Chine, unis, faconnés, châles imprimés, chinés, ondés à dispositions en tous genres. — Gaze droite, gaze tours anglais.

COMPOSITION DU JURY

Président.

SEVEN.................. Lyon.

Membres.

BARDON............... Lyon.
BARBE............... St-Etienne.
COTE............... Lyon.
EMERY................ Lyon.
COSTADAU............ Lyon.

BLANCARD........... Lyon.
FAURE.............. St-Etienne.
BUDILLON........... Lyon.
JAILLARD........... Lyon.
DABONEAU.......... Lyon.
ARMAND............ Paris.
BOSSUAT........... Paris.
DELATTRE........... Roubaix.

Nous entendons tous les jours sur la place du théatre, sur celle des Terreaux, dans la rue de Lyon, en un mot dans tout ce qui est *forum* à Lyon, cette phrase répétée : le commerce ne va pas.

Il est de fait que nulle industrie en France n'a été éprouvée comme celle de la soierie par les différentes crises politiques économiques et sociales qui se sont succédées dans ces derniers temps.

Il est vrai que le goût des ameublements à bon marché et de qualité inférieure, des vêtements confectionnés, du clinquant, a pris peu à peu la place du goût pour le luxe véritable, et qu'on se contente aujourd'hui plutôt des apparences et de l'effet artificiel que du luxe lui-même.

Voyons néanmoins si les lyonnais ne doivent pas avoir une part importante de responsabilité dans la baisse sensible que subit chez eux une industrie dont ils avaient naguère le monopole.

Nous empruntons à une plume autorisée, et dont nous partageons absolument les idées, la nomenclature des causes dont provient cette baisse.

« L'organisation du travail, à Lyon, est défectueuse, et demande une prompte réforme.

« Le fabricant de Lyon n'a ni matériel ni travailleurs. Il donne des pièces ourdies et de la trame, à de petits industriels possesseurs d'un ou de plusieurs métiers.

« Il y a déjà dans ce fait, violation de toutes les lois économiques, surcharge de frais, allongement de travaux, quelquefois inéxécution des ordres du fabricant, défaut de surveillance, transbordements inutiles, etc., etc. Ce n'est pas tout encore. Le chef d'atelier qui reçoit le travail de première main et qui, par le fait, se trouve être une sorte d'entrepreneur, a sous ses ordres des sous-entrepreneurs ou compagnons, qui font marcher les métiers et se chargent du travail en seconde main. Cependant l'entrepre-

neur, qui ne prend aucune part au travail, partagera avec le
sous-entrepreneur, le prix alloué par le fabricant.

« Cette multiplicité de rouages et d'intermédiaires entre le
véritable producteur et l'acheteur, doit augmenter, dans une proportion notable, le prix de l'article livré au commerce. De plus, le
fabricant, le chef d'atelier, le compagnon, ne sont liés entre eux
par aucun traité, par aucun intérêt durables.

« Le compagnon quitte un chef pour un autre, dès qu'il trouve
chez cet autre une rémunération plus avantageuse ; à son tour, le
chef d'atelier quitte un fabricant dès qu'il trouve intérêt à confectionner une pièce plutôt qu'une autre. De là, des retards, des
demandes exagérées de prix ; de là parfois impossibilité, pour le
fabricant, d'obtenir une exécution de commande, quand même
cette commande est de médiocre importance, soit pour la qualité
soit pour la quantité.

« Un tel état de choses n'a pu s'établir sans causer de grands
préjudices au commerce de Lyon.

« Les fabricants ont dû rechercher des conditions plus favorables à leurs intérêts, au dehors de l'agglomération lyonnaise, et
alors ils ont porté leurs commandes à la campagne, à des chefs
d'ateliers ruraux qui, pouvant exécuter à plus bas prix que les
ouvriers de la ville, sont parvenus à faire une grande partie du
travail qui était exécuté auparavant par les canuts lyonnais.

« Ajoutons que ce travail de campagne, autrefois limité aux
étoffes unies, accapare déjà les étoffes façonnées. L'ouvrier rural
donne le façonné à plus bas prix, mais il le rend défraîchi, peu
sans doute, mais suffisamment pour faire préférer les produits
anglais exécutés promptement dans les usines bien montées et
pourvues d'un personnel considérable. »

Néanmoins, la galerie des tissus a été, à l'Exposition, la
merveille des merveilles.

La feuille de vigne d'Ève, tissée par les canuts de la Croix-Rousse, vaut maintenant 300 francs le mètre. — Nous craignons bien, qu'à ce prix, notre premier père eût hésité à offrir à Ève, la confection dont elle se couvrit pour paraître devant l'Éternel. — Permettez-nous cependant de vous signaler les étoiles de la fabrication : M. AUDRAS, qui a exposé des soieries noires destinées à Paris, et d'une épaisseur incroyable, d'un grain splendide; puis les failles noires et les draps-cachemires de COCHAUD DE BOISSIEU : l'*arc-en-ciel* et l'*écossais;* retenez ces noms-là, mesdames; enfin la vitrine multicolore de VICTOR OGIER, un fouillis de nuances exquises et chatoyantes, douces aux yeux, mais trop chères... à la bourse.

Chacun de ces fabricants a sa marque spéciale qui est brodée et tissée en soie, la couleur sur le chef des pièces. Ces marques sont devenues de véritables tableaux, des chefs-d'œuvre. Voici *Fille-de-l'Air in full run*, montée par un jockey aux couleurs du comte de Lagrange; c'est la marque des PETITS-FILS DE C.-J. BONNET, une maison colossale qui chiffre ses affaires en soieries noires par millions, comme BLACHE pour le velours et GINDRE pour le satin, comme AUDRAS, enfin, qui a pris la suite des affaires de BELLON. Ce vaisseau aux voiles déployées, l'alliance des peuples, représente TAPISSIER FILS ET DEBRY. Ces deux hémisphères surmontés d'un griffon, c'est la griffe de COCHAUD DE BOISSIEU.

Les artistes qui font ces merveilles sont MM. TASSINARI ET CHATEL, et ils en font bien d'autres. Chez MM. TASSINARI ET CHATEL, nous admirons encore des brocarts d'or vénitiens, des cordouans gaufrés velours sur fond or, et jusqu'à des étoffes persanes du XVe siècle. Toutes ces restitutions, opérées avec un goût artistique et un tact sans égal, forment un ensemble d'une pureté excessive. Ces messieurs sont, du reste, des chercheurs, et M. CHATEL, un érudit et un artiste, voyage dix mois par an à la recherche de l'absolu... en beauté. Il l'a déjà rencontré souvent.

DIPLOMES D'HONNEUR

Les petits-fils de J.-C. Bonnet et Cie, de Lyon. — Jaubert-Audras et Cie, de Lyon. — Brosset, Heckel et Cie, de Lyon. — J.-A. Henry, de Lyon. — Em. Hubert, de Sarreguemines. — A. Denis, de St-Etienne. — Dognin et Cie, de Lyon. — Aimé Baboin, de Lyon.

MÉDAILLES D'OR

Tapissier fils et Debry, de Lyon. — Pravaz, Bouffier et Cie, de Lyon. — Alexandre Giraud et Cie, de Lyon. — Poncet père et fils, de Lyon. — H. Adam et Cie, de Lyon. — Fourier, Cuvru et Tardif, de Paris. — Tassinari et Chatel, de Lyon. — Girerd frères, de Lyon. — Boyrivent frères, de Lyon. — Truchy-Vaugeois, de Paris. — Augier, de St-Etienne. — Fraisse Brossard fils jeune, de St-Etienne. — D. Sival Dillies et Requillard fils, de Roubaix.

MÉDAILLES D'ARGENT

Rosset, de Lyon. — Arnaud, de Lyon. — Girodon, de Lyon. — Flandrin, de Lyon. — Mauvernay, de Lyon. — Gouder et Livet, de Lyon. — Thévenet et Roux, de Lyon. — Cochaud de Boissieu, de Lyon. — Josserand et Févrot, de Lyon. — David Evams, de Londres. — Bossuat, de Paris. — Lachard et Besson, de Lyon. — Ogier et Cie, de Lyon. — Chambon, de Lyon. — Reyre, Louvier et Bélissent, de Lyon. — J.-M. Bidon, de Lyon. — Gelot et Vermorel, de Lyon. — Troubat et Cie, de Lyon. — Charbonnet fils et Roche Janez, de Lyon. — J.-B. Neyret, de St-Etienne. — Jules Gay, de Lyon. — Camille Brun, de St-Etienne. — Chapuis-Avril, de St-Etienne. — A. Sarda, de St-Etienne. — Armand Pitiot, de Lyon. — Robert Maxtou, de St-Pierreles-Calais. — Geay et Cie, de Lyon. — Larra, de Lyon.

MÉDAILLES DE BRONZE

Rendu et Moïse, de Lyon. — Bonnetain et Richarme, de Lyon. — Mantoux et Cie, de Lyon. — Borgnis et Cie, de Lyon. — Graisset et Cie, de Lyon. — Perret, de Lyon. — Mermet et Mouly, de Lyon. — Mayet et Thevenet, de Lyon. — Bécaud aîné et Cie, de Lyon. — Fonteyn frères, de Lède (Belgique). — Dornon, de Lyon. — Mancardi, de Lyon. — Mazade, de Lyon. — Sisley et Colleuille, de Lyon. — Hermann et Gœpfer, de Thann (Alsace). — Levera frères, de Turin. — Veuve Bibikoff, de Sébastopol. — Sigaud et Gondard, de Lyon. — Bonnamour aîné, de Lyon. — Martinet, de Saint-Etienne. — Renaudier et fils, de Saint-Chamond — Berne et fils, de Bourg-Argental. — Rochet, de Lyon. — Nicot, de Lyon. — Léon Spork, de Paris. — André Neveu, de Lyon. — Thévenin Vial, de Lyon. — Stocquart frères, de Gramont (Belgique). — Taufflin, de Coudry (Nord). — Micou et Demet, de Lyon. — Eugène Gabet, de Saint-Pierreles-Calais. — William Aynès, de Saint-Pierre-les-Calais.

MENTIONS HONORABLES

Baillon Versavel, de Gand. — Dioney, de Lyon. — Pichon, de Lyon. — Carquillat, de Lyon. — Revollon, de Lyon. — Auquier Paillac, de Thizy. — Peyrache, de Saint-Didier-la-Seauve (Haute-Loire). — Besson, de St-Etienne. — A. Martin, de Lyon. — Grossat, de Lyon. — Vacher Thevenin, du Puy. — D. Bonhomme, du Puy. — Boucharlat, de Lyon. — Legros, de Lyon. — Cœvœt Dawson, de Saint-Pierre-les-Calais.

GROUPE II

Tissus (soie non comprise) Vêtements et autres

objets portés par la personne

CHAPITRE IV

SECTION IV

Filage et Tissage

<table>
<tr><td valign="top">

CLASSE 20ᵉ

Fils et tissus de coton. — Coton brut, cotons préparés et filés. — Tissus de coton pur unis et façonnés — Tissus de coton mélangé. — Velours de coton. — Rubannerie de coton.

</td><td valign="top">

CLASSE 21ᵉ

Fils et tissus de lin et de chanvre. — Lin et chanvre tillés et non tillés. — Lin, chanvre. — et autres fibres végétales filées. — Toiles et coutils. — Batiste. — Tissus de fil avec mélange de coton ou de soie.

</td></tr>
</table>

COMPOSITION DU JURY

<table>
<tr><td valign="top">

Président.

DABONEAU.............. Lyon.

Secrétaire.

P. LEBAS.

</td><td valign="top">

Membres.

LASSONNERIE.. Fontaine-l'Évêque.
HATZIG............. Lyon.
HEILMANN, juré adj.. Mulhouse.

</td></tr>
</table>

Annexe (lins et chanvre)

<table>
<tr><td valign="top">

Président.

DEBLOCK .... Lille.

</td><td valign="top">

Membres.

VIAL............. Voiron.
DEREN .... Armentières.

</td></tr>
</table>

Nos pères se servaient, pour le filage et le tissage, de la quenouille et du rouet; mais, grâce aux inventions successives des anglais Thomas High, Richard Arkwright, des alsaciens Josué Heilmann et Nicolas Schlumberger, enfin du célèbre mécanicien français Philippe de Girard, les ouvriers ont trouvé à leur disposition les appareils mécaniques destinés à transformer les plus importantes substances textiles, telles que le coton, la laine, le chanvre, le lin et la soie.

Nous avons eu sous les yeux à l'Exposition de Lyon, l'ensemble et les diverses parties de l'outillage nécessaire au filage et au tissage de ces substances si diverses de nature : les métiers, les peignes, les gilles, les cardes brudineuses, doubleuses et retardeuses, les appareils pour filer et mouliner, les machines à teiller, les navettes, les tours à filer, les métiers à tisser, etc.

Nous avons pu admirer enfin de nombreux produits.

Ce sont principalement des noms alsaciens que nous trouvons dans cette section. On sait que l'industrie du tissage est la principale de ce pays, et il a tenu à envoyer en masse ses produits à Lyon, comme un souvenir de l'exilé à son pays.

Tous les grands noms de l'Alsace sont présents à ce concours. Les Dolfus, les Kœchlin, les Mieg, les Schlumberger, les Herzog, les Gros-Roman-Marozeau, etc.

* *
*

L'industrie linière d'Armentières s'est aussi distinguée. Les principaux fabricants de cette ville ont fait une exposition collective qui leur a valu un diplôme d'honneur.

* *
*

MM. Dassonville et Phalempin, blanchisseurs de fils à Hallum (Nord), ont aussi concouru à l'Exposition de Lyon.

Leur établissement important, dont le jury a su apprécier la valeur, situé sur la Lys, livre des produits parfaits qui peuvent supporter toute comparaison avec ce qu'il y a de mieux.

Ces Messieurs sont classés dans leur industrie parmi les plus grands producteurs. Depuis l'Exposition universelle de Paris, en 1867, où ils obtenaient la médaille d'argent, ils ont progressé d'une manière remarquable et sont arrivés aujourd'hui à une haute situation industrielle.

NOMS DES RÉCOMPENSÉS

Proposé pour la Légion d'honneur.

Eugène Roman, de la maison GROS, ROMAN ET MAROZEAU.

HORS CONCOURS

Gros, Roman, Marozeau et Cie, de Wesserling (Alsace).

DIPLOMES D'HONNEUR

J.-J. Rieter, de Winterthur (Suisse). — Th. Barrois frères, de Lille. — J.-P. Coats, de Paisley (Écosse). — Dolfus, Mieg et Cie, de Mulhouse. — Steinbach Kœchlin et Cie de Mulhouse. — Ch. Steiner, de Ribeauvillé (Alsace). — Bourcart fils et Cie. de Guebwiller. — Frères Kœchlin, de Mulhouse. — Henri Loyer, de Lille. — Industrie Linière de la ville d'Armentières. — Wallaert frères, de Lille. — Saint frères, de Paris. — Joubert, Bonnaire, d'Angers.

MÉDAILLE D'OR

Scrives frères, de Lille. — Herzog de Logelbach (Alsace). — Ogden d'Oldham (Angleterre). — Schlumberger fils et Cie, de Mulhouse. — Les fils de E. Lang, de Mulhouse. — Boyrivant et Bruyas, de Lyon. — Haefely et Cie, de Pfastad (Alsace). — Scheurer-Roth, de Thann. — Weiss-Friess, de Mulhouse. — Victor Pouchain, Armentières. — Dassonville et Phalempin, d'Allum (Nord). — Lafond André et Gourdonnier, de Fontaine-sur-Saône.

MÉDAILLES D'ARGENT

Nathan Appleton (Amérique). — Dupont, de Nîmes. — Crépy, de Lille. — Sement et fils, de Bernay (Eure). — Straszenvicz, de Guebvillers. — Rogez, de Lille. — Pernolet, de Paris. — Clark, de Paisley (Écosse). — Ertlé, de Mulhouse. — Bian, de Seintheim (Alsace). — Riéter-Ziégler, de Wintherthur (Suisse). — Zeller frères, d'Oberbruch (Alsace). — Halbout, de Flers (Orne). — Poizat et Coquard, de Thizy (Rhône). — Delamarre Bouteville, de Rouen. — Pochon, de Valence. — Chabert et Bosc, de Marseille. — La fabrique de toiles de la ville de Voiron. — Charasse, de Lyon. — Rogey et Cie, de Lille.

MÉDAILLES DE BRONZE

Chabert et Bosq, de Marseille. — Hortsmanu et Cie, de Haguenau (Alsace). — Cartier Bresson, de Paris. — Lacroix Berger, de Tarare. — Vaussay, de Monancourt (Eure). — F. Ozier, de Lyon. — Frères Meyer, de Mulhouse. — Muller et Hoesly, de Winterthur (Suisse). — Bétremieux frères, de Lannoy (Nord). — Mettler et fils, de Saint-Gall (Suisse). — Boissard et fils, d'Évreux. — Dechavanne-Dupéray et Guéry, de Roanne. — Bonnassieu, de Panissières. — Charlet, Marix et Moreau, de Lille. — Mas, Faucheur et J. Mas, de Lille. — Chipart fils, de Quennelle, d'Armentières. — Desmet et Cie, de Hallum. — Desplanques - Jeanson, d'Armentières. — Garnier, Thiébaud, de Gérardmer (Vosges). — J. Wallard et Cie, de Lille. — Tournaut, de Paris.

Coopérative. — Hippolyte Wable, contre-maître chez M. Mathieu-Delangre, d'Armentières. — Florimond Marle, contre-maître de la maison H. Deren, d'Armentières.

MENTIONS HONORABLES

Vandenynckèe et Bauduin, de Wervick (Sud). — Flipo, de Tourcoing. — Honoré L. et Cie, de Tourcoing. — Declerq Clément, Isseghem (Belgique). — Lallemand, de Senones (Vosges). — Aymard, de Marseille. — Coste et Lhôpital, de Lyon. — Pavy Pretto, de Lyon. — Zehr, de Tarare. — Cedraschi Funk Schindhler, de Gonau (Suisse). — Goydadin, de Montmorot (Jura). — Froget-Paris et Panissière.

SECTION V

Rubanerie, Draperie, Feutres

CLASSE 22^e

Fils et tissus de laine peignée. — Laines brutes lavées ou non lavées. — Laine peignée. — Fils de laine peignée. — Mousseline - Cachemire d'Ecosse. — Mérinos serge. — Rubans. — Rubans et galons de laine, mélangés de coton ou de fil, de soie, ou de bourre de soie. — Tissus de poils purs ou mélangés.

CLASSE 23^e

Fils et tissus de laine cardée. — Laine cardée. — Fils de laine cardée. — Draps et autres tissus foulés de laine cardée, couvertures, feutres de laine ou poils, pour tapis, chapeaux, chaussons. — Tissus de laine cardée, non foulée ou légèrement foulé, flanelles, tartans, molletons, velours de laine.

CLASSE 24^e

Matières et tissus divers équivalents des précédents.

COMPOSITION DU JURY

Président.
BARBEY................. Lyon.

Secrétaire.
CHEVALLIER............ Lyon.

Membres.
GARON........ Vienne (Isère).
VAYSON........ Abbeville.
DIVIAT.

La section v contient les rubans, les draps, les feutres. L'Industrie de la rubanerie a été peu représentée, celle de la draperie l'a été mieux. Tous les grands centres drapiers ont envoyé leurs produits à Lyon. Elbeuf, Sédan, Louviers, Roubaix, Vienne, ont participé à l'Exposition de 1872. La petite ville d'Alsace de Sainte-Marie-aux-Mines, industrielle entre toutes, a fait une exposition collective.

Les fabricants de Mazamet se sont aussi associés pour envoyer collectivement leurs produits à l'Exposition.

L'Industrie de la chapellerie a été surtout représentée par la ville d'Alby; l'Exposition de cette ville a été très-remarquable. Elle a été dirigée par M. MARAVAL.

La Maison JOSEPH MARAVAL d'Alby, l'une des plus importantes fabriques de Chapeaux de France, fait par jour 4,000 à 4,500 Chapeaux laine ou feutre de toutes qualités, drapés et passés. Elle possède deux usines, dont l'une hydraulique, sur le Tarn, de la force de 60 chevaux.

Son exposition à Lyon a été très-remarquable, et le Jury a su l'apprécier.

Une maison Anglaise a aussi envoyé des produits bruts de feutre, qui donnaient une idée suffisante de la transformation qu'a à subir le chapeau avant d'arriver sur nos têtes.

Nous regrettons que cette industrie, qui est peu répandue en France, n'ait pas été plus complétement représentée à l'Exposition de Lyon, et nous remarquons avec peine l'absence de la maison la plus importante de Paris, pour les feutres et pour la bonneterie orientale : nous avons nommé la maison TROTRY-LATOUCHE.

NOMS DES RÉCOMPENSÉS

DIPLOMES D'HONNEUR

Laurent, Demar, d'Elbœuf. — La ville de Brüm d'Autriche. — Louis Cordonnier, de Roubaix. — Descat frères. — Kœchlin, Schwartz, de Mulhouse. — Mazure, de Roubaix.

MÉDAILLES D'OR

La ville de Mazamet. — Bouvier frères, de Vienne (Isère). — Prouvost Amédé et Cⁱᵉ. — Leclerc Dupire, de Roubaix. — Roussel (François), de Roubaix. — Catteau (Adolphe), de Roubaix. — Roussel, Scrépel, de Roubaix. — Vulfran Mollet, d'Amiens.

Rappel. — Exposition collective de Sainte-Marie-aux-Mines. — Vulfran et Mollet, d'Amiens.

MÉDAILLE D'ARGENT

Andresset et fils de Louviers. — Jacob Pœlaert, de Bruxelles. — Blin et Block, d'Elbœuf. — Dannet et Odio, de Louviers. — Harinckouche. — Dillies frères. — Dufour Mantel. — Georges Holms Hayel. — Gamot Delahaye.

Rappel. — Piquée frères, d'Amiens.

MÉDAILLE DE BRONZE

Mistral, frères de St-Rémy. — Ponche, d'Amiens. — Brocard, de Vienne. — Gilbert-Perrault, d'Orléans. — Chiflray, de Maronne. — Philippe, d'Elbeuf. — Ollier père et fils, de Marvejols. — Dumortier-Guignet. — Grillet aîné fils. — H. Capron et Cⁱᵉ. — Valentin frères. — Poizart-Coquart. — Neave et Sons.

MENTIONS HONORABLES

Veuve Acary, de Lyon. — Monfray, de Paris. — Maître, de Fures. — Ivrier, de Saint-Quentin. — Tronche, d'Arles. — J. Burle, de Vienne. — Trumeau, de Vienne. — Bertre aîné et fils, de Lisieux. — Schuermans, de Tirlemont (Belgique).

SECTION VI

Châles et Dentelles

CLASSE 25ᵉ

Châles. — de laine purs ou mélangés, châles de cachemire.

CLASSE 26ᵉ

Dentelles. — Tulles. — Broderies et passementeries (non de soie). — Dentelles de fil ou de coton faites au fuseau, à l'aiguille ou à la mécanique. — Dentelles de laine ou de poils de chèvre. — Tulles de coton unis ou brochés. — Broderies au plumetis, au crochet. — Broderie, tapisserie ou autres ouvrages à la main. — Passementerie de laine, poils de chèvre, lin, fil et coton. — Lacets.

COMPOSITION DU JURY

Président.	*Membres.*
BOSSUAT .... Paris.	DABONEAU .... Lyon.
Secrétaire.	ARMAND .... Paris.
DELATTRE........... Roubaix.	

Les châles, qui ont aujourd'hui une si grande vogue et qui font rêver tant de belles dames, étaient à la fin du siècle dernier, absolument inconnus en France.

PIN et CLUGNET — LYON

MÉDAILLE D'OR

On a, à tort une trop grande affection pour les châles qui viennent de l'Inde. Ils sont, il est vrai, plus riches en couleurs et ont un éclat plus grand que les châles français, mais les châles français sont bien mieux tissés et nos fabricants, MM. Pin et Clugnet, de Lyon, surtout, ont atteint, dans l'imitation des châles de Sirinagor, la capitale du Cachemire, une perfection qui fait une illusion absolue.

RIVOIRON — LYON

MÉDAILLE D'ARGENT

Une autre fabrique lyonnaise, celle de M. Rivoiron, grâce à un procédé qui lui est particulier, obtient un brillant de coloris qui se rapproche beaucoup des types de l'Inde.

CHANEL — LYON

MÉDAILLE D'OR

M. Chanel, de Lyon, a fait faire aussi un grand pas à l'industrie du châle français. Il est l'inventeur d'un métier à tisser qui permet à l'ouvrier d'atteindre, avec un seul métier, le même résultat qu'il obtenait auparavant à l'aide de deux, ce qui, naturellement, produit une économie considérable au négociant et à l'ouvrier.

PLACET et Cie — LYON

MM. Placet et Cie, ont exposé des châles de l'Inde et des dentelles admirables. Parmi leurs cachemires figurait dans leur vitrine, un châle brodé d'or d'un goût parfait et d'une richesse extraordinaire. La maison Placet est, du reste, connue comme la maison la plus riche en châles de l'Inde et en dentelles.

*
* *

La ville de Lyon n'est pas la seule qui se soit occupée de l'industrie des châles. Des industriels parisiens, ainsi que l'indiqueront les articles qui suivent, ont aussi fait faire des progrès importants à cette branche d'une fabrication aujourd'hui nationale.

TRESCA, THOREL & RATIEUVILLE, *12, pl. des Victoires.* PARIS
MÉDAILLE DARGENT

L'exposition de cette maison est remarquable à tous les titres, et le jury l'a hautement appréciée. Nous ne sommes pas compétents, mais nous ne pouvons nous empêcher de dire ce que notre bon sens nous suggère devant ces riches et moëlleuses productions qui arrivent à rivaliser heureusement avec les merveilles de l'Inde. Quelle fraicheur, quel coloris, quelle richesse de dessins dans ses châles cachemires qui donnent l'extase à toutes les jolies femmes qui nous entourent. La fabrique fran çaise a rompu ses traditions et fait un pas de géant. « L'impossible, une fois de plus, n'est pas français. »

Quant à la collection de châles rayés, elle est abracadabrante d'arabesques. C'est une fantasia des mieux réussies et où rien ne jure, cependant, où rien n'est heurté. — N'oubliez pas le grand concours international de Vienne, Messieurs, nous le demandons au nom de la France !

LAIR Hippolyte et Henri LAIR — *12, rue d'Aboukir* — PARIS

CHALES BROCHÉS — MÉDAILLE D'ARGENT

Les titulaires actuels de cette maison sont les successeurs de M. Decalonne et suivent ses traditions, qui sont celles d'une fabrication élégante et artistique.

Dans cette industrie, à côté du talent de tisseur, il faut surtout posséder des dessinateurs de goût, et la variété est une condition de réussite, comme la souplesse de l'étoffe est indispensable.

La fabrique de ces Messieurs est à Fresnoy-le-Grand, près St-Quentin.

HENNEQUIN & Cie — *35, rue d'Aboukir* — PARIS

CHALES FRANÇAIS — MÉDAILLE DE BRONZE

Encore une des maisons qui tiennent le haut bout de cette industrie. Sa création date de cinquante-deux ans, et sa manufacture est établie à Bohain (Aisne).

Les spécialités de MM. HENNEQUIN ET Cie sont les châles français longs et carrés et tous les tissus unis. Pour les premiers, il faut avant tout des dessins variés, riches et originaux; pour les seconds, une fabrication moëlleuse ou solide, et toujours faite avec un grand soin et une parfaite régularité.

DIPLOME D'HONNEUR

E. Bossuat, de Paris.

MÉDAILLES D'OR

Pin et Clugnet, de Lyon. — Boutard et Lassale, de Paris. — Chanel, de Lyon.

MÉDAILLES D'ARGENT

Rivoiron, de Lyon. — Ducros Robert, de Nimes. — Callange et Mahaut, de Paris. — Tresca-Thorel et Ratieuville, de Paris. — Hippolyte et Henri Lair, de Paris.

Rappels. — Verdière, de Paris. — Rey Missire, de Paris.

MÉDAILLES DE BRONZE

Hennequin, de Paris. — Code Valentin, de Nimes. — Seinais et Merlier, de Saint-Nicolas (Belgique). — Dessagne, de Paris. — Magnan et Rullat, de Lyon.

SECTION VII

Bonnetterie et Lingerie

CLASSE 27^e

Articles de bonneterie et de lingerie. — Objets accessoires et vêtements. — Bonneterie de coton, fil, laine, cachemire. — Lingerie confectionnée pour hommes, pour femmes et pour enfants. — Layettes. — Confection de flanelles et autres tissus de laine. — Corsets, cravates, gants, guêtres.

COMPOSITION DU JURY

Président.

RICHARD-VASSEL. CHALON-S.-SAÔNE

Secrétaire.

HAYEM (Julien).... PARIS.

Membres.

LAFAY............. LYON.

DUVELLEROY....... PARIS.

TREFOUSSE........ CHAUMONT.

Il y a à Paris quelques fabricants de gants célèbres tels que PRÉVILLE. Néanmoins l'industrie de la ganterie appartient à peu près exclusivement à la ville de Grenoble, et les plus grandes maisons de la capitale ne sont que des succursales de leurs fabriques dauphinoises.

JOUVIN — PARIS ET GRENOBLE

HORS CONCOURS

Il en est ainsi de la maison JOUVIN et Cie, la plus connue croyons-nous de France, et qui a été mise hors concours par le jury à l'Exposition de Lyon.

JAY — DE LYON

MÉDAILLE D'ARGENT

CHOMAT — DE LYON

MÉDAILLE DE BRONZE

Nous trouvons dans la section VII, à côté de la Ganterie, la Chemiserie et les Corsets. Les noms de MM. JAY et CHOMAT, ces deux faiseurs des élégants lyonnais, s'y trouvent parmi ceux récompensés : M. JAY avec une médaille d'argent, la plus forte distinction qui ait été accordée à cet ordre de produits, M. CHOMAT avec une médaille de bronze. Nous n'avons pas grand chose à dire de ces deux Maisons rivales. Elles sont connues de tout le monde à Lyon pour l'élégance hors ligne de leur coupe et la supériorité de leurs produits.

Tous les objets constituant l'habillement primitif de l'homme, tels que Cravates, Caleçons, Flanelles, Mouchoirs se trouvent dans ces deux maisons qui ne font que l'article de luxe, et la rivalité qui existe entre elles assure aux consommateurs, clients de l'une ou de l'autre, une émulation toute à l'avantage de leurs besoins.

CHAVAT ET Cie — DE LYON

MÉDAILLE DE BRONZE

A côté de MM. Jay et Chomat, citons encore MM. CHAVAT

ET Cie, rue de Lyon, 43, que leur coupe élégante et la qualité de leurs produits placent auprès des industriels dont nous venons de parler.

FORET — DE LYON

MÉDAILLE D'ARGENT

A côté de ces chemisiers de luxe, nous devons parler d'une maison de gros, qui fait la Chemiserie militaire et tous les articles concernant la Bonneterie militaire : la maison FORET ET Cie, rue de l'Hôtel-de-Ville, 39.

FIART ET METTEY — DE LYON

MÉDAILLE DE BRONZE

Nous sommes arrivés aux Corsets. Qu'ils sont donc jolis! Nous nous arrêtons malgré nous devant ceux de MM. FIART ET METTEY, comme devant le buste d'une jolie femme.

On sait que ce vêtement *intime* doit soutenir et non comprimer, doit contenir et non déformer... Mais, lecteur, vous êtes pudique et je crains d'en trop dire.

NOMS DES RÉCOMPENSÉS

HORS CONCOURS

Xavier Jouvin et Cie, de Grenoble et Paris.

DIPLOME D'HONNEUR

Bapterosses, de Briare (Loiret).

MÉDAILLES D'ARGENT

C. Foret, de Lyon. — A. Jay, de Lyon. — Mittler, de Paris. — Raux, de Paris. — Martin, de Paris.

Rappels. — Girar-Thibaud, de Paris. — Germain fils, de Nîmes.

MÉDAILLES DE BRONZE

Henry Chomat, de Lyon. — Chavat, de Lyon. — Desvignes et Cie, de Lyon. — Fiart-Mettey, de Lyon. — Augier, de Lyon. — Caret frères, de Troyes. — Tholozan et Cie, de Nîmes. — Constant-Maréchaux et Cie, de Paris. — Roger et Favre.

MENTIONS HONORABLES

Troncy-Chassignol, de Lyon. — Charpas, de Lyon. — Cyprien Julien, de Grenoble. — Brunier Maréchal, de Lyon. — Sylvestre et Delevaux, de Lyon. — Tourette et Cie, de Paris. — Brun et Cie, de Lyon. — Feldtrappe et Tharel, de Paris. — Dessagne, de Paris. — Falconnier et Savoie, de Lyon. — Pornon, de Lyon. — Muller fils, de Lyon. — Mme Chol, de Lyon. — Donneau Chassignol, de Lyon.

SECTION VIII

Habillements des deux sexes

CLASSE 28e

Habillements des deux sexes. — Habits d'homme, de femme, coiffures d'homme, coiffures de femme, perruques et ouvrages en cheveux.—Fleurs artificielles. — Chaussures. — Confections pour enfants. — Parapluies, ombrelles, cannes, objets de voyage et de campement, malles, valises, sacoches, nécessaires ou trousses de voyages. — Objets divers et matériel, spécialement destinés aux voyages.

CLASSE 30e

Pelleteries et fourrures vraies ou fausses. Travaux du naturaliste.

COMPOSITION DU JURY

Président.
DUVELLEROY....... Paris.

Vice-Président.
PINET............... Paris.

Secrétaire.
CHARLES (Vincent)... Paris.

Membres.
MATHIEU............ Paris.
TREFOUSSE......... Chaumont.

PELLETIER .... Lyon.
LAURENT.............. Lyon.
BARRET .... Lyon.
GAUTHIER.............. Lyon.
FENETRIER (Oncle)........ Lyon.

Membres adjoints.
COMBALOT .... Lyon.
LAPROSTE .... Lyon.
PERRET .... Lyon.
GEORGET .... Lyon.

De grandes et importantes maisons avaient envoyé les produits de tout genre qui constituent le vêtement; cependant nous sommes obligés de signaler, dans la galerie qui leur était réservée, des vides considérables, trop considérables même, et que l'on ne pouvait s'empêcher de déplorer. Cette partie était une des moins garnies de l'Exposition. Toutefois, nous le répétons, ceux qui avaient exposé méritent une étude sérieuse qui demande un certain développement.

MAISON DE LA BELLE-JARDINIÈRE

BESSAND et Cie — *Rue du Pont-Neuf* — PARIS

VÊTEMENTS — DIPLÔME D'HONNEUR

La maison de la *Belle-Jardinière* est l'établissement le plus considérable qui existe dans le monde entier pour la confection des vêtements; ses affaires s'élèvent annuellement à près de 12 millions; elle occupe cinq mille familles d'ouvriers et paie près de 3 millions de salaires ou de main-d'œuvre. Sa vente se fait toute au détail et au comptant; elle n'exporte pas. Sa fabrication comprend aujourd'hui toutes les pièces de l'habillement.

La *Belle-Jardinière* inaugurait sa nouvelle maison : *Quai de la Mégisserie, à l'entrée du Pont-Neuf,* le jour même où l'Exposition de 1867 ouvrait ses portes. Cette magnifique construction, élevée sur des plans méthodiques et parfaitement appropriés, remplace le pâté de vingt-cinq maisons qu'elle s'était successivement annexées au quai aux Fleurs. C'est un des établissements les plus remarquables de Paris et les plus dignes d'être visités.

TROIN — *61, rue de Richelieu* — PARIS

MÉDAILLE D'ARGENT

Si les vêtements à bon marché, et populaires, étaient représentés d'une façon suffisante, en rapport avec l'importance qu'ont prise depuis quelques années les grandes maisons d'habillement, les tailleurs élégants du *high life* parisien ne l'étaient pas suffisamment, et nous n'avons trouvé à l'Exposition qu'un représentant de ces artistes *habilleurs* dont le goût et la distinction sont connus de *tout Paris*. Il est vrai que c'est l'un des plus sympathiques et aussi des plus habiles, M. Troin ; n'importe nous aurions voulu le voir accompagné, ne fût-ce que pour qu'il en obtînt un honneur plus grand encore.

Qui ne sait que c'est uniquement à M. Troin que la délicieuse marquise de V*** confie toujours le soin de tailler ses amazones que nous admirons tous à Longchamps, et que c'est chez lui que le brillant et richissime duc D*** a commandé dernièrement ses habits de chasse si crânement coupés.

M. Troin a envoyé à l'Exposition, une série riche et variée de costumes diplomatiques, administratifs et de *cour*... étrangères... sans doute, car on sait qu'aux réceptions présidentielles, ministérielles et *hautement* administrative, le *frac* seul est admis.

Aussi, à côté de ces vêtements somptueux, les habits noirs étalaient-ils leurs lignes, sinon gracieuses, du moins correctes et fashionnables. Le Jury a décerné à M. Troin une médaille d'argent qui ira grossir le riche médailler de cette maison si justement recommandable.

Nous lui en faisons notre compliment très-sincère.

MORETEAU — *Rue de Lyon, 24* — LYON

MÉDAILLE D'ARGENT

M. MORETEAU AINÉ est incontestablement l'un des premiers tailleurs de Lyon.

Les vêtements qui sortent de sa maison se distinguent par leur solidité et l'élégance de leur coupe.

M. MORETEAU habille une partie du monde élégant de Lyon, et a bien mérité la distinction qui lui a été accordée par le Jury.

MORETEAU & SYLVESTRE — *Rue de Lyon, 52* — LYON

MÉDAILLE D'ARGENT

C'est certainement la présence à l'Exposition de maisons aussi gigantesques que la Belle-Jardinière et la Grande-Maison qui a empêché MM. MORETEAU et SYLVESTRE d'avoir une récompense plus élevée à l'Exposition de Lyon.

Ces Messieurs se partagent, avec M. MORETEAU, aîné, frère du premier, la clientèle du beau monde lyonnais.

Toujours à l'affût des modes les plus nouvelles et du goût le plus récent, et soigneux de leur coupe au delà de toute expression, ils peuvent aller de pair avec leurs premiers confrères de la capitale.

CAILLAT — LYON

MÉDAILLE D'ARGENT

M. CAILLAT est aussi un tailleur lyonnais, qui ne le cède en rien à ceux de la capitale. A côté d'habits soignés et élégants, il a exposé des robes de magistrats et des costumes administratifs. M. CAILLAT est le digne successeur de l'ancienne maison GUIBAL, et l'université et les tribunaux ne pouvaient trouver un meilleur fournisseur.

À LA VILLE DE LYON

DABONEAU — *rue de Lyon* — LYON

CHEVALIER DE LA LÉGION D'HONNEUR

L'installation faite par M. DABONEAU, le propriétaire des immenses magasins de *La Ville de Lyon,* était certainement l'une des plus remarquables de la galerie des tissus.

Les produits de toutes sortes, artistement étalagés, étaient exhibés dans sa vitrine et frappaient l'œil du visiteur dès qu'il

LES MAGASINS DE LA VILLE DE LYON

entrait dans la galerie. La belle qualité et la beauté réelle des étoffes exposées par M. Daboneau, arrêtaient pour longtemps les dames autour de sa vitrine, à admirer, les unes un cachemire des Indes, les autres un châle de dentelles, les autres une belle confection ou une riche pièce de soie.

La vitrine de M. Daboneau était située à l'entrée de la galerie, et cette installation, sans doute placée là par hasard, se trouvait en réalité en tête de la galerie comme le sommaire en tête du chapitre.

En effet, tous les produits qu'on devait revoir et admirer en grand nombre et séparément dans les autres vitrines, depuis les feutres jusqu'aux dentelles les plus fines, depuis les draperies jusqu'à la soie, depuis les couvertures de laine jusqu'aux toiles, se trouvaient réunis dans celle de M. Daboneau.

M. Daboneau, on le sait, est l'un des plus grands industriels de la cité lyonnaise, et la haute distinction qu'il vient d'acquérir en étant nommé Chevalier de la Légion d'honneur, lui a été value au moins autant par son importance comme industriel, que par sa qualité de Président du Conseil d'administration de l'Exposition.

M. Daboneau, qui est aujourd'hui le seul propriétaire des magasins de *La Ville de Lyon*, ne doit qu'à son seul mérite la haute situation commerciale qu'il occupe et qu'il a su acquérir si jeune encore. Nous le félicitons d'avoir atteint ce résultat à un âge où tant d'autres cherchent encore les moyens de parvenir. Nous le félicitons surtout d'avoir su créer à Lyon des magasins qui ne peuvent trouver de concurrents sérieux qu'à Paris.

Nous voulons d'ailleurs dire quelques mots de ces magasins eux-mêmes et de leur admirable organisation.

Les magasins *A la Ville de Lyon*, depuis leur récente réorganisation, ne se sont proposés qu'un but : c'est de donner une impulsion sans limites au développement de leurs affaires si considérables déjà. Ce but, ils l'atteindront, parce que le public est bon juge, et qu'il s'empresse de profiter des bons marchés qui lui sont offerts.

Or cette maison, unique par son importance, et sans rivale par son organisation, dont la renommée s'étend non-seulement en France, mais on peut dire dans toute l'Europe, ne contemple pas ce qu'elle a fait, mais elle croit qu'il y a beaucoup plus à faire encore; et pour expliquer sa supériorité, elle ne craint pas de dévoiler tout le mécanisme qui régit ses opérations : les acheteurs les moins bien disposés sont forcés de se rendre à la justesse de ses explications.

La Ville de Lyon sait, comme tout le monde, que pour vendre beaucoup, il faut avoir d'immenses assortiments et pouvoir les céder à bas prix. Or, ce n'est rien dire de trop que de déclarer qu'aucune autre maison ne réunit ces avantages à un degré aussi éminent.

La Ville de Lyon, disposant d'un capital important, fait tous ses achats directement et sans intermédiaire, dans toutes les fabriques françaises et étrangères, elle les escompte tous et obtient toujours les conditions accordées aux maisons de gros les plus favorisées. Or, comme elle tient ses marchandises de la production même et qu'elle les livre immédiatement à la consommation, il est facile de comprendre qu'elle peut les céder, sans grand effort, avec une différence de 20 0/0 au moins, au-dessous des prix possibles à toutes les maisons de détail qui s'approvisionnent dans ces maisons de gros qui, nécessairement, prélèvent sur elles un bénéfice obligé. A Lyon, mieux que dans beaucoup de villes, cette vérité sera comprise.

Quant à l'immensité des assortiments, il suffit d'être entré une fois dans ces vastes galeries pour que toute explication sur ce point soit superflue.

La supériorité de cette maison ne se manifeste pas seulement à l'égard des maisons de Lyon, elle s'étend et s'affirme à l'égard des maisons de la capitale, dont les frais généraux sont plus de moitié plus grands que les siens.

Tout s'y fait au grand jour, et on se garde bien d'employer certains moyens, en usage dans quelques maisons, qui consistent à annoncer un ou des prix fabuleux, offrir, à cinq francs par exemple, ce qui en vaut plus de six, et, à côté de cette amorce séduisante, vendre, la plupart du temps, les autres articles à un prix élevé, afin de rattraper abondamment ce sacrifice, grand en apparence.

Toutes les marchandises y sont cotées à un *bon marché relatif, mais vrai, sans subterfuge,* le seul qui s'allie à la qualité de la marchandise. Et pour qu'aucun doute ne soit possible, tous les acheteurs sont instamment priés de vouloir bien se rappeler que toutes les marchandises sorties de *La Ville de Lyon,* qui, après examen ou comparaison, ne donneraient pas toute satisfaction ou laisseraient quelque regret, seront reprises, échangées ou remboursées sans la moindre réflexion.

** * **

. La section VIII comprend, outre le vêtement, l'équipement militaire, la chaussure, les fourrures, les articles de voyage, les fleurs artificielles et les faux cheveux.

Nous allons parler tour à tour de ces différents produits et des maisons que nous avons le plus remarquées.

EUGÈNE MARRAST — *rue des Filles-St-Thomas* — PARIS

MÉDAILLE D'ARGENT

Dans la mesure de ses moyens, chacun a prêté un concours actif à son pays pendant la guerre 1870-1871 ; mais s'il nous était permis de faire des catégories, nous n'hésiterions pas, devant l'exposition de M. E. Marrast, à dire bien haut que cet industriel a pris une part plus large que d'autres à la défense du territoire. Nous ne voulons pas faire allusion à des traits personnels de bravoure, toujours admirables mais souvent inutiles au résultat général ; nous parlons à un autre point de vue aussi méritoire et plus utile à l'ensemble des opérations. En effet, lorsque Paris fut bloqué et que l'on décida de continuer la lutte en province, on craignit un instant d'être paralysé par le manque d'équipements militaires. Presque toutes les grandes industries de cette nature se trouvaient établies dans la capitale, et dans le reste de la France on ne comptait que des établissements d'une importance relativement petite. Il fallait cependant ne pas perdre une minute et implanter ces industries dans plusieurs centres et à n'importe quelles conditions. Les ouvriers spéciaux manquaient, il fallait en former ; les machines n'éxistaient pas, on devait en inventer ; mais avant tout il était urgent de produire.

M. Marrast comprit les besoins, et tout en s'exposant peut être à compromettre sa fortune en se lançant dans une voie inconnue pour lui, il n'hésita pas.

Faisant acte de sagesse et de prévoyance, dès le début, il choisit comme centre une des villes les mieux situées : *Toulouse*, qui se trouvait en dehors de la lutte, avec espoir presque certain de ne jamais la voir s'étendre à cette contrée. Toulouse on le sait possède un grand cours d'eau : la Garonne, à proximité de laquelle il installa ses ateliers. Une grande machine à vapeur fut aussitôt montée, car il s'agissait de produire rapidement et de ne pas employer de moyens lents occasionnant une irrégularité quelconque. Dès le début des travaux d'installation, l'on pouvait prévoir, pour le quartier déja si industriel des amidonniers, un nouvel élément de prospérité. 300 ouvriers ou ouvrières allaient trouver nuit et jour une occupation constante à confectionner les mille détails

qui composent l'équipement militaire. Tout fut prêt dès le 4 janvier.
Rien de curieux comme cette immense salle des machines à coudre
mues par la vapeur, et qui, au nombre de 100, produisaient avec
une rapidité merveilleuse, et une régularité plus étonnante encore,
des courroies, des chemises, des caleçons, cravates, sacs de toute
espèce, havre-sacs, guêtres en cuir et en toile, vestes, etc., etc.
Peu à peu toutes les parties capitales de cette industrie furent
en exploitation. Est-il utile de dire que les semelles en papier,
livrées par d'impudents voleurs, ne portaient pas la marque
Eug. Marrast, toutefois nous devons ajouter que, l'armistice ayant
été signé le 29 janvier, M. Marrast, malgré toute sa rapidité, ne
put prêter à la défense un concours aussi considérable qu'il l'eût
voulu, et faillit compromettre sa fortune très-sérieusement. Nous
sommes persuadés que le Jury, tenant compte à cet exposant de
son activité si intelligente et de ses services, a basé sa récompense
sur ces données connues de tous. Elle est donc bien placée, et il
nous a paru bon d'en détailler les motifs. Aujourd'hui, du reste,
M. Marrast est assez heureux pour continuer à s'occuper dans
cette voie. Son usine de Toulouse acquiert de plus en plus de
l'importance, et il a dû transporter son administration à *Paris*.

PINET — *Rue Paradis-Poissonnière* — PARIS

CHAUSSURES — MEMBRE DU JURY

Je suppose que les exposants en chaussures ont dû être unanimes à choisir M. Pinet comme juge de leurs produits. Nul
n'était plus apte que lui à remplir cette fonction, et c'est un
honneur qu'il méritait à tous les titres.

Personne n'ignore que M. Pinet tient à Paris le haut bout de
l'industrie de la chaussure, et qu'il est arrivé à cette situation
considérable par un labeur opiniâtre, de tous les instants. Il a

débuté dans les conditions les plus modestes, et si aujourd'hui il est une de ces rares personnalités qui jouissent de leur succès, cela était bien dû à son travail et à sa persévérance.

La fabrique de M. Pinet occupe tout un monde d'ouvriers, et ses produits, recherchés par les deux hémisphères, sont connus de tout ce qui admire le beau et aime le confortable.

GUÉRIN — DE LYON

MÉDAILLE D'ARGENT

A côté des grands industriels parisiens, dont nous venons de parler, citons un fabricant de chaussures en gros de Lyon, dont les produits ont été distingués par le Jury : M. GUÉRIN, dont la maison de détail est rue de Lyon et les ateliers cours Bourbon, 34. Sa fabrication est bonne, élégante et bon marché. Nous le savons par expérience, et la recommandons aux gens économes.

FERRY-JEANDRON — *Rue Grange-Batelière, 5* — PARIS

CHAUSSURES — DIPLOME D'HONNÉUR

Il était inévitable, pour toute personne de goût s'arrètant devant l'élégante vitrine de M. FERRY-JEANDRON, que le Jury lui décernerait une récompense sérieuse. C'est la plus haute en effet qu'il a cru devoir lui accorder, et c'était justice. M. FERRY s'est adonné, en parisien qu'il est, à l'une des industries les plus franchement parisiennes : *La chaussure féminine,* et il a mème été choisir dans cette spécialité, une spécialité des plus dangereuses, celle de *ganter* le pied des femmes les plus capricieuses, les plus élégantes. Voyez-vous d'ici les difficultés inouies qu'il faut surmonter à chaque instant, et les efforts d'imagination que doit faire M. Ferry pour contenter la soif d'élégance de ces jolies clientes.

Il y arrive parfaitement, paraît-il, car *toutes* ne veulent ètre chaussées que par Ferry, et l'adresse de sa maison est l'une des plus connues de Paris.

H. ROBERT — *rue de l'Hôtel-de-Ville* — LYON

CHAUSSURES — MÉDAILLE D'ARGENT

M. Robert fait principalement la chaussure pour dames. Il sait avec un art parfait donner cette forme charmante qui fait, du pied d'une jolie femme, la huitième merveille du monde (sans préjudice naturellement pour toutes les autres huitièmes merveilles qui ont été découvertes depuis la septième).

Il possède à Lyon la clientèle artistique, et ses bottines de fantaisie, en étoffe de soie aux brillantes couleurs, chaussent à ravir telle ou telle étoile des théâtres lyonnais.

Dans un ordre d'idées que le lecteur trouvera plus sérieux, M. Robert est un artiste qui fait tous les genres avec un égal mérite, et chausse l'homme et la femme également bien.

TREYVOUX et MOUTH — *rue S*-Dominique, 1* — LYON

FOURRURES — MÉDAILLE D'OR

Messieurs Treyvoux et Mouth, sont les premiers fabricants de fourrures de Lyon, et ils n'ont point trouvé à l'Exposition de rivaux sérieux.

Il va sans dire que leur installation était splendide. Aussi quels beaux produits que les fourrures et comme, en voyant toutes ces ravissantes peaux de martre zibeline, ou du Canada, d'astrakan, de chinchilla, d'hermine, etc., on comprend la coquetterie d'une charmante jeune femme, pour qui semblent si bien faites toutes les belles confections qu'elles garnissent.

Si l'on veut se faire une idée de la beauté de l'installation de MM. Treyvoux et Mouth, on n'a qu'à visiter l'étalage de leurs magasins, au coin de la place des Jacobins et de la rue S*-

Dominique. Jamais d'aussi jolies choses n'ont été disposées avec plus de goût.

MM. Treyvoux et Mouth font le détail; mais on conçoit que l'importance de leur maison leur donne beaucoup plus d'affaires de gros.

DE LHOPITAL — *rue de Bourbon, 8* — LYON

MÉDAILLE D'OR

Nous arrivons à l'article de voyage. Nous sommes ici arrêtés par une exhibition des plus remarquables, celle de la maison De Lhopital, de Lyon. C'est d'ailleurs à M. De Lhopital qu'a été décernée la plus haute récompense destinée à l'article de voyage, et la supériorité incontestable de ses produits fait regretter l'absence d'un diplôme d'honneur dans cette classe.

M. De Lhopital a fait faire de grands progrès à l'article de voyage, et ses nombreuses inventions, souvent copiées par ses confrères lyonnais, lui ont fait comprendre, un peu tard peut-être, l'importance du brevet. Aussi s'est-il décidé à faire breveter ses deux dernières inventions : un système d'armatures ou douilles, pour la solidité des liteaux de malles, coffres-forts, etc., et sa nouvelle malle, qu'il a appelée malle mixte indéformable.

Cette malle présente tous les avantages que peut réunir un article de ce genre : légéreté, solidité, sécurité, bon marché et élégance. Tout y est étudié, depuis sa charpente ou ossature qui est en bois, et maintient dans leurs positions respectives toutes les parties de la malle, jusqu'à ses charnières d'un système nouveau dont la cheville ne peut être enlevée.

On trouve chez M. De Lhopital tous les articles de voyage, depuis les plus riches jusqu'aux plus courants, faits avec un soin qui en garantit l'usage, des malles de toutes formes et de toutes grandeurs, des couvertures de voyage de tous genres, des sacs en maroquinerie simple et en maroquinerie de luxe, des nécessaires de voyage, etc., etc. La maroquinerie est soignée d'une façon toute spéciale.

On y trouve enfin les articles de chasse, tels que : havres-sacs, cartouchières, boîtes à fusils, etc., chaque chose soignée comme tout ce qui sort de cette maison si recommandable.

SADON — ROUBAIX

COUVERTURES DE VOYAGE

M. Sadon est un grand industriel de Roubaix qui, pendant la guerre, a rendu d'immenses services en portant toute sa fabrication, d'une façon absolument désintéressée, sur les appareils destinés au soulagement des blessés, appareils de toute nature et adoptés presque unanimement partout aujourd'hui, surtout comme premiers pansements.

A Lyon, M. Sadon a exposé des couvertures de voyage d'une variété de qualité, de dessins et de genres excessivement remarquables. Le même exposant aurait dû joindre à cela une certaine quantité de ses splendides étoffes-tentures, qui font sa supériorité et sont une des branches les plus considérables de son industrie artistique. Nous avons constaté souvent leur absence de l'Exposition avec un vif regret.

J. BRUN & Cie — *44, rue de Sully* — LYON

FLEURS ARTIFICIELLES. — MÉDAILLE D'ARGENT

La maison Joseph Brun a obtenu la plus forte récompense qui ait été décernée aux fleurs artificielles à l'Exposition, et Dieu sait pourtant si cette industrie était bien représentée.

Nous n'avons jamais vu la nature reproduite avec autant de vérité, sans compter que ces fleurs, qui ne se fanent jamais, ont un cachet de fraîcheur éternelle qui leur sied à ravir, et leur permettrait presque de se placer à côté de leurs sœurs naturelles dans le plus joli parterre qu'une imagination puisse rêver.

MM. J. Brun et Cie font aussi les fleurs que nous appellerons fleurs d'église, si vous nous le permettez; ce sont des fleurs d'or de toute beauté qui s'harmonisent merveilleusement avec les lustres et les ornements d'église. Ils en avaient exhibé dans l'installation de M. Marlie, dans la coupole centrale, qui ont attiré l'admiration de tous les visiteurs.

Mais qu'il nous soit permis de dire quelques mots de la maison Joseph Brun et Cie, dirigée actuellement par les fils du fondateur, qui la créa en 1828.

Elle prit peu à peu un grand développement, et aujourd'hui, tant en France qu'à l'Étranger, ses relations sont très-étendues. Elle occupe un personnel qui varie, suivant les saisons, entre 80 et 100 ouvrières.

Ces messieurs fabriquent tous les genres de fleurs et sont même arrivés, pour la fleur fine, à rivaliser avec Paris qui en avait jusqu'ici le monopole; quant aux guirlandes de processions, parures de mariées, garnitures mortuaires ou couronnes de première communion, ainsi que pour les fleurs d'église, la fabrique lyonnaise est sans rivale.

Les visiteurs arrêtés un instant devant la houblonnière, exposée par MM. Joseph Brun et Cie, ont pu se convaincre de ce fait. Cette houblonnière, en effet, qui décorait le centre de la 9e galerie et faisait un cadre champêtre à l'Hébé de M. Lavandier, était fort remarquable. Toute la fabrication de MM. Brun et Cie se trouvait dans la vitrine 1548. Les visiteurs ont pu l'examiner comme elle le méritait; elle contenait des échantillons variés, et se trouvait à quelques pas de la houblonnière dont nous avons parlé.

Nous avons vu les ateliers de MM. Brun, dans la rue de Sully, à quelques pas de l'Exposition, et nous engageons vivement les amateurs de fleurs artificielles à s'y transporter; ils y trouveront dans une plus grande quantité une variété plus grande.

ROCHON — *34, rue Grenette* — LYON

COIFFEUR. — MÉDAILLE DE BRONZE

Le Jury a accordé une médaille de bronze à M. Rochon pour son exposition de cheveux et une médaille d'argent pour son *Séchoir capillaire.*

Tout le monde connaît déjà le séchoir capillaire de ce *Figaro* du grand monde. Les dames blondes et brunes, jeunes et *moins jeunes,* qui professent toutes le culte que l'on sait pour leur chevelure, ne peuvent passer devant ces appareils sans faire des milliers de rêves sur les avantages que pourraient retirer leurs coiffures de l'usage de ce meuble.

Je vous assure, chère lectrice, qu'il y a beaucoup de bon dans cet appareil qui, tout en procurant à vos magnifiques chevelures un nouvel éclat, vous empêchera de redouter à jamais les rhumes, maux de tête, migraines, coryzas et tout ce monde de maladies qui vous rend le nez rouge et fait pleurer vos beaux yeux.

Si, comme vous, j'appartenais au sexe à qui l'on doit sa femme, et si, au lieu d'être complétement chauve, j'avais vos luxuriants cheveux, je n'hésiterais pas un instant à acquérir un séchoir capillaire, ne fût-ce que pour faire enrager mon docteur et envoyer à l'hôpital les fabricants de faux cheveux des deux hémisphères.

CRÉ — *10, quai de l'Hôpital* — LYON

MENTION HONORABLE

M. CRÉ est l'inventeur d'un produit qui nettoie *tous les meubles* vernis anciens et modernes, *tous les métaux, les peintures de voitures.* Il est aussi l'inventeur d'une *composition* qui rend à la dorure sur bois et sur cuivre son premier brillant, et de l'*Eau merveilleuse,* qui détache les gants de peau et les étoffes.

DIPLOMES D'HONNEUR

Bessand et Cie, MM. de la Belle Jardinière. — Jeandon et Ferry, de Paris.

MÉDAILLES D'OR

Simon et Cie, de Paris. — Exposition collective des Fabricants de chapellerie, de Lyon. — De Lhôpital, de Lyon. — Treyvoux et Mouth, de Lyon.

MÉDAILLES D'ARGENT

Cavy fils, de Moulins. — Brun et Cie, de Lyon. — A. Gogly, de Paris. — Mlle Pitrat, de Paris. — Greffe, de Lyon. — Daboneau, de Lyon. — Hugot et Lafaye, de Lille. — E. Marrast, de Paris.— Moreteau, de Lyon. — Troin, de Paris. — Caillat, de Lyon. — Lhose, de Paris. — Delattre, de Paris. — Degiry, de Lyon. — Mouliéra, de Lyon. — Fournier fils, de Paris. — Guillaume et Lesage, de Paris. — Baca, de Lyon.— Robert, de Lyon. — Moncharmont, de Lyon. — Bussy, de Dôle. — Étanchaud, de Paris. — Cot y Tressera, de Barcelonne. — Guérin, de Lyon. — Gontard, de Lyon.— Laplace, de Lyon. — Othon, de St-Étienne. — Casburn, de Lyon. — Clovis et Henri Ballu, à la Ferté-Macé. — Moreteau et Sylvestre, de Lyon. — Pascal, de St-Chamond.

MÉDAILLES DE BRONZE

Henry et Waillat, de Lyon. — Raphanel, Metrat, de Lyon. — Société d'assistance fraternelle des ouvriers fleuristes de Paris. — Selle, Moncaut et Bayard, de Lyon. — Bonnaz, de Lyon. — Rochon, de Lyon. — Abadie-Peuvret, de Paris. — Blum-Javal, de Berne. — Guérard, de Lyon. — Marserolle et Rey, de Lyon. — Mazière, de Lyon. — Quillon, fils de Lyon. — Siebenpfeifer, de Lyon. — Mermet, de Champagnole (Jura). — Chapellerie collective d'Alby. — Félix Girard, d'Alger. — The Lancashire, de Denton (Angleterre). — Kuffer, de Berne.—Branciard et Cie, de Lyon.— L. Drevet et Cie, de Lyon.—G. Feragini, de Paris. — Righini frères, de Turin. — Cal-

mard, de Lyon. — Boiron, de Lyon. — Mathon, de Lyon. — Massia, de Lyon. — Pitiot et Bugey, de Lyon. — Henri Béal, de Lyon. — Girault, de Lyon. — Dufour, de Lyon. — Lambrekts, de Lyon. — Sierociuski, d'Autriche. — Savaton, d'Angers. — Mesnin et Clavière, du Mans. — Lambert et Millet, de Tours. — Dupont et Razon fils. — Léon Navez, de Paris. — Gaillard, de Lons-le-Saunier. — Pierre Lacroix, de Paris. — Énodeaux, de Paris. — Guinard frères, de Saint-Étienne. — Mac-Nish, maison A. Cassague et Cie, de Paris. — Rassat, de Lyon. — Henri-Jean Sauvineau, de Tours.

MENTIONS HONORABLES

Strauss, de Lyon. — Veuillet, de Lyon. — Costanier fils, de Marseille. — Chané frères, de Lyon. — Mlle Ferrero, de Lyon. — Dupuy-Cachat, de Lyon. — Girard et fils, de Lyon. — James, de Lyon. — Rivière et Cie, de Lyon. — Escoffier, de Lyon. — Meunier, de Rive-de-Gier. — Bertholon Schuster, de Lyon. — Carcassonne, de l'Isle. — Guichard, de Paris. — Servonnat, de Lyon. — Sadon, de Roubaix. — Guy-Mesy, de Grigny (Rhône). — Donnat-Terri et Noel, de Vienne. — Galibert fils, de Nîmes. — Stoop, d'Anvers (Belgique). — Valet, de Lyon. — J.-E. Bourguet fils, à Avry-devant-Pons près Bâle (Suisse). — Cuony fils, de Lauzanne (Suisse). — Lemain, de Paris.— J. Cré, de Lyon. — Roux, de Bordeaux. — Vernet M., de Grillon (Ardèche). — Durand, de Paris. — Chapellier, de Nîmes. — Meillard L., de Lyon. — Pre, de Paris. — Vibert, de Lyon. — Berne père et fils, de Paris. — Grossat A., de Lyon. — Peyrache frères et Briat, de Saint-Didier-la-Sauve (Haute-Loire). — A. Gailly, de Rernans (Drôme). — Perriolat, de Saint-Marcelin (Isère). — Sensfelder, de Paris. — Haas-Bohner, de Barr (Alsace). — Fabre et Cie, de Lyon. — Hess, de Lyon. — Malle, de Grenoble.

SECTION IX

Parfumerie

COMPOSITION DU JURY

Président.

CROLAS . . . . Lyon.

Membres.

MARTINET . . . . Lyon.
MICHAUD . . . . Lyon.

La partie de la galerie réservée à la parfumerie présentait un charmant aspect et, n'était l'atmosphère saturé de parfums qui rendait pénible tout séjour prolongé, on eût pris plaisir à s'asseoir au pied de l'*Hébé*, verseuse de parfums de M. LAVANDIER, et à reposer ses yeux sur les élégantes vitrines des exposants, vitrines si coquettes et si séduisantes.

Nous trouvons là les maîtres en parfumerie :

M. VIOLET (GODEFROY successeur) et M. LAVANDIER, de Paris.

Puis MM. DEMARSON-CHETELLAT, DELETTREZ, BILLION de Lyon et CANQUOIN de Marseille.

Un peu plus loin, la vitrine merveille d'élégance du docteur PIERRE.

Mais nous nous permettrons de donner quelques détails sur la fabrication du savon qui est une branche considérable de l'industrie française.

VIOLET-GODEFROY — PARIS

HORS CONCOURS

LAVANDIER — PARIS   DELETTREZ — PARIS

MÉDAILLE D'OR   MÉDAILLE D'OR

DEMARSON-CHATELAT — PARIS

MÉDAILLE D'ARGENT

A propos de ces quatre maisons, quatre des plus importantes dans la parfumerie, nous croyons devoir entrer dans quelques détails sur la fabrication du savon.

Le savon, composé de graisses, d'huiles et de quelques sels nécessaires au lavage, se fait cuire dans des cuves énormes.

Arrivée au degré de cuisson nécessaire à une bonne préparation, la matière se coule dans des sortes de caisses portant le nom de

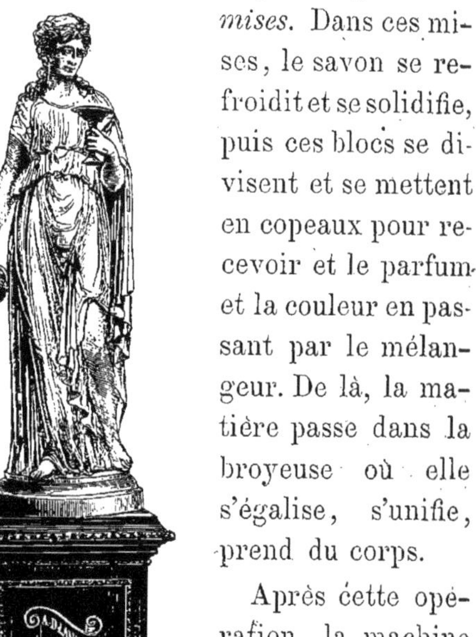

mises. Dans ces mises, le savon se refroidit et se solidifie, puis ces blocs se divisent et se mettent en copeaux pour recevoir et le parfum et la couleur en passant par le mélangeur. De là, la matière passe dans la broyeuse où elle s'égalise, s'unifie, prend du corps.

Après cette opération, la machine dite pelotteuse a son tour. C'est là surtout que la mécanique joue un rôle important. L'invention de la pelotteuse a procuré une économie de temps de trois semaines au moins. Le travail du pelottage qui, dans beaucoup de maisons, se fait encore à la main,

demande de grands soins, et malgré toute l'attention qu'on apporte, il se fait si lentement, et le séchage, de son côté, marche avec tant de difficultés, que l'on n'arrive jamais à obtenir des tons de couleurs et une pâte comparable en finesse à celle qui est fabriquée avec la machine pelotteuse.

Cette fabrication est celle du savon ordinaire, comme du savon extra. La question de la plus ou moins grande finesse du parfum, fait presque seule la différence. Mais il y a une autre fabrication très-difficile, qui demande beaucoup plus de soin encore.

Je veux parler du savon de glycérine. Ce savon se compose de diverses substances. Entre autres il absorbe 33 °/₀ à peu près d'alcool ; avec les droits extraordinaires qui grèvent les alcools en France, il devient très-difficile de le fabriquer, d'autant plus que le savon de glycérine, provenant de l'étranger, ne paie que les droits minimes de douane affectés au savon.

Malgré cette situation si défavorable faite aux produits français, les maisons que nous avons nommées priment sur les Allemands.

DOCTEUR PIERRE — *1, place de l'Opéra* — PARIS

EAU DENTIFRICE. — MÉDAILLE D'ARGENT

La maison du docteur Pierre avait exposé ses produits hygiéniques dans une vitrine hexagonale, en bois noir sculpté, d'un travail soigné et élégant.

Les flacons contenant de l'eau dentifrice étaient disposés sur des gradins intérieurs recouverts d'une étoffe de satin gris-perlé, qui en faisait admirablement ressortir la limpidité et la belle couleur, d'un rouge si éclatant.

Cette exposition a été très-remarquée. On sait du reste, que cette maison, depuis qu'elle est fondée (1840), a toujours apporté à sa fabrication, comme à son administration, les soins les plus minutieux, et que cela est la cause de son développement et de son succès. Quant au produit lui-même, je ne crois pas que nous ayons besoin d'énumérer ses qualités. Il est certain que l'eau dentifrice du Dr Pierre se trouve sur la toilette de toutes les personnes qui aiment ce qui est exquis et exclu de tout charlatanisme.

Le jury en lui accordant une médaille d'argent a décerné, nous croyons pouvoir le dire, une récompense bien méritée.

BILLON ET Cie — LYON

MÉDAILLE D'ARGENT

La maison BILLON ET Cie, dont la fabrique est située à Lyon, rue du Gazomètre, 19, fabrique, comme celle dont nous venons de parler, la savonnerie de toilette extra-fine. Elle s'occupe d'ailleurs de tout ce qui constitue la parfumerie fine et hygiénique.

Mme FILLIAT — LYON

MÉDAILLE DE BRONZE

Mme FILLIAT, de Lyon, a aussi exposé des savons d'une finesse toute spéciale; nous ne pouvons dire s'ils émanent de sa fabrication. Nous croyons qu'ils appartiennent, en grande partie, aux articles dits de Paris et de Londres. Quoi qu'il en soit, nous recommandons sa maison comme maison de de confiance pour la parfumerie et la ganterie.

Mme GALLIN — *rue Laurencin, 7* — LYON

MENTION HONORABLE

Si, avant l'Exposition de Lyon, un figaro quelconque m'eût proposé, après m'avoir taillé la barbe et rafraîchi la chevelure, de me faire une friction pour activer la pousse de mes cheveux,

je l'aurais empêché très-certainement de se livrer à un exercice
que j'estime par avance devoir être aussi coûteux qu'inutile.
Jusqu'à ce jour, en effet, il est de notorité publique que rien de ce
qui existe n'a pu réunir toutes les qualités nécessaires pour
arriver à ce résultat si important : *Faire pousser les cheveux.*

Aussi a-t-on introduit l'*art* en ce qu'il a de plus remarquable à
la confection des perruques. Sous ce rapport, on a fait des
prodiges, et je suis souvent resté ébahi devant les *toupets* remarquables de tels ou tels de nos représentants.

L'Exposition de Lyon, au milieu des miracles sans nombre
qu'elle a opérés, nous a révélé le secret depuis si longtemps
désiré de la régénération de la chevelure. Comme personnellement cette question intéressait mon chef, je l'ai étudiée à fond,
pratiquement, et franchement je suis obligé de vous avouer
que la tonsure, trop naturelle hélas! qui exposait ma tête aux
rayons indiscrets d'un soleil souvent trop pénétrant, tend à
diminuer.

Je ne me serais jamais vanté d'avoir essayé de ce spécifique si,
devant le résultat que j'obtiens, je n'entrevoyais la certitude de
laisser les rieurs derrière moi.

Mais la reconnaissance m'oblige à étouffer mon amour propre,
et je veux qu'on accorde à ces pots de pommade sans prétention,
à ces flacons modestes, l'attention qui leur est due pour leur
mérite. Je le fais avec d'autant plus de courage que le Jury a
apprécié comme il convenait ce produit remarquable.

POLLINGUE — CHAMBÉRY

MENTION HONORABLE

M. POLLINGUE, de Chambéry, avait fait une très-jolie installation dans la 9ᵉ galerie. Dans sa vitrine étaient tous les objets qui
constituent la parfumerie. Un chamois empaillé dominait le tout.

C'est, croyon-snous, l'enseigne de M. Pollingue à qui nous regrettons de ne voir qu'une mention honorable dans le rapport du Jury.

SARAH FÉLIX — PARIS

Nous avons aussi à regretter que l'*Eau des Fées,* ce produit qui se trouve sur la table de toilette de toutes les femmes, dont elle conserve le teint et la fraîcheur, n'ait obtenu qu'une mention honorable. Cette distinction, trop faible sans doute, n'enlève rien à son mérite, et madame Sarah Félix en ayant à se plaindre de la galanterie du Jury ne perdra sans doute aucune de ses jolies clientes.

NOMS DES RÉCOMPENSÉS

HORS CONCOURS

Violet (Godefroy), de Paris.

MÉDAILLES D'OR

Veuve des Cressonnières et fils, de Bruxelles. — Lavandier, de Paris.

MÉDAILLES D'ARGENT

Demarson-Chetellat, de Paris.— Deletrez, de Paris. — F. Billon et Cie, de Lyon. — Canquoin, de Marseille. — Chouet, de Paris.

MÉDAILLES DE BRONZE

Chausson, de Lyon. — Cramer-Gastier, de Paris. — Filliat, de Lyon. — Gallin-Martel de Lyon.—Gerby-Raibaud-Pelletier, de Paris. — Milliot Félix, de Paris. — Ronchaud, de Marseille. — Simon, de Paris.

MENTIONS HONORABLES

Astier, de Lyon. — Mme Gallin, de Lyon. — Pollingue, de Chambéry. — Louvet, de Paris. — Sarah-Félix, de Paris. — Rowland et Sons, de Londres.

GROUPE III

Ameublement et Décoration, objets destinés
à l'habitation

CHAPITRE V

SECTION X

Ameublements et Décoration

CLASSE 31e

Meubles et ouvrages de tapissier et de décorateur en tous genres. — Tapis, tapisserie et autres objets d'ameublement, tissus d'ameublement en tous genres, sauf la soie — Tapis végétaux. — Molesquine. — Cuirs de tenture et d'ameublement, toile cirée. — Toiles métalliques.

CLASSE 32e

Papiers peints. — Papiers imprimés à la planche, au rouleau, à la machine, veloutés, marbrés, veinés, à sujets artistisques. — Stores peints ou imprimés.

COMPOSITION DU JURY

Président.	*Membres.*
J. TASSON fils....... Bruxelles.	LEMOINE............... Paris.
Secrétaire.	HIRSCH................ Lyon.
VAYSON.... Abbeville (Somme).	COUTURIER .... Paris.

Nous arrivons à l'industrie du mobilier. Depuis les meubles en bois le plus simple jusqu'aux meubles de luxe, tout a été largement représenté à l'Exposition de Lyon, à laquelle les fabricants de la capitale, comme ceux de la cité lyonnaise, ont semblé se donner le mot pour concourir en masse.

Nous avons vu dans le meuble, proprement dit, de véritables splendeurs à côté d'un confortable parfait pour les objets les plus simples du mobilier, et, avant de commencer ce chapitre, nous nous sommes obligés, par le nombre même des exposants, à n'en citer que très-peu, nous croyons devoir les féliciter en masse des efforts qu'ils ont faits, et des perfectionnements qu'ils ont tous apportés à cette importante industrie.

HENRI LEMOINE — *rue des Tournelles, 17* — PARIS

MEMBRE DU JURY — CHEVALIER DE LA LÉGION D'HONNEUR

La Maison H. LEMOINE a été fondée en 1781, et s'il est un nom qui puisse rivaliser avec celui de Jacob, si célèbre sous l'empire et la restauration, c'est celui de M. Lemarchand, fils du fondateur de la maison. Elevé à cette école, et sous la direction de son père pendant six ans, M. Henry Lemoine, seul depuis 1857, a donné une impulsion nouvelle aux affaires en continuant les traditions de bien faire, mais en y ajoutant la conception artistique exigée par les connaissances actuelles.

En 1865, à l'Exposition de Porto, il obtenait une médaille d'honneur et la croix de chevalier de l'Ordre de la Conception.

En 1867, à la grande l'Exposition universelle de Paris, médaille d'or.

Par suite de cette haute distinction, il est placé hors concours; mais aux Expositions du Havre et de Beauvais, en 1868, d'Altona, en 1869, et de Lyon, en 1872, il fait partie des jurys.

C'est à la suite de cette dernière Exposition qu'il a été fait chevalier de la Légion-d'honneur.

Il a en outre obtenu pour ses collaborateurs :

En 1867, à l'Exposition de Paris, une médaille d'honneur;

En 1869, à Altona, une médaille d'argent;

En 1872, à Lyon, une médaille d'argent et une récompense pour un ouvrier.

Tels sont les principaux titres de la Maison qui, même pour les travaux faits en vue des Expositions, n'a jamais demandé d'autre concours que celui de son personnel ordinaire.

Son Exposition à Lyon se composait : d'une armoire à glace, d'une commode et d'un guéridon, style Louis XVI, en acajou chenillé, poli à la cire, avec encadrements de nacre, et rehaussé d'ornements en bronze doré ;

Un meuble-cabinet, style Henri II, en satiné, avec les moulures en ébène. C'est ce meuble, chef-d'œuvre d'exécution, qui a valu une récompense à l'ouvrier qui l'a exécuté ;

Un cadre de glace, style Louis XVI, en bois sculpté, destiné à être doré; des sièges garnis de différents styles complétaient cette Exposition.

*
* *

Toujours dans le mobilier, et parmi les noms qui ont obtenu des médailles d'or, citons les maisons

SICARD — *place Bellecour* — LYON

FLACHAT ET COCHET — *place Bellecour* — LYON

dont les merveilleux produits sont connus de tous les habitants de Lyon et n'ont pas besoin d'être recommandés.

Citons encore MM.

MENU ET HŒFER — *place des Terreaux* — LYON

MÉDAILLE DE BRONZE

Cette maison a fait une splendide exposition, divisée en deux parties :

1° Ebénisterie, tapisserie et tentures. Là, sont les meubles de luxe, recouverts de tissus d'Aubusson et de Neuilly, d'étoffes brochées velours et soie, de velours vénitien. Sur le devant de cette installation, sont des siéges de fantaisie, parmi lesquels une chauffeuse brodée avec un luxe et un art inouïs.

Dans la seconde partie de l'exposition de la maison Menu et Hœfer, sont les meubles pratiques. Ils réunissent à une élégance très-remarquable, des conditions de solidité et de bonne confection toutes particulières. Ce sont des meubles admirablement soignés, simples et riches à la fois; ce qui prouve le goût de celui qui les a composés.

La maison Menu et Hœfer a montré, par son exposition, qu'elle faisait surtout le genre sérieux et distingué; et son travail consciencieux, qui, loin d'exclure l'élégance en augmentant la solidité, ne fait que régulariser les formes et suivre plus attentivement les modéles, a assuré une fois de plus à ses propriétaires une clientèle de gens du vrai monde, et lui a valu la distinction dont elle a été l'objet.

*
 * *

A l'exposition des papiers peints, l'exhibition était moins complète, mais n'était pas moins remarquable.

F. FOLLOT — *10, rue Beccaria* — PARIS

PAPIERS PEINTS — MÉDAILLE D'OR

La fabrication spéciale et unique de la maison F. Follot consiste en fonds unis de toutes sortes, soit mats, soit glacés ou veloutés; en rouleaux ordinaires ou par panneaux de n'importe quelle dimension.

Ses veloutés double soie, ses reps sur velours, ses unis mats ou glacés avec point imitant celui des Gobelins, lui ont donné une telle réputation, qu'elle a dù monter ses manufactures pour ne faire que ces genres qui s'appliquent non-seulement à la décoration en papier peint, mais à des industries diverses, telles que celles des gaîniers, des fabricants de bronze, de couronnes, de papiers à cigarettes, de papiers fantaisie, etc., etc.

L'importance de ses fabriques la met à même d'exécuter en quelques jours n'importe quel ordre.

L'Exposition des Beaux-Arts appliqués à l'Industrie, en 1866, a vu ses imitations de soie imprimées sans planches ni rouleaux; l'Exposition universelle de Paris en 1867, ses doubles soies repsées. L'Exposition de Lyon possède le plus grand décor d'un seul morceau, en double soie, que l'industrie du papier peint ait jamais fait.

**
* *

Citons encore au nombre des exhibitions de papiers peints, celles qui ont été faites par les deux plus importantes maisons de Lyon :

LIVET — *quai Tilsitt* — **LYON**

PANISSET — *rue de l'Hôtel-de-Ville* — **LYON**

qui ont obtenu toutes deux des médailles d'argent. M. Livet avait fait une installation des plus remarquables et des plus sérieuses comme grand luxe. — M. Panisset, outre son exhibition, a été l'auteur de la décoration du splendide établissement Wattebled, à gauche de la grande nef, où tous les visiteurs se sont trouvés à même de l'admirer.

**
* *

Nous arrivons aux toiles métalliques.

MAGE — *rue de Sèze, 104* — **LYON**

Dans la 2ᵉ galerie, à coté des métiers à tisser les châles, tout près des dévideuses et des machines-outils qui intéressaient le public à un si haut degré, M. Mage avait monté un très-remarquable métier à fabriquer les toiles métalliques.

Pendant fort longtemps on n'obtenait la toile métallique qu'en travaillant le fil de laiton à la main; le tissu était irrégulier, on le comprend et revenait comme fabrication à un prix très-élevé. En outre, on n'arrivait pas à obtenir de grandes largeurs. M. Mage est parvenu à obvier à tous ces inconvénients à la fois, par l'application du métier au tissage des toiles métalliques.

Les produits qu'il obtient sont remarquables sous tous les rapports, et un seul ouvrier peut arriver à fabriquer dans sa journée un bien grand nombre de mètres de cette étoffe.

Dans ses usines, 250 tisseurs fabriquent journellement toutes espèces de toiles métalliques, depuis la plus soyeuse, si nous pouvons parler ainsi, jusqu'à ce qui se fait de plus solide et de plus gros en ce genre.

M. Mage fabrique les toiles métalliques en tous genres, toiles piquées et découpées pour menuiserie, soies à bluterie et articles de tamisage. — Il a obtenu, à l'Exposition universelle de 1855, une médaille de 1re classe et une de 2e; à Londres (1862), une médaille d'honneur pour les articles à bon marché, et quatre mentions honorables pour ses ouvriers.

. M. Mage a été fait, il y a longtemps déjà, chevalier de la Légion d'honneur, pour les perfectionnements importants qu'il a apportés à son industrie.

Laugier, Farnaud et Cie — LYON — Lafond, André et Gourdonnier

MÉDAILLE D'ARGENT   MÉDAILLE D'ARGENT

Parlons enfin des tapis végétaux qui rentrent dans la classe 31. MM. Laugier, Farnaud et Cie avaient une très-remarquable exposition. Leur fabrication a une importance très-réelle et ils viennent encore de l'étendre, leur mine est située chemin du Sacré-Cœur, 84, leur maison de vente, rue de Lyon, 19.

MM. LAFOND, ANDRÉ et GOURDONNIER font également tout ce qui concerne la sparterie, les tapis en textiles végétaux, dit tapis de Lyon, paillassons en tous genres, etc. Leur fabrique est située à Fontaine-sur-Saône.

Nous citons ensemble ces deux maisons qui ont obtenu la même récompense pour des produits analogues.

NOMS DES RÉCOMPENSÉS

DIPLOME D'HONNEUR

J. Zuber et Cie, de Rixheim (Alsace).

MÉDAILLES D'OR

Rappels de médailles d'or. — Van Oye Van Duerne, de Bruxelles. — Sicard, de Lyon. — Flachat et Cochet, de Lyon. — Follot, de Paris. — Guiraud, de Lyon.

MÉDAILLES D'ARGENT

André Lafond et Gourdonnier, de Fontaines-sur-Saône. — Dufin Hilaire, de Lyon. — Clauset, de Lyon. — Harry D. W., de Londres. — Hébert, de Paris. — Soave, de Turin. — Bonioli, de Lyon. — Farnaud Laugier, de Lyon. — Livet, de Lyon. — Pelletier, de Lyon. — Panisset, de Lyon. — Graillet, de Lyon. — Taplaing (Londres).

Rappels. — Sieuviac, d'Agen. — Clovis et Henry Rallu, de la Ferté-Macé. — Laterière, de Paris. — Vanloo, de Paris. — Dupont, de Paris. — Fressen, chez M. Lemoine, de Paris.

MÉDAILLES DE BRONZE

Bonhomme, de Lyon. — Germain et Cie, de Lyon. — Cessot, de Paris. — Lambert, de Grenoble. — Testanier, de Lyon. — Bulens, de Bruxelles. — Cheri Andreucetti, de Lyon. — Courjou, de Lyon. — Dieudonné Dorculot, de Paris. — Ferrand, de Lyon. — Laurent, de Lyon. — Pianella-Bruciano,

de Saint-Étienne. — Beuve, de Paris. — Troublé, de Paris, — Ollier, de Lyon. — Arnoult, de Lyon. — Auguste Bouvier, de Lyon. — Menu et Hœfer, de Lyon. — Baron, de Lyon. — Robin, de Lyon. — Ringuet, de Lyon.

Coopératives. — Regard, chez M. Flachat, de Lyon. — Jules Hargez, contre-maître chez M. Dupont, de Beauvais. — Isidore Michel, dessinateur chez J. Vayson. — Dupont, chez M. Follot, de Paris.

MENTIONS HONORABLES

Hyacinthe, de Lyon. — Favelle P., de Lyon. — Baumstarck, de Milan. — Bouquin, de Lyon. — Encremaz, d'Annecy. — Faucon, de Chartres. — Genthron, de Lyon. — Coulon, de Lyon. — Gros de St-Martial, de Ververale (Dordogne). — Parodon, de Nîmes. — Pavy, de Lyon. — Raymond, de Lyon. — Catalano, de Palerme. — Perot, de Levallois-Perret. — Delhom, de Marseille. — Schneider, de Colmar. — Patritti, de Paris. — Mathilde Lemaître, de Colmar. — Bourgeois, de Paris. — Morin, de Lyon. — Tivolle et Daubas, de Lyon.

Coopérative. — Sicaud, chez M. Panisset de Lyon. — Canut Saint-Lauge, de Gisors (Eure). — Jacquet, chez M. Sicard, de Lyon. — Genin, chez Panisset, de Lyon.

SECTION XI

Porcelaines et Cristallerie

CLASSE 33ᵉ

Porcelaines. Faïences et autres poteries. — Cristaux. — Porcelaines en tous genres, dures et tendres, biscuits. — Faïences en tous genres, biscuits de faïence, terres cuites. — Laves émaillées grès et cérame. — Cristaux en tous genres, taillés, doublés, montés. — Gobeleterie de cristal et de verre, verres à vitres et glaces, verres d'ornements et façonnés. — Vitraux peints.

COMPOSITION DU JURY

Président.
SALVETAT.............. Paris.
Membres.
DESJARDINS............ Lyon.

DE LAVAL.......... Paris.
L'abbé PRON........ Pont-d'Ain.
MARTIN d'Aussigny.. Lyon.

Les porcelaines avaient une place d'honneur à l'Exposition. On leur avait réservé un très-bel emplacement dans la grande coupole.

Ces produits, du reste, méritaient amplement d'être ainsi favorisés, et ils étaient de ceux qui demandaient le plus de lumière.

Presque toutes les grandes fabriques françaises avaient répondu à l'appel qui leur a été fait et, en réalité, non-seulement l'honneur de cette industrie a été *sauf,* mais nous croyons qu'il se trouve grandement *rehaussé.*

Débutons par les maîtres en l'art de la céramique et de la cristallerie.

UTZSCHNEIDER ET Cie — SARREGUEMINES

DIPLÔME D'HONNEUR

La maison dirigée par MM. UTZSCHNEIDER ET Cie, est une des plus importantes d'Europe, et telle qu'une exposition s'honore d'en posséder les produits.

Il nous a été permis de contempler des vases de toute beauté, dont les peintures sont admirablement finies, et qui imitent le Sèvres et la porcelaine de Saxe.

La maison UTZSCHNEIDER s'occupe aussi de chercher les vieux émaux. Elle a exposé des services curieux et parfaitement modernes comme forme. Sur les pièces de ces services, sont jetés au hasard des fleurs et des papillons dessinés avec art, et représentant exactement, par la pureté de la couleur, les émaux si curieux et si riches que l'on recherche aujourd'hui par-dessus tous les autres, et qui, si on les retrouve, pourraient peut-être donner le secret perdu des vitraux.

Société des Usines de SAINT-GOBAIN, CIREY et CHAUNY

DIPLÔME D'HONNEUR

Nous ne nous étendrons pas longuement sur cette manufacture presque unique au monde. Qui ne connaît, en effet, les produits remarquables qui sortent de cette cristallerie, l'une des gloires industrielles de la France. St-Gobain avait envoyé deux glaces monumentales, l'une sans tain et l'autre étamée, d'une perfection qui n'étonnera personne. La première glace commandait l'entrée de la grande coupole, en arrivant par le Parc. La deuxième était adossée au mur de la coupole, dont elle formait le fond, et toutes les richesses d'orfèvrerie s'y reflétaient.

MM. GEOFFROY — *Fabricants de Porcelaines* — A GIEN
MÉDAILLE D'OR

Nous avons retrouvé avec plaisir, à l'Exposition de Lyon, les produits céramiques de Gien.

Il nous a été donné, dans des temps moins tranquilles, de voir l'usine de MM. Geoffroy. C'était au moment où, l'ennemi vainqueur cernant déjà la capitale, une armée de la Loire se formait à Gien. Des régiments, accourus de tous côtés, se réunissaient sur la hauteur et encombraient la ville. La campagne était désolée des deux côtés de la Loire, et la grande usine de Gien servait de camp à une partie des troupes. Nous nous souviendrons longtemps de ces grandes salles profondes, destinées au travail, et que la guerre avait transformées en casernes.

Mais laissons là ces souvenirs qui ne sont pas sans tristesse, et donnons une part légitime de notre admiration à la maison qui, ayant vu de si près de pareils malheurs, a su se relever assez vite pour exécuter les travaux que nous avons admirés à l'Exposition.

Depuis 1867, la fabrique de Gien, tout en demeurant la redoutée rivale des usines de Sarreguemines et surtout de Montereau dans les porcelaines usuelles, s'est occupée d'art d'une façon toute spéciale. Elle a songé d'abord à imiter le *vieux Rouen*, et est arrivée à faire des services en faïences bleues simulant, à s'y méprendre, les vieilles bordures, la forme et les dessins des porcelaines originales.

Elle est passée après au *Rouen* colorié, puis à la *faenza* italienne et enfin au *vieux Marseille*, au *Saxe rose* et *bleu* et à la *Faïence de Moustier*. 800 ouvriers travaillent tous les jours à produire, avec les chefs-d'œuvre anciens dont nous venons de parler, des faïences usuelles, et la vente annuelle des produits de cette usine atteint le chiffre énorme de 1,800,000 francs.

BOULENGER — CHOISY-LE-ROI

MÉDAILLE D'OR

La fabrique de faïence fine, porcelaine opaque et demi-porcelaine de Choisy-le-Roi, s'est aussi trouvée représentée â l'Exposition de Lyon. Cette usine a eu à subir les mêmes malheurs que celle de MM. Geoffroy. On sait, en effet, que Choisy-le-Roi se trouve à 11 kilomètres à peine de Paris, et l'on se fait facilement une idée du mal que MM. les Prussiens ont dû y faire pendant le siége de notre capitale.

Le genre de la fabrication de Choisy est, à peu de chose près, le même que celui de Sarreguemines et de Gien, et elle a mérité la haute distinction qui lui a été accordée par le Jury pour des produits de même nature, quoiqu'elle s'occupe plus spécialement de la porcelaine usuelle.

BARBIZET — *15, place du Trône* — PARIS

MÉDAILLE D'ARGENT

Il nous est impossible de ne pas parler d'une exposition devant laquelle nous nous sommes arrêtés tant de fois avec plaisir. C'est celle des faïences, genre BERNARD-PALISSY, de la maison BARBIZET. Parmi les sujets plus riches et plus variés les uns que les autres qui la composaient, nous ne pouvions nous lasser d'admirer un plat colossal, sur lequel étaient jetés au hasard et en relief, une truite, des écrevisses, des anguilles, et toutes sortes d'autres poissons représentant la nature avec une vérité et un art parfaits.

BOUVARD & AUDIBERT — *rue d'Alger* — LYON

MÉDAILLE D'ARGENT

Dans l'ordre religieux, qui n'a remarqué, dans la coupole centrale, le bel autel en stuc, ornementé de sept statues, au milieu desquelles était placé un Sauveur très-remarquable. Autour de l'autel on avait rangé différents sujets religieux, en terre cuite, dont plusieurs sont les copies d'œuvres du sculpteur lyonnais *Fabisch*.

GOUSSET — LYON

MÉDAILLE D'ARGENT

Toujours dans le même ordre d'idées, nous citerons encore la maison GOUSSET qui, comme la précédente, avait une exposition très remarquable. M. GOUSSET, traite très magistralement la sculpture religieuse, et il est certain que sa maison doit jouir d'une grande réputation.

GUENIVET — VIERZON (Cher)

VERRERIES EN TOUS GENRES — MÉDAILLE D'ARGENT

La position des établissements de M. GUENIVET est exceptionnellement favorable; ils sont reliés par les canaux aux bassins houillers du Centre et aux Carrières de sable de Fontainebleau, et rayonnent par cinq grandes lignes de fer vers tous les points de la France, et les ports d'exportation.

L'importance de leur fabrication, la qualité et la beauté de leurs produits, leur ont conquis depuis quelques années une situation sans rivale dans tout le midi de la France.

L'Usine de la Croix-Blanche, créée en 1860, occupe aujourd'hui quatre cents ouvriers; sa production annuelle va atteindre un million de francs.

La nouvelle Verrerie du Bois-d'Yèvre, en construction à la Gare d'eau de Vierzon-Forges, sur un terrain de sept hectares, limité par trois grandes lignes de fer, le Canal de Berry et une route, conçue d'après les procédés les plus perfectionnés, et sur les bases les plus larges, est appelée à devenir bientôt l'une des grandes usines de France.

Mention honorable à l'Exposition universelle de Paris, 1867.

Grande médaille d'or à l'Exposition artistique régionale de Bourges, 1870.

M. Guenivet est ingénieur civil et ancien élève de l'Ecole centrale des arts et manufactures.

HUGEDÉ — *40, Boulevard Bonne-Nouvelle* — PARIS.

Fabrique de lettres en cristal, etc. — MÉDAILLE D'ARGENT

La maison HUGEDÉ date seulement de l'époque des grands travaux de Paris. Quoi qu'il en soit, les ateliers de M. HUGEDÉ font aujourd'hui l'admiration des spécialistes connaisseurs. La guerre lui a donné un violent contre-coup, mais à cette heure tout a repris chez lui sa vie habituelle. Il faut voir ces ouvriers habiles sciant, taillant, limant le cristal et lui donnant les formes les plus originales comme les plus correctes. Les ateliers pour les attributs, les ornementations, les médailles, sont dirigés par des artistes de talent, et enfin ceux qui plus modestement s'occupent de la partie importante qui concerne les plaques [de rues, les grandes enseignes et les écussons monumentaux, n'en sont pas moins fort adroits et contribuent à compléter cet ensemble de travaux soignés, qui sont le propre de la maison HUGEDÉ.

BOCH FRÈRES — Louvreil près MAUBEUGE (Nord)

De nombreux rapports, faits par des sommités scientifiques et des sociétés compétentes, établissent les qualités des carreaux céramiques de MM. Boch frères, et les recommandent d'une façon toute spéciale à l'attention de tous.

Ils sont d'une dureté et d'une solidité remarquables, inaltérables aux acides, faciles à placer et ne coûtent pas cher.

Ils présentent à l'œil le plus admirable effet. — Nous voulons parler des carrelages mosaïques de MM. Boch frères, — compo-

sant par leur association, grâce à l'habileté du dessin, la netteté
et la forme du coloris, de très jolis dessins.

En un mot, les carreaux dont il s'agit constituent un produit
qui présente à un haut degré les conditions qu'on doit exiger de
matériaux destinés à résister à l'usure, au choc et aux actions
atmosphériques.

MICIOL & BÉGUL — LYON

MÉDAILLE D'ARGENT

Citons pour les vitraux peints MM. MICIOL et BÉGUL qui sont
de véritables artistes. Leurs vitraux avaient été placés dans les
salons des Beaux-Arts, et M. MICIOL, artiste bien connu à Lyon,
était membre du comité organisateur des Beaux-Arts à l'Exposition de Lyon.

NOMS DES RÉCOMPENSÉS

DIPLOMES D'HONNEUR

Utzschneider, de Sarreguemine. — Min-
ton et Cie, de Stoke on Trente (Angleterre).
— Société des Usines de St-Gobain, Cirey
et Chauny.

MÉDAILLES D'OR

Boulenger, de Choisy-le-Roy. — Geoffroy
et Cie, de Gien. — La fabrique de Saint-
Clément (Meurthe). — Gallé et Reinemer,
de Nancy.

MÉDAILLES D'ARGENT

Aubry, de Toul (Meurthe). — Barbizet,
de Paris. — Brown, de Stafforshire (An-
gleterre). — Boulanger, d'Auxeuil (Oise).
— Bouvard et Audibert, de Lyon. — De-
martial et Tallendier, de Limoges (Haute-
Vienne). — Oury, de Paris. — Irvoy, de
Grenoble. — Sergent, de Paris. — Wood-
Kook, de Paris. — Gousset, de Lyon. —

Pétrus Cretin et Cie, de Chagny. — Mau
vernay, de St-Galmier (Loire). — Hugedé,
de Paris. — Petit Gérard, de Strasbourg.
— Lorin, de Chartres. — Miciol et Bégul,
de Lyon. — Curtillet et Dupuis, de Lyon. —
Richarmes frères, de Lyon.

MÉDAILLES DE BRONZE

Garnier, de Lyon. — Coisy, de Limoges.
— Soupereau et Fournier, de Paris. —
Guenivet, de Vierzon. — Fuga et Angélo,
de Murano. — Valin, de Givord (Loire). —
Tétrelle, de Beauvais. — Pagnon et Des-
chenette, de Lyon.

MENTIONS HONORABLES

Besnard, de Chalon-sur-Saône. — Gaillard, de Lyon. — Gaidan, de Marseille. —
Caille, de Paris-les-Ternes. — Lêtu et Mau-
ger, de Paris. — Vermare, de Lyon. —
Fichet et Marlie, de Lyon.

SECTION XII

————◦◦◦❯❮◦◦◦————

Horlogerie, Fontes et Bronzes d'art, Coutellerie, Bijouterie

CLASSE 34e

Orfévrerie, coutellerie, joaillerie, bijouterie. — Orfévrerie religieuse. — Couteaux, canifs, ciseaux, rasoirs. — Produits divers de la coutellerie. — Bijoux en métaux précieux, or, platine, argent, aluminium, etc. — Bijoux en doublé et en faux, en jais, corail, nacre, acier, etc. — Diamants, pierres fines, perles et imitation. — Eventails et écrins.

CLASSE 35e

Bronzes d'art, fontes d'art diverses, et objets d'art en métaux repoussés.

CLASSE 36e — Horlogerie.

COMPOSITION DU JURY

Président.

SERVANT.............. Paris.

Secrétaire.

BALANCHÉ (Henry)..... Lyon.

Membres.

MARTIN d'Aussigny...... Lyon.
DESCLERCS............. Paris.
BONNET................ Lyon.
BAILLY-WEIBEL........ Lyon.

————◦◦◦❯❮◦◦◦————

DETOUCHE — *rue Saint-Martin* — PARIS

HORS CONCOURS

Nous ne voulons point nous étendre sur l'importance de la maison Detouche. Il faudrait de trop longues pages pour détailler tout ce qu'elle renferme de choses grandes et belles dans ses ateliers de fabrication et ses magasins de vente.

Nous aurions trop à faire aussi si nous voulions parler des nombreux et considérables travaux qui lui furent commandés par les différents gouvernements, et qui lui ont valu la croix de chevalier de la Légion d'honneur (pour services rendus à une branche importante de l'Industrie Française, *Moniteur du 28 août* 1863); les croix de commandeur de Saint-Grégoire-le-Grand, de Nichani-Iftikhar, San-Marino, Saint-Sylvestre, du Saint-Sépulcre, de chevalier d'Isabelle-la-Catholique, du Christ de Portugal, de Dannebrog, et les titres de fournisseur de S. S. le pape, de la ville de Paris, du Corps législatif, du tribunal de commerce, du conservatoire des Arts et Métiers, etc.

En 1856, à l'Exposition universelle, M. Detouche exhiba un grand régulateur astronomique qui a été placé longtemps à la devanture de ses magasins de la rue Saint-Martin. Un riche horloger anglais de Liverpool s'en est rendu acquéreur et en a fait également l'ornement de sa devanture; ce régulateur a été remplacé par un autre plus complet: les ornements sont en bronze d'un goût exquis, et le mécanisme donne sur douze cadrans l'heure des principales villes du monde et marque l'équation du temps, les quantième du mois, les jours de la semaine, les signes du zodiaque, le lever et le coucher du soleil, sa hauteur, les phases de la lune et les années bissextiles; la pendule est à compensation à leviers, l'échappement de Grahans est garnis de saphirs, tous les trous en pierre, baromètre et thermomètre.

Avant de terminer, nous sommes heureux de constater que M. Detouche s'est fait le propagateur d'un instrument populaire déjà répandu par toute la France; nous voulons parler du régulateur des montres ou cadran solaire équatorial, inventé par M. Edouard Lagout, ingénieur des ponts et chaussées. Ce petit instrument résume à lui seul toute l'astronomie pratique et permet de déduire sur place, le temps moyen du temps solaire. Le ministre des travaux publics, reconnaissant la simplicité et l'utilité de ce

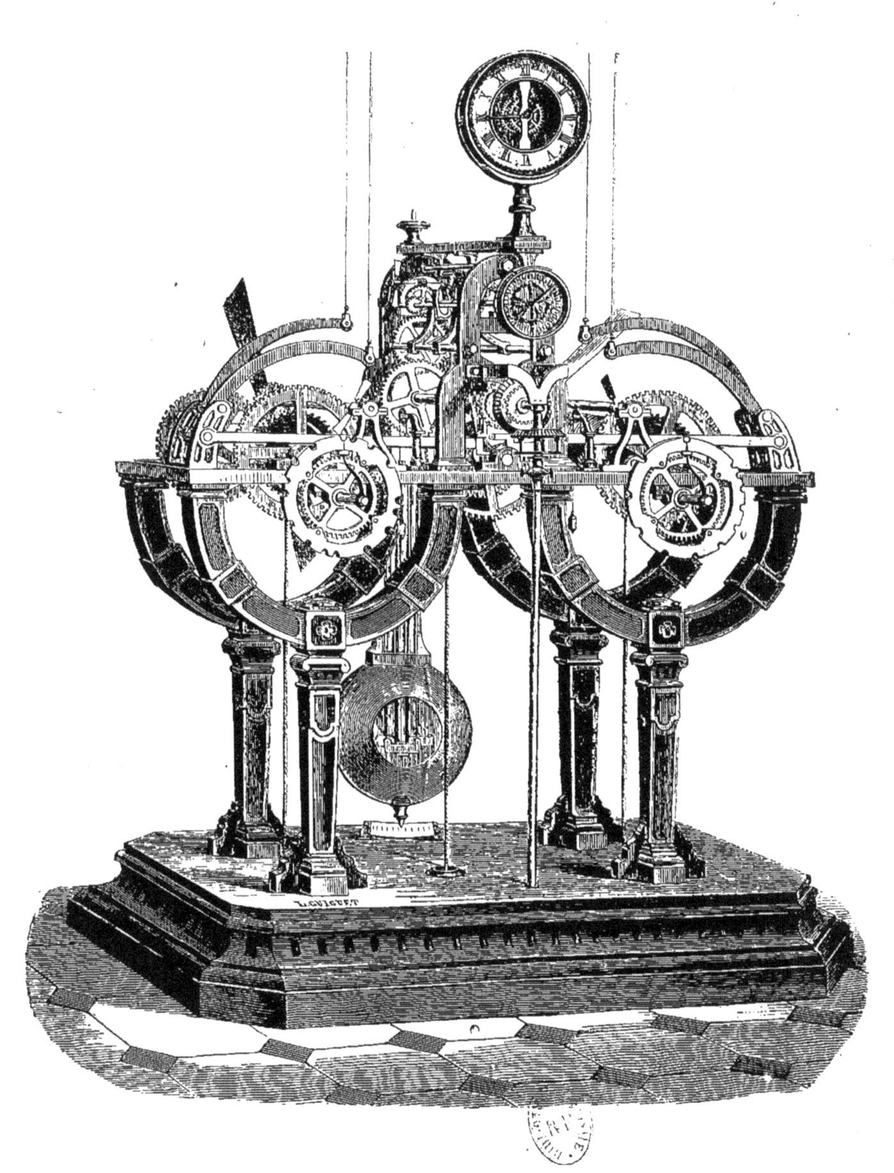

régulateur, en a ordonné la pose entouré d'une balustrade dans un endroit public et fréquenté de chaque chef-lieu des départements français.

Sous peu, tous les squares et jardins publics de la ville de Paris posséderont cet instrument de précision, et chaque jour l'on peut visiter dans les ateliers de la rue St-Martin, 202, l'exposition des

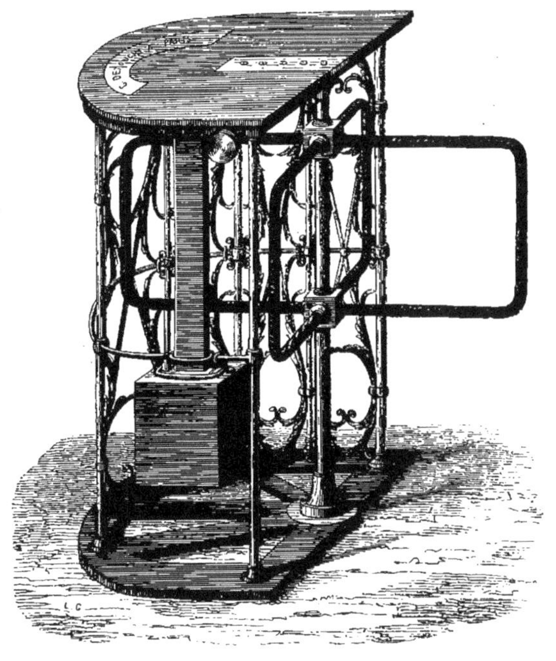

différents types propres à être adaptés dans toutes les situations.

Nous donnons ici les reproductions de la magnifique horloge monumentale qui n'a cessé de donner l'heure d'une manière rigoureuse à la porte d'honneur de l'Exposition de Lyon et des tourniquets compteurs qui ont contrôlé l'entrée des visiteurs.

Ce sont ces produits et les intéressants régulateurs de maîtres de l'ingénieur LAGOUT, qui ont valu à M. DETOUCHE, un diplôme d'honneur hors concours, pour travail hors ligne.

M. Detouche avait déjà obtenu dans différentes expositions :

En 1844, médaille d'argent;

1849, médaille d'argent;

1851, Londres, prize médal;

1855, Médaille de 1re classe (Exposition universelle);

1859, Bordeaux, médaille d'honneur or;

1860, Besançon (Exposition d'horlogerie), médaille d'or;

1861, Nantes, diplôme d'honneur;

1863, Bayonne, nouveau diplôme d'honneur;

1867, médaille d'or.

On le voit, la maison Detouche a été partout appréciée, et les distinctions qui ont été accordées à son Directeur ont été unanimes.

BROSSIER — *Rue Vieille-Monnaie, 17* — LYON

MÉDAILLE DE BRONZE

Mais ne nous laissons pas entraîner par l'importance hors ligne de la maison Detouche, et parlons aussi de ses petits confrères. Malheureusement l'horlogerie, comme la bijouterie, s'est trouvée peu représentée à l'Exposition de Lyon : ni Besançon, ni Genève, n'ont jugé à propos d'exhiber leurs produits.

Citons néanmoins quelques noms lyonnais, et d'abord celui de M. Brossier, de Lyon, dont la fabrication a une réelle importance. M. Brossier voit en effet sortir de ses ateliers toutes les machines et instruments de précision en général. A côté de la grande horlogerie, si je puis m'exprimer ainsi, qui consiste dans la construction et l'entretien des horloges publiques pour églises, mairies, châteaux, usines, couvents, etc., il construit toutes les machines ou pièces détachées pour filatures, fabriques de moulinages, roues et pignons, régulateurs, compteurs, croiseurs, etc.

VEYRET — *Rue de Lyon, 36* — LYON

MÉDAILLE DE BRONZE

Citons encore un horloger de Lyon, M. VEYRET, auquel le Jury a aussi décerné une médaille de bronze qu'il méritait à tous égards.

CHRISTOFLE et Cie — PARIS

DIPLOME D'HONNEUR

Une des pièces capitales exposées par la maison Christofle, était la statue de Milon de Crotone, d'après Puget, dont le modèle est au Louvre. Cette statue, fondue en bronze, se trouvait au milieu du passage séparant l'exposition Christofle de l'exposition Marlie. A côté de cette statue, on avait placé des richesses innombrables sous le baldaquin de velours construit pour les abriter.

Au centre et sur la partie la plus élevée était exposé un surtout princier, style Louis XV, qui pourrait remplacer celui qui a été enfoui dans l'incendie de l'Hôtel-de-Ville de Paris. Tout autour se trouvaient les dignes accessoires d'une semblable pièce.

Sur les côtés et sur des rayons plus bas, un autre service Louis XIV, de toute beauté quoique moins considérable, le tout exposé avec un goût délicieux par MM. Pascalon père et fils, représentants de la maison Christofle à Lyon.

En avant de ce dernier service était placé un nombre de pièces assez considérable du trésor d'Hedelsheim.

On sait combien la découverte de ces pièces a fait de bruit en Allemagne il y a quelques années. Les originaux en sont au musée de Berlin. Plusieurs d'entre eux sont signés et l'on prétend qu'ils ont appartenu à Varus.

Parmi les pièces exposées du trésor d'Hedelsheim, se trouvent des objets curieux, d'une fabrication nouvelle, imitant le genre japonais. Ce sont des bibelots affectant des formes assez singulières, faits en cuivre incrusté d'argent par la pile électrique.

Deux candélabres d'or, dessin exquis, commandaient de ce côté l'installation Christofle. Ce sont deux originaux, l'œuvre même de l'artiste, M. Capy.

Enfin sur la porte de l'Exposition qui regarde le parc, et se mirant dans une des plus belles glaces qui soient jamais sortie des ateliers de Saint-Gobain, était une statue de grandeur naturelle, *La Primavera,* due au talent de M. MALLET.

Après avoir mentionné ce qu'il y a de si remarquablement artistique dans l'exposition Christofle, nous ne pouvons cependant oublier de faire ressortir que la même maison avait exposé aussi des services à *bon marché.* Ils sont d'autant plus à mentionner que, tout en constatant ce bon marché, il faut reconnaître toujours ce goût exquis qui préside à tous les travaux de cette maison.

DURENNE — PARIS

DIPLÔME D'HONNEUR

La maison Durenne avait exposé des fontes artistiques. Des sujets de toute sorte étaient exhibés sur des immenses rayons construits à cet effet : chiens, chevaux, têtes d'animaux, statues, fontaines, etc.

Parmi ces objets, qu'il nous soit permis d'en mentionner un spécialement : c'est un *Calvaire.* Le Christ est entre les deux larrons; l'artiste, auteur de la composition, a donné au Sauveur et aux deux autres crucifiés les vraies physionomies que pouvait nous faire rêver la lecture des livres saints. Le bon larron regarde le ciel avec une expression de repentir et d'espérance qui montre qu'il a compris la voix de Dieu, tandis que le mauvais larron possède une des figures qu'on ne trouve que dans l'enfer de Dante.

Tout ce qu'avait exposé cette maison était traité avec le même soin et le même art.

BARBEZAT — PARIS

Dans l'exposition BARBEZAT les sujets anciens et modernes abondaient.

Cette exhibition était aussi variée et riche, qu'empreinte d'un cachet de grandeur artistique.

Nous avons toujours été sous le coup d'une illusion lorsque nous passions à portée de ce piqueur qui semble écouter le son du cor dans le lointain, et se prépare à lâcher les deux superbes chiens qu'il tient en laisse.

Tout autour de ce sujet, cent autres motifs ou allégories d'une immense valeur artistique.

Aujourd'hui la maison BARBEZAT, est exploitée par la Société dite du *Val d'Osne*. On sait en effet que les immenses fonderies d'ou sortent les produits artistiques, que nous avons été à même d'admirer à l'Exposition de Lyon, sont situés au *Val d'Osne* (Haute-Marne).

VILLARD ET TOURNIER — *quai St-Antoine* — LYON

La maison VILLARD ET TOURNIER expose aussi des fontes ouvrées Elles représentent généralement des sujets religieux. Nulle part, nous n'avons vu de fabrique offrant une plus grande variété de statues et de plus grandes pièces. MM. VILLARD ET TOURNIER ont suivi, dans l'exécution de leurs produits, le caractère qui est particulier à la ville de Lyon où le culte de la Vierge et des Saints qui l'ont entourée est porté à un degré plus grand que nulle part, grâce sans doute à Notre-Dame-de-Fourvières qui protège la ville. Ils n'ont point fait du reste l'art religieux comme on le fait en général aujourd'hui, où les artistes et dessinateurs, généralement libre-penseurs, font percer, jusque dans l'exécution d'une vierge ou d'un Saint-Joseph, leur incrédulité. Ils n'habillent point un Saint-Paul en gandin du boulevard, ils font le saint tel qu'il est dépeint par les écritures, et tel qu'il a dû être avec l'expression que les souffran-ces qu'il a endurées ou les joies qu'il a pu éprouver ont dû donner à sa physionomie; ils le font, représentant toujours le caractère spécial attribué à sa personne.

Mais revenons à l'exposition de MM. VILLARD ET TOURNIER ; nous y remarquons un grand nombre de statues religieuses : Christ, Vierge mère ou immaculée, St-Joseph, chemins de croix, croix de mission et appui-communion de tous styles.

Ces statues en fonte moulée ayant, à côté d'une grande diffé-rence de prix, un mérite artistique égal à celui du bronze, figurent d'ailleurs à s'y tromper le bronze et la pierre.

L'Exposition de MM. VILLARD ET TOURNIER contient, entre autres œuvres remarquables, une belle réduction de Notre-Dame-de-Fourvières, de 5 m. 15 de haut, qui attire l'attention générale.

Ils ont obtenu une médaille à l'exposition de Rome, et sont, depuis longtemps et par brevet, fournisseurs de S. S. Pie IX.

Louis MARLIE — *rue d'Enghien* — LYON
MÉDAILLE D'OR

La plus belle installation de l'Exposition a été sans contredit celle de M. Marlie. On pouvait encore admirer, quand nous avons écrit ces lignes, le splendide lustre d'église, d'une valeur de 40,000 francs, que M. Marlie a fait dessiner et fondre exprès pour l'Exposition de Lyon, suspendu au squelette du dais, si richement orné d'ailleurs, qui constituait l'exposition de M. MARLIE.

M. Marlie n'a eu qu'une médaille d'or à l'Exposition de Lyon. Ce fait est regrettable, car bien que nous n'ayons entrepris de relever dans nôtre livre aucune erreur du jury, il nous semble que nul ne méritait un diplôme d'honneur plus que M. Marlie.

Certes, Dieu nous garde de déprécier les produits exhibés par les maisons Christofle, Durenne et Barbezat, qui ont emporté les diplômes d'honneur dans les arts industriels. Ces maisons ont une trop haute importance pour les avoir eus de droit, mais nous regrettons que l'on ait songé à faire concourir des bronzes d'église avec de la bijouterie, de l'horlogerie et des fontes ouvrées, ces produits ayant aussi peu de rapports entre eux.

La magnifique exposition artistique de M. Marlie nous avait donné le désir de visiter l'établissement où se fabriquent ces belles choses. Nous avions aussi entendu parler de l'organisation intérieure de cette maison dans ses rapports entre patron et ouvriers, et on nous l'avait citée comme un modèle. Nous savons d'autre part que ce vaste établissement avait été mis en interdit pendant trois mois par l'Internationale, et nous étions curieux de voir de près une maison frappée par une de ces mesures aussi odieuses qu'iniques, émanant de la redoutable association que nous venons de nommer. Nous allons donc pénétrer, si vous le voulez bien, dans cette grande maison qui, par son importance industrielle, son genre de production et son organisation matérielle, mérite de figurer au premier rang des fabriques de bronze françaises.

Au demeurant, la fabrication des bronzes ne se traite pas, chez M. Marlie, comme ailleurs, et notamment comme à Paris, et en cela nous lui donnons pleinement raison. Il procède, lui, par la division du travail, mais en réunissant sous la même direction et sous la même main, l'ensemble complet de ce même travail. Il crée et finit tout chez lui. A Paris, qui est cependant la ville des bronzes par excellence, le contraire a lieu. Il est peu de fabriques

qui réunissent un grand nombre d'ouvriers. Tout s'exécute généralement au dehors par les spécialistes ou les façonniers de
chaque partie, tels que fondeurs, ciseleurs, monteurs, doreurs, etc.
Il en résulte, nécessairement, une fabrication moins prompte,
moins homogène, des pertes de temps considérables, des prix de
revient très-élevés, et par conséquent une production beaucoup
plus chère et rarement meilleure.

Mais un peu d'historique ne messiérait pas ici. La maison fut
fondée en 1835 par M. Louis MARLIE père, décédé il y a quelques
années. Il était à cette époque argenteur et doreur à façon, et en
même temps dessinateur, sculpteur, ciseleur et monteur. C'était,
en un mot, un artiste consommé. D'abord il commença seul, puis
il s'adjoignit successivement un, deux, trois, dix ouvriers, à
mesure que s'accroissait le chiffre de ses affaires. Il parvint
rapidement, lui qui ne possédait que son intelligence et ses
capacités pour toute fortune, à une situation déjà fort respec-
table.

En 1854, il interrompit les classes de son fils, alors âgé de
15 ans, le prit avec lui et commença son éducation industrielle. Il
l'initia successivement à chacune des spécialités que comporte
une exploitation aussi considérable que variée; puis, à 19 ans, il
l'envoya pour se perfectionner à Paris, d'où M. MARLIE fils revint
en 1860, pour s'établir définitivement à Lyon.

Son père lui confia la gestion de sa fabrication, se réservant la
création des modèles. En 1863, ils s'associèrent sous la raison de
commerce L. MARLIE père et fils. Ils agrandirent leurs ateliers, et
le nombre de leurs ouvriers commença à s'élever à une cinquan-
taine. En 1866, ils achetèrent la propriété où se trouve
maintenant élevée la grande manufacture qu'ils y firent construire
sur les plans de M. MARLIE fils, et dans laquelle sont actuellement occupés 200 ouvriers environ.

M. MARLIE a monté une fonderie spacieuse, dans laquelle il

peut indifféremment exécuter des statues de toutes grandeurs aussi bien que des pièces de la plus extrême finesse. La grande Vierge en bronze doré et argenté, style du treizième siècle, figurant à l'exposition de Lyon, peut donner une idée de ce que nous avançons.

Les monteurs et les tourneurs sont ensemble, réunis dans un vaste atelier au rez-de-chaussée; les ciseleurs et les brunisseurs, dans des ateliers séparés au premier étage. Les décapeurs aux acides sulfuriques et nitriques sont, avec les gratte-bosseurs, logés dans des compartiments spécialement appropriés, et ont à leur disposition les eaux de la Compagnie Lyonnaise. Un canal creusé exprès reçoit les eaux des lavages, sans qu'il soit besoin de déplacer les cuves où s'opèrent les rinçages. Les doreurs et les argenteurs ont leurs laboratoires contigus à ces ateliers, de manière à ce que la pièce en travail puisse passer successivement par toutes les mains sans aucun dérangement.

Il est donc parfaitement compréhensible qu'ayant tout son personnel réuni, pouvant le surveiller constamment, l'exécution est plus active, plus régulière, sans compter que, bénéficiant ainsi de ce que prélèvent les façonniers de Paris, il possède l'avantage de pouvoir livrer ses produits dans de meilleures conditions soit de prix, soit de perfection.

Indépendamment de l'organisation que nous venons d'esquisser, M. MARLIE occupe encore des ferblantiers ornemanistes pour l'exécution des ouvrages en repoussé au marteau. Nous y avons remarqué un seau à eau bénite à 6 lobes.

C'est incontestablement la maison MARLIE qui a toujours donné l'impulsion à la fabrication des bronzes à Lyon, en y important les usages et les goûts artistiques de Paris.

Mais arrivons à l'organisation intérieure. C'est à M. MARLIE que les ouvriers bronziers de Lyon doivent d'avoir vu réduire le nombre d'heures de leurs journées de travail. Il fut le premier qui mit à onze heures au lieu de douze la journée, et pendant deux ans il demeura seul dans cette voie; mais il y persista vaillamment. Puis il diminua encore une heure, et pendant huit mois tous ses confrères firent travailler onze heures : les ouvriers de M. MARLIE ne faisaient, eux, que dix heures. Le premier; il a imité les usages anglais en intéressant les ouvriers à la production.

En effet, si nous lisons l'article 16 du règlement que nous avons vu affiché partout dans chaque atelier de la manufacture, nous y trouvons que tout ouvrier qui reste attaché quelque temps chez M. MARLIE, touche une prime proportionnée au montant de son salaire et qui varie ainsi :

$$
\begin{aligned}
\text{Au bout de 6 mois,} &\quad 1\ ^{\circ}/_{\circ} \\
\text{—} \quad\quad 1\ \text{an,} &\quad 2\ ^{\circ}/_{\circ} \\
\text{—} \quad\quad 2\ \text{ans,} &\quad 3\ ^{\circ}/_{\circ} \\
\text{—} \quad\quad 3\ \text{ans,} &\quad 4\ ^{\circ}/_{\circ} \\
\text{—} \quad\quad 5\ \text{ans,} &\quad 5\ ^{\circ}/_{\circ}
\end{aligned}
$$

C'est là de la participation, ou nous ne nous y connaissons pas.

Un comité, composé de trois employés de bureau et de six contre-maîtres, est chargé de faire exécuter le règlement.

Félicitons M. MARLIE de l'heureuse voie dans laquelle il est entré. Elle ne peut produire que d'excellents résultats et collaborer activement au progrès industriel et artistique de l'industrie lyonnaise. Espérons que M. MARLIE, déjà honoré de nombreuses récompenses, recevra bientôt du gouvernement la distinction éclatante qui est due au mérite.

LÉPINE — *place des Terreaux* — LYON

MÉDAILLE D'OR

Nous remarquons dans l'exposition de coutellerie et d'instruments de chirurgie celle d'une maison lyonnaise, devant laquelle nous nous arrêtons, autant parce qu'elle est considérable, que parce que nous voulons payer notre tribut d'éloges à son chef, M. Lépine, qui a rendu d'éminents services pendant la guerre.

Paris, jusqu'alors, avait eu le monopole de la fabrication d'instruments de chirurgie; l'excellence des produits qu'il fournissait à la France ne nécessitait nulle part l'installation d'ateliers exécutant ce travail. Pendant l'investissement, la France se trouva prise au dépourvu, et l'on put craindre un moment que nos ambulances manquassent des instruments nécessaires au traitement des blessés.

Le ministre de la guerre s'adressa à M. Lépine, qui réussit, au moment où les circonstances pressaient, à établir à Lyon des ateliers de fabrication d'instruments de chirurgie, et suffit aux besoins du ministère des hôpitaux et des ambulances.

C'était là un vrai tour de force qu'exécutait M. Lépine, en même temps qu'un acte de patriotisme.

HIRTZ — *9, rue Notre-Dame-de-Nazareth* — **PARIS**

BIJOUTERIE FAUSSE — MÉDAILLE D'ARGENT

La bijouterie fausse est pour ainsi dire le triomphe de l'industrie parisienne. Aussi, malgré le calme de certaines affaires en ce moment, il n'y a pas de chômage dans cette branche commerciale, tant la guerre a mis en retard les fabricants français avec l'exportation.

La maison dont il s'agit ici est fort ancienne et tient le haut bout de cette industrie. Ses modèles font toujours sensation dans le monde artistique de l'imitation, car il y a souvent, on le comprend, plus de difficultés pour copier avec un métal faux, que pour inventer avec le métal vrai. Cependant les résultats sont tels, qu'il est impossible de reconnaître l'imitation de la vérité. Nous ne citons pas tous les genres de bijouterie que, depuis 22 ans, on fait chez M. Hirtz.

NOMS DES RÉCOMPENSÉS

HORS CONCOURS

Detouche, de Paris.

DIPLOMES D'HONNEUR

Christofle et Cⁱᵉ, de Paris. — Société des Hauts-Fournaux et Fonderies du Val d'Osne. — Durenne et Cⁱᵉ, de Paris.

MÉDAILLES D'OR

Marlie, de Lyon. — Lépine frères, de Lyon. — Ecole nationale de Cluses (Savoie).

MÉDAILLES D'ARGENT

A. Fornet, de Bourg. — Perrollet, de Lyon. — Marmuse, de Paris. — Guérin-Brécheux, de Paris. — Prêtre, de Rosureux (Doubs). — Fumey père et fils, de Foucine-le-Haut. — Odobez cadet, de Morez (Jura). — E. Hirtz, de Paris. — Boyer fils, de Paris. — Ranvier et Cⁱᵉ, de Paris. — Druelles, d'Orléans.

MÉDAILLES DE BRONZE

B. Madinier, de Marseille. — Audy, de Paris. — Rousseau, de Paris. — Guyot-Migneau, de Paris. — Touchard, de Paris.

—Moulinasse, de Paris. —Domange-Rollin, de Paris. — Villard et Tournier, de Lyon. —Partridjé et Cⁱᵉ, de Birmingham. — Eugène Gérard, de Paris. — Bernoux, de Paris. — Amblet et Poncet, de Genève. — Pinaire, de Besançon. — Mildé, de Paris. — Brossier, de Lyon. — Chatelain-Lacour, de Genève. — Veyret, de Lyon. — Avril, de Trois-Fontaine (Meurthe).—Constantin, de Sarrebourg. — Klein, de Genève. — Cwalosinski, de Bruxelles. — Cuenin, de Montondon (Doubs). — Guilmet, de Paris. —Daucet-Lambert, de Cluses (Haute-Savoie). — Capra, de Paris.

MENTIONS HONORABLES

Businger, de Paris. —Mougin et Prévost, de Lyon. — Chazette, de Lyon. — Burdel, de Lyon. — Bouasse, de Paris. — Girardet, directeur de l'usine à gaz, de Tarare (Rhône). — Bardet-David, de Thiers (Puy-de-Dôme). — Ferret, de Lyon. — Faure, du bas du Sachet, près Cortaillot, canton de Neufchatel (Suisse). — Boulnois, de Paris. — Besson-Mériguet, d'Annecy.

SECTION XIII

Chauffage et Éclairage

GENESTE Fils & HERSCHER Frères — PARIS

42, rue du Chemin-Vert, 42

CHEVALIER DE LA LÉGION D'HONNEUR

La haute distinction, qui vient d'être accordée par le gouvernement à M. Geneste Fils, est le juste prix des efforts constants apportés par cet intelligent industriel au perfectionnement des modes de chauffage et de ventilation, deux résultats opposés essentiellement hygiéniques, si nécessaires dans les deux saisons opposées, l'hiver et l'été.

Les perfectionnements à apporter au chauffage consistent évidemment en mesures d'hygiène et d'économie; d'hygiène : tâcher d'empêcher l'insalubrité provenant du contact de l'air avec

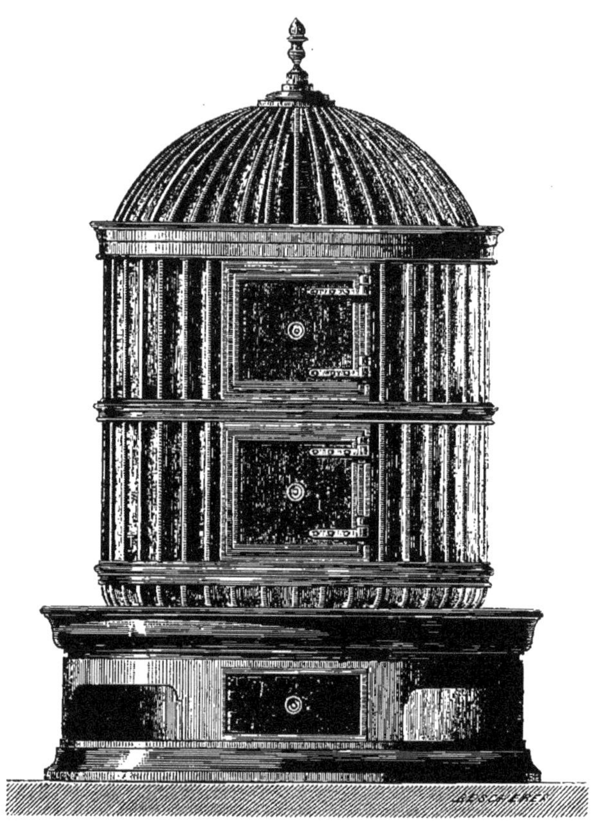

des parties métalliques chauffées au rouge ; d'économie : utiliser tout le calorique en augmentant la surface de chauffe, empêcher le mouvement ascensionnel de la chaleur provenant d'un rayonnement trop considérable, empêcher enfin l'usure et l'oxidation du métal au contact du combustible.

Ces problèmes ont été complétement résolus dans le *calorifère français* de MM. Geneste et Herscher.

En effet : 1° Un vase d'eau annulaire, placé dans l'appareil au-dessus du cendrier, assure les qualités hygiéniques de l'air échauffé; 2° et 3° les nombreuses nervures, placées à l'extérieur du calorifère, augmentent considérablement la surface de chauffe et empêchent un rayonnement trop grand par suite même de l'augmentation de cette surface; 4° enfin une doublure en terre réfractaire, placée à l'intérieur, régularise la transmission calorique par les surfaces métalliques, conserve la chaleur lors de l'extinction, et empêche l'usure et l'oxydation du métal par son contact direct avec le combustible.

Pour la ventilation mécanique, MM. Geneste et Herscher ont employé le système inventé par M. de Mondésir et appliqué par eux à la ventilation de l'Exposition de 1867, reposant sur l'air comprimé dont on connaît la force considérable. Il est employé pour mettre en mouvement, aux endroits où la ventilation est nécessaire, de grandes quantités d'air à des vitesses déterminées, pour chaque cas particulier, par un simple mouvement de robinet qui augmente ou diminue à volonté le diamètre du jet d'air comprimé dans une gaine cylindrique. On sait les applications multiples de la ventilation; le système par l'air comprimé paraît le meilleur propulseur d'air ainsi que le plus économique.

Il a été appliqué avec grand succès en 1867 à l'Exposition, où il introduisait par heure 60 millions de litres d'air et mettait la température, dans le palais, à 8 degrés au-dessous de ce qu'elle était dans le jardin, à l'ombre. Il est employé aujourd'hui dans de vastes magasins, tels que ceux de la *Belle Jardinière*, les manufactures de tabacs, les manufactures d'armes, etc. où il sert, tantôt pour raffraîchir l'atmosphère, tantôt pour l'enlèvement de poussières délétères, pour l'humidification de l'air, ou pour servir de base aux séchages.

CHAMBON-LACROISADE — *179 et 186, faubourg St-Denis*— PARIS

FOURNEAUX POUR FERS A REPASSER — MEMBRE DU JURY

Protéger la santé des ouvriers, assurer leur commodité et leur sécurité dans le travail, procurer aux chefs de maison le double avantage d'une énorme économie de combustible et de l'emploi le plus utile de toutes les heures consacrées au travail, ne sont plus des problèmes inconciliables.

Les appareils CHAMBON-LACROISADE leur ont donné la solution la plus satisfaisante pour tous et la mieux démontrée par l'expérience.

Le prix Monthyon, dit des arts insalubres, dont l'Académie des sciences a couronné l'inventeur, à l'Institut impérial de France, en est une éclatante confirmation.

VASSIVIÉRE — LYON

MÉDAILLE D'ARGENT

M. VASSIVIÈRE a exposé un système de calorifère qui nous paraît présenter plus que tout autre type les qualités que l'on exige de cet appareil de chauffage : surface de chauffe et puissance de chaleur considérables, économie dans le combustible.

La surface de chauffe du calorifère de M. VASSIVIÈRE, est de 45 mètres, sa puissance 4,000 mètres cubes par heure chauffés à 100 degrés, sa dépense 20 kilogrammes de houille par heure.

Ce calorifère est placé sous la pièce à chauffer, au-dessus d'un récipient en briques, destiné à la fumée qui s'échappe au dehors par un orifice quelconque. Immédiatement au-dessus du sol, est un cendrier construit en briques et surmonté d'un foyer de forme *cylindro-conique,* si je puis m'exprimer ainsi. Ce foyer aboutit à la calotte, qui repose en même temps sur de nombreux tuyaux de tôle, par lesquels la fumée redescend dans le sol.

Autour de l'appareil est la chambre d'air chaud, comprise dans une maçonnerie en briques, de la partie supérieure de laquelle partent les bouches de chaleur qui doivent chauffer la maison à qui le calorifère est destiné.

Nous avons dit plus haut quelle est sa puissance et le degré de chaleur de l'air compris dans la chambre d'air qui s'échappe par les bouches.

DELRIEUX-BERGONHOUL & GONNET — LYON

MÉDAILLE D'OR

A côté de M. VASSIVIÈRE, nous devons citer quelques noms lyonnais tels que ceux de la maison DELRIEUX-BERGONHOUL et GONNET, qui a obtenu du Jury une médaille d'or pour ses appareils de chauffage, c'est-à-dire la plus haute mention qui ait été décernée à cette industrie. L'usine de ces messieurs est située, 7, quai d'Occident.

LEDRU DE BURNONVILLE & Cie — LYON

Parlons encore de MM. LEDRU DE BURNONVILLE et Cie, rue de la Reine, à Lyon, qui avaient fait au milieu du pavillon n° 3, destiné au chauffage, une très-remarquable et considérable installation.

BRUEL fils — LYON

MÉDAILLE D'ARGENT

L. DUPORT — LYON

MÉDAILLE D'ARGENT

ÉLETTI — LYON

MÉDAILLE D'ARGENT

Citons enfin les noms de trois fumistes également lyonnais, MM. BRUEL, rue de Condé, 19, DUPORT, quai de Tilsitt, 25, et

Életti, rue d'Auvergne, qui ont mérité et obtenu des médailles d'argent.

PIET-BELLAN — *33, rue de Chabrol* — PARIS

APPAREILS DE CHAUFFAGE — MÉDAILLE D'ARGENT

MM. Piet et Bellan s'occupent tout particulièrement de l'organisation des services généraux. Chauffage et Ventilation, Cuisines, Buanderies, Bains, Lavabos, etc., etc. Leurs Appareils de Blanchisseries et de Bains sont adoptés aujourd'hui d'une manière générale, par les maisons particulières, ainsi que par les grandes administrations civiles et militaires.

Comprenant l'importance du chauffage et de la ventilation sur l'état sanitaire, et les grands inconvénients que peuvent présenter des dispositions mal entendues; forts de quinze années d'études, d'une expérience spéciale obtenue par de nombreux travaux de chauffage et de ventilation dans les Hôpitaux, Ecoles, Usines et établissements particuliers, ils ont créé dans leur maison une spécialité pour ces genres de travaux.

Nous devons, entre autres appareils perfectionnés, citer leurs Calorifères entièrement en terre réfractaire, qui a tous les avantages du chauffage à eau chaude sans en avoir les inconvénients, et supprime tous les cas de maladies occasionnées par les calorifères en fonte rougie.

Le peu d'emplacement dont ils disposent ne leur a permis de mettre à l'Exposition que quelques échantillons de leurs produits, du reste universellement connus aujourd'hui.

Savonneuses et Lessiveuses, Séchoirs et Calandres.

Chauffe-bains, Appareils d'hydrothérapie et de Bains de vapeur.

MM. Piet, Bellan et Cie ont jusqu'à ce jour obtenu 24 premières médailles aux différentes Expositions.

MÉDAILLES D'OR

Delrieux-Bergonhoux, de Lyon. — Bodon fils, de Paris. — Godin-Lemaire, de Guise (Aisne).

MÉDAILLES D'ARGENT

Bruel fils, de Lyon. — Boucher et Cie, de Fumay (Ardennes). — Fougera, de Lyon. — L. Duport, de Lyon. — T. Coignet, de Lyon. — Eletti, de Lyon. — Girardin, de Paris. — Faure, de Grenoble. — Vassivière, de Lyon. — J. Caussemille, de Marseille.

Rappels. — Shoult Gurnay, de Paris. — Gervais, de Paris. — Mouquet, de Lille. — Joly, de Paris. — Mathian, de Lyon. — Pied-Bellan, de Paris, Gervais, de Paris.

Coopératives. — J. Arto, maison Boutier, de Paris.

MÉDAILLES DE BRONZE

Stocker, de Lyon. — Vénost et Cie, de Paris. — Cordier et fils, de Sens. — Lerast, de Besançon. — Veuve Scheidecker-Humbert, de Mulhouse. — Broussas, de Lyon. — Muller et Cie, d'Ivry. — Chenu-Lamotte, d'Auxonne. — Arban, de Paris. — Verguin et fils, de Lyon. — Chêne et fils, de Paris. — Bruel, de Lyon. — Rochon, de Lyon.

MENTIONS HONORABLES

Carret, de Chambéry. — Cucherat, de Lyon. — Ricot-Satret, de Varigney. — Baren Coutard, de Paris. — Partridge et Cie, de Birmingham. — L'abbé Ménétrier, de Sauvigney. — Liandier-Magne, de Lyon. — J. Chaliès, de Lyon. — Minot. — Parouty, de Marseille. — Griffith et Browet, de Birmingham.

SECTION XIV

Bimbeloterie

CLASSE 38^e

Objets de maroquinerie, tabletterie, vannerie et binbeloterie. — Nécessaires et petits meubles de fantaisie, caves à liqueurs, boîtes à gants, coffrets, trousses et sacs, porte-monnaies, carnets, porte-cigares, objets tournés guillochés, sculptés, gravés, en bois, en ivoire, en écaille, laque, etc., etc. — Tabatières, pipes, peignes de luxe. — Brosserie fine de toilette. — Sparterie fine. — Jouets d'enfants de toute nature.

COMPOSITION DU JURY

Président.		*Membre.*
SCHLOSS (Simon) .... PARIS.		DAVID (Hipp.).. St-CLAUDE (Jura).
Secrétaire.		
ARGOUD (Hippolyte)...... LYON.		

FÉLIX GOIFFON — *rue de l'Hôtel-de-Ville, 53* — LYON

PREMIER PRIX — MÉDAILLE D'OR

M. Félix GOIFFON fait la tabletterie et la tournerie en tous
genres. Il fabrique spécialement tous les articles d'arts en os,
corne, ivoire, coco, corozo, nacre, corail, écaille, écume,
ambre, etc., et en toutes sortes de bois français et étrangers.
Cette maison a la plus haute importance : elle a obtenu déjà
une médaille d'argent de 1re classe à l'Exposition de 1867 et en
général les plus hautes récompenses décernées à cette industrie.

BACHOUD-CAILLAT — NANTUA (Jura)

MÉDAILLE D'ARGENT

Depuis 1835, M. BACHOUD-CAILLAT, s'occupe du développement
de la tournerie en bois dans son arrondissement; alors elle comptait à peine une centaine d'ouvriers, répartis dans les villages
rapprochés du Jura. Ce chiffre aujourd'hui est de 500 au moins.
Sa maison seule en occupe environ 150 à Nantua et dans les
autres communes; il n'y avait que deux usines hydrauliques; depuis cette époque, 8 nouvelles usines se sont ouvertes pour recevoir
les nouveaux ouvriers.

Dans cette industrie les ouvriers sont de véritables artistes et
ils excellent surtout dans les objets en bois tournés pour *physique
amusante.*

M. Bachoud-Caillat s'est installé à Nantua parcequ'il a voulu doter son pays d'une industrie qu'il aime. Nous connaissons le lot réservé à cet homme de bien ; beaucoup de sacrifices, de déboires et de malveillances. Mais il ne se découragera pas et poussera à bout cette œuvre philantropique, qui sera le plus grand honneur d'une vie si noblement remplie.

MARQUIS Frères — *rue Ferrandière, 36* — LYON

MÉDAILLE DE BRONZE

MM. Marquis Frères, fabricants de pipes et marchands de tous les articles possibles pour fumeurs et priseurs, sont les inventeurs brevetés d'un *nouvel allumoir* pour la cigarette, la pipe ou le cigare, qu'ils ont appelé *Pyrofère*, dont le nouvel impôt sur les allumettes augmente la valeur.

Cet instrument, aussi simple qu'ingénieux, peut se faire de toutes formes et avec toute espèce de matières premières (bois, métaux, etc.). Sa partie essentielle est une tige creuse dans laquelle est le charbon constamment incandescent qui est poussé, à mesure qu'il se consume à l'orifice supérieur de la tige, par un ressort à boudin et retenu par une griffe.

Le charbon spécial destiné à cet appareil, est fabriqué par l'inventeur, M. Marquis, dans l'usine de Montchat.

BROSSARD — Château d'Yvours, près LYON

Il y avait non loin de la partie des galeries des beaux arts un Christ qui est une merveille. Sculpté dans un seul bloc, il a 88 centimètres de hauteur. Les bras seuls sont composés de deux parties distinctes.

Nous avons vu à Avignon un Christ presque aussi beau, mais il était plus court de 6 centimètres que celui dont nous parlons. Or, cette différence est énorme, et il serait impossible aujourd'hui de pouvoir même faire une copie de cette œuvre.

Les défenses d'éléphant les plus hautes mesurent 11 à 12 pieds maintenant, et il faudrait 16 pieds au moins pour obtenir le résultat dont il s'agit. Au point de vue purement artistique, l'œuvre est encore plus remarquable. MM. du Sommerard, Odiot, le Dr Jouhanneau de Paris, l'estiment à un chiffre fabuleux. Nous nous permettons de croire, avec ces célèbres connaisseurs, qu'en effet un trésor pareil a une valeur hors ligne.

NOMS DES RÉCOMPENSÉS

HORS CONCOURS

Veuve Hasslaner, de Givet.

DIPLOME D'HONNEUR

Van Oye, Van Duerne et Cie, de Bruxelles. — Desbois, de Lyon.

MÉDAILLES D'OR

Goiffon, de Lyon. — Veuve Hatterer de Paris.

MÉDAILLES D'ARGENT

Adt, de Pont-à-Mousson. — Grandon, de Paris. — Grappin et Dalloz, de Saint-Claude. — Nitsché, de Lyon. — Chavand et Palais, de Lyon.

Rappels. — Bachoux-Caillat, de Nantua, — Bontemps, de Paris.

MÉDAILLES DE BRONZE

G. M. Amson, de Paris. — Alix Grenier, de Saint-Claude. — Labatie, de Lyon. — Lemouland, de Paris. — Mandrillon et Reffay, de Saint-Claude. — Marquis frères, de Lyon. — Pinson (Emile), de Paris. — Raimond, de Paris. — Truche, de Lyon. — Théophile Vaudois, de Clermont-Ferrand. — Madère, de Paris.

MENTIONS HONORABLES

Bracmard, de Lyon. — Buchain, de Lyon. — Chabert, de Lyon. — Cordier, de Nantua. — Didon, de Paris. — Décrette, de Genève. — Dutrieux, de Lyon. — Givoid, de Lyon. — Jacquier, de Paris. — Joseph, de Paris. — Laurent, de Rennes, — Pellat, sœurs, de Lyon. — Sylvain Peyron, de Quimperlé. — Perain, de Caderousse. — Sollier, de Lyon. — Sylvestre Gustave, d'Avignon. — Vernet (M. C.), de Grillon (Vaucluse). — Claudy, de Lyon.

GROUPE IV

Mécanique générale — Matériel, Instruments

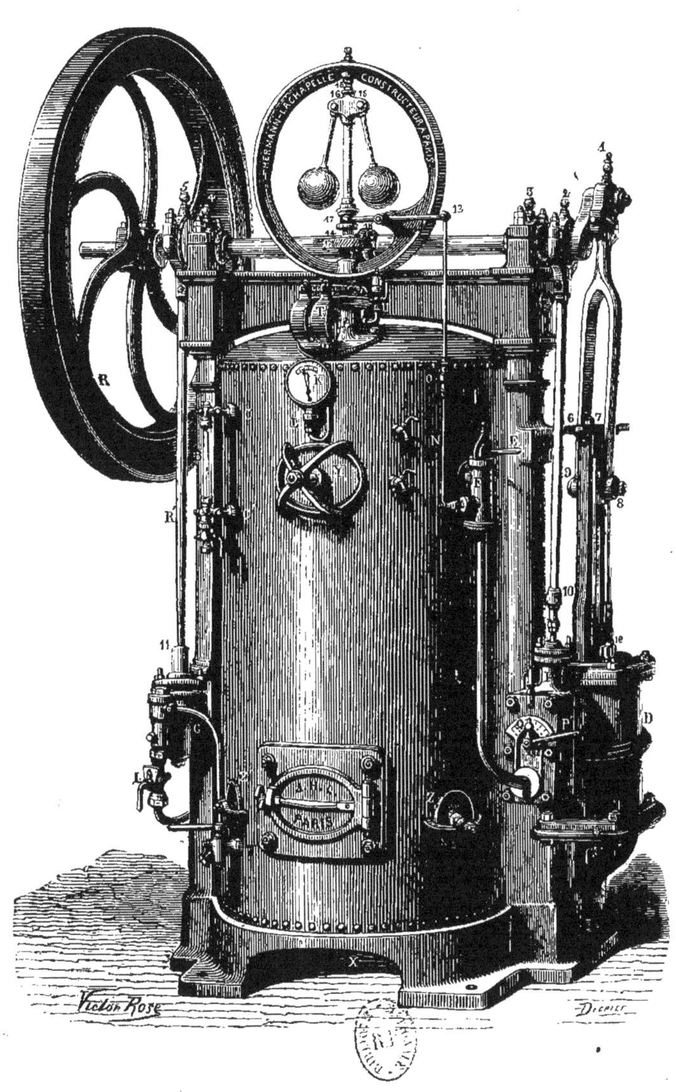

MACHINE VERTICALE DE MM. HERMANN-LACHAPELLE

CHAPITRE VI

SECTION XV

Grandes machines

CLASSE 39e

Machines et appareils de la mécanique générale. — Pièces de mécanisme détachées, compteurs et enregistreurs, dynanomètres, manomètres, instruments de pesage et appareils en jaugeage. — Machines hydrauliques élévatoires, pompes. — Machines motrices à vapeur, chaudières, générateurs de vapeurs et appareils accessoires, appareils de condensation des vapeurs. — Machines à vapeur d'éther, de chloroforme, d'ammoniaque à vapeur combinées. — Machines à gaz, à air chaud et à air comprimé. — Moteurs électromagnétiques. — Moulins à vent et panémone.

COMPOSITION DU JURY

Président.

CLÉMENT-DÉSORMES.... LYON.

Secrétaire.

DE CHALIGNY.......... LYON.

Membres.

MOREAU................ LYON.
DUFEUTRELLE.
BEGUIN................ LYON.
GENESTE................ PARIS.
ALBARET..... LIAUCOURT (Oise).
GIROUD D'ARGOUD....... LYON.

Alphonse DUVERGIER — LYON

DIPLÔME D'HONNEUR

M. Duvergier a obtenu à l'Exposition de Lyon, un diplôme d'honneur, une médaille d'or et deux médailles d'argent.

Un diplôme d'honneur pour sa *Machine à vapeur motrice*, à cylindre horizontal, à haute pression, à détente variable par le régulateur et à condensation. Cette machine possède une circulation de vapeur autour du cylindre et dans les fonds, un écoulement naturel de la vapeur et de l'eau du cylindre sans le secours de purgeurs; les canaux conduisant la vapeur de la table de distribution au cylindre sont suprimés pour obtenir la réduction des espaces nuisibles; le diamètre du piston moteur est de 0^m450 et sa course de 0^m900; elle développe un travail de 35 chevaux avec une admission de vapeur de 0,10 de la course. Cette machine avait obtenu une médaille d'or à l'Exposition universelle de Paris en 1867.

Une médaille d'or pour son *Décanteur à force centrifuge,* muni de son moteur à vapeur. Cet appareil a pour but d'activer la précipitation des matières solides en suspension dans un liquide, lorsque ces matières ne peuvent le laisser filtrer. Il fait en quelques minutes des opérations que l'on n'obtient qu'en plusieurs jours par la décantation spontanée.

Lorsque les matières sont susceptibles de fermenter, la rapidité des opérations ne donne pas à la fermentation le temps de se produire et permet ainsi aux industriels, dans certain cas, de continuer une fabrication qui serait impossible sans le secours de cet appareil.

Il a été appliqué avec avantage dans la fabrication de l'amidon.

Cet appareil a obtenu une médaille de bronze à l'Exposition universelle de Paris en 1867.

Une médaille d'argent pour un appareil à laver les soies;

MACHINE MOTRICE QUI METTAIT EN MOUVEMENT LES MACHINES DE LA 2e GALERIE

exposée par MM. Buffaud frères

Et enfin, une nouvelle médaille d'argent pour ses machines-outils improvisées pour la fabrication des canons de la défense nationale de la ville de Lyon. Ces appareils consistent en :

1° Une *Mèche tubulaire* à forer annulairement de manière à laisser au milieu du trou une tige cylindrique intacte. Le trou percé a 0^{m}083 de diamètre et la tige ménagée a 0^{m}062 de diamètre, de sorte que la section de cette tige dépasse la moitié de la section totale du trou, par conséquent le travail du forage est réduit de plus de la moitié, sans compter que l'on évite l'écrasement de la matière par l'outil, au centre du trou, qui a lieu avec les mèches ordinaires. C'est ainsi que l'on a pu forer en moins de dix heures, sur un tour à la volée, un canon de 2^{m}300 de longueur, à 0^{m}083 de diamètre;

2° *Appareil à rayer les canons,* les cannelures ayant plus de largeur vers la culasse qu'à la bouche, ce qui détermine des rampes inégales pour les deux côtés de chaque cannelure. L'outil est à une seule lame étroite que l'on enfonce graduellement jusqu'à la profondeur de la cannelure; on opère ensuite par chantournement pour amener la rayure à la largeur voulue; des tasseaux d'arrêt déterminent cette largeur qui se règle une fois pour toutes.

Les deux rampes de différentes inclinaisons s'obtiennent au moyen des cannelures du porte-outil qui sont au nombre de quatre : deux diamétralement opposées passent dans un écrou à deux filets d'un pas correspondant à l'une des rampes; les deux autres également opposées passent dans un autre écrou à deux filets du pas correspondant à l'autre rampe. Les deux écrous sont montés dans un palier double fixé par sa semelle unique à la pièce qui supporte le canon à rayer; il sont arrêtés, chacun alternativement, à leurs positions respectives, par un levier qui s'embraye tantôt avec l'un, tantôt avec l'autre au moyen de chiens qui s'enclanchent dans des entailles pratiquées dans des collets venus de la même pièce que les écrous; il y a autant d'entailles dans chaque collet que l'on veut avoir de rayures à la pièce; chaque écrou sert à conduire l'outil pour faire chaque côté correspondant de la rayure. L'outil est simple, d'un entretien facile et ne demande qu'un très-faible effort pour travailler;

3° *Appareil pour faire la chambre conique du projectile.* Il est comme les deux précédents, établi pour opérer avec un petit outil, tranchant une faible largeur à la fois de manière à opposer peu de résistance en travaillant. Le porte-outil est un manchon mû longitudinalement par une vis intérieure, sur un cylindre incliné par rapport à son axe de rotation, de manière à faire avec ce dernier un angle égal à celui que la génératrice du cône de la chambre fait avec l'axe du canon. Les extrémités du cylindre guide du porte-outil sont excentrées sur son axe et ont toutes deux la même direction; elles forment deux tourillons tournant dans les disques qui s'ajustent dans l'âme de la pièce à chambrer. Une fois l'outil en place, il opère indépendamment de l'habileté de l'ouvrier qui le conduit.

M. Duvergier avait exposé en outre, deux *Ventilateurs* pour l'aérage des mines qui n'ont pas été vus par le jury qui en était chargé, et des dessins représentant trois turbines et six pompes élévatoires et un élévateur hydraulique.

Mais la personnalité de M. Duvergier est assez importante pour que nous croyions devoir ici faire un rapide historique de cet habile constructeur.

Il sortit en 1838 de l'école de Châlons et fut nommé directeur du haut-fourneau au charbon de bois de Donjeux (Haute-Marne); il y construisit la soufflerie du fourneau avec son moteur hydraulique dont le succès le fit charger d'importants travaux par les maîtres de forges de la Haute-Marne, et de la construction du bocard et du patouillet pour le lavage des minerais de l'usine de M. Danelle, au Châtellier. Il donna à ce patouillet une disposition nouvelle qui consistait à faire arriver le minerai, à sa sortie du bocard, à l'une des extrémités du patouillet et à disposer les agitateurs en hélice pour le conduire à l'autre extrémité, d'où il est tiré par un appareil élévateur très-simple le portant directement dans un wagon qui le conduit à sa destination. L'eau claire arrive dans le patouillet par l'extrémité où sort le minerai et s'écoule par l'extrémité opposée; ce qui produit un lavage rationnel.

Les résultats économiques obtenus par l'extraction mécanique du minerai du patouillet furent très-appréciés, et le système de M. DUVERGIER est aujourd'hui adopté partout dans la Haute-Marne.

De Brousseval, M. DUVERGIER fut appelé aux mines de Blanzy, en qualité d'ingénieur du matériel d'exploitation : machines d'extraction, d'épuisement, chemins de fer, wagons, etc. C'était en 1843. Ces mines n'étaient pas, à beaucoup près, ce qu'elles sont aujourd'hui; au bout de peu de temps d'observation il acquit la connaissance de son service. L'extension que prit rapidement l'exploitation de Blanzy, lui fournit l'occasion de se livrer à des travaux très-variés.

L'atelier de réparations, qui ne comportait que deux feux de forges à bras et deux tours pour les essieux de charriots de roulage, fut complètement refait. Il dirigea la construction des bâtiments et l'installation des outils des ateliers neufs, comprenant : ceux du modelage, de la fonderie, de la forge, des tours et ajustage, de la chaudronnerie, etc.; ceux pour le travail du bois, tonnellerie, charronnerie et charpentes.

En possession de ces moyens d'action, il put faire de la construction dans l'établissement même, qui auparavant faisait exécuter tous ses travaux à l'usine du Creusot,

M. DUVERGIER exécuta aux mines de Blanzy bien d'autres travaux importants, que le manque d'espace nous empêche de mentionner ici et qui réalisèrent autant de progrès sérieux.

En 1856, M. DUVERGIER quitta l'usine de Blanzy, et, après

quelques travaux exécutés en différents endroits, il vint se fixer
à Lyon.

C'est là qu'en 1855 il fonda, sur l'emplacement de l'atelier des
bateaux à vapeur les *Hirondelles* et les *Gondoles*, son usine de
construction.

Les deux premières années furent difficiles; néanmoins la
clientèle et la réputation vinrent peu à peu, et c'est avec ces
éléments qu'il put exécuter, sans compter les travaux ordinaires
de sa profession, des constructions d'une grande importance.

Dès 1860, sur la demande de M. RÉROLLE, et d'après les données
générales de cet ingénieur, il fit les projets de construction et
exécuta tous les travaux relatifs aux barrages, vannages, déversoirs,
turbines et pompes élévatoires employés pour le déssèchement du
marais d'Orx.

En 1861, il construisit : la machine soufflante à deux cylindres
et à deux machines à vapeur conjuguées, pour alimenter deux
hauts-fourneaux au coke, de MM. HAREL et Cie, à Pont-Evêque
(Isère). Cette machine donna une économie de plus de la moitié,
sur la force motrice employée par les anciennes machines qu'elle
remplaça.

En 1862, il construisit l'élévateur hydraulique fonctionnant à
Lyon, au moyen de la pression des eaux de la ville. Cet appareil
établit une communication pour les wagons, en rachetant une
différence de niveau de 5 mètres 30 centimètres, entre le bassin de
la gare d'eau de Vaise et la gare du chemin de fer de Paris à Lyon.

En 1865, il établit un élévateur à peu près identique à celui
de Vaise pour la Compagnie du gaz de Lyon (Perrache).

En 1863, la Compagnie des bateaux à vapeur omnibus, le chargea
de l'étude et des projets de construction des bateaux du service de
la traversée de Lyon sur la Saône. Il construisit successivement,
dans les deux premières années de ce service, quatorze machines
pour ces bateaux.

En 1864, il fit pour la forge de MM. Verdié et Cie, à Firminy
(Loire), la première grande machine (150 chevaux) avec le cylindre en porte à faux, dans le genre de celle qui figure à l'Exposition.
Chacune des années suivantes 1865-1866-1867, il construisit
successivement pour la même usine deux machines de 200 chevaux chacune, et une machine de 150 chevaux.

Lorsque la Compagnie des bateaux à vapeur omnibus résolut
d'établir sur la Seine, à Paris, un service analogue à celui qu'elle
exploite sur la Saône, à Lyon, c'est à M. Duvergier qu'elle confia
les études de construction des bateaux destinés à ce service. Elle
le chargea en même temps de l'exécution des machines et des
propulseurs dont elle avait besoin pour ces bateaux.

On voit quelle est la personnalité industrielle dont nous venons
d'esquisser l'existence, et le lecteur nous sera reconnaissant de
nous être étendu un peu longuement sur les travaux de cet homme.
Il nous reste à nous un regret : c'est d'avoir trop été limité par
l'espace et de n'avoir pu rendre à M. Duvergier tout l'honneur qui
lui était dû.

LOUIS COMBE & Cie — LYON

DIPLÔME D'HONNEUR

Parmi les différents moteurs exposés par cette maison, on
remarquait surtout leur grande et belle machine motrice de 45
chevaux, à condensation et à détente variable par le régulateur,
dont la simplicité de construction, combinée avec la bonne disposition de ses organes, dénote une machine parfaitement étudiée
à tous les points de vue et offrant une grande facilité pour son
installation et l'entretien de tous ses mouvements.

Le condenseur est fixé sur le même bâtis, au même niveau et
en prolongement du cylindre à vapeur et commandé directement
par la même tige.

Le cylindre est à enveloppe et circulation de vapeur, ainsi que les fonds du cylindre. Ces derniers sont munis de purgeurs à soupape de sûreté se mouvant automatiquement et aussi à la main; l'échappement au condenseur passe par un robinet à deux directions, qui permet en cas de manque d'eau de fonctionner instantanément, sans interruption et sans condensation.

Le nouveau système de distribution (DEPREZ, breveté s. g. d. g. — DEPREZ et Jules GARNIER, ingénieurs. — Participation, Louis COMBE et Cie) que cette maison a adopté est des plus simples, il ne se compose en effet que d'un seul tiroir, un seul excentrique et une seule articulation et donne des variations d'introduction, depuis un quarantième jusqu'à 5/10e et même au-delà. L'articulation de l'excentrique est suspendue par le modérateur qui en règle les dispositions dans la coulisse suivant les différents degrés d'introduction.

La compression de la vapeur est calculée de façon à laisser à chaque coup de piston les canaux d'introduction remplis par cette vapeur à la pression de la chaudière, ce qui rend nuls ces espaces appelés nuisibles dans tout autre système de distribution.

Avec ce mode de distribution, en effet, le mot espace nuisible est mal appliqué, c'est plutôt espace utile qu'il faut dire, car ces habiles constructeurs nous ont démontré que la vapeur qui reste derrière le piston ne se liquéfie pas, mais qu'elle est ramenée par la compression à la pression de la chaudière, et en cela ils ont constaté l'exactitude des résultats obtenus et indiqués par le célèbre ingénieur ZEUNER.

Il ne nous appartient pas de faire ici l'analyse complète de cette machine, mais, comme nous le disons plus haut, l'étude parfaite et la grande simplicité de ce moteur ressort surtout dans la réunion de tous ses mouvements sur un seul bâtis et une seule pierre, n'exigeant aucune fondation, laquelle fondation est d'un prix fort élevé dans les machines avec condenseur par côté ou en dessous.

Quant au résultat pratique obtenu, nous ne pouvons que nous en référer aux constatations de MM. les membres du Jury, et nous nous bornons à dire que les expériences faites par la commission déléguée à cet effet, ont donné comme rendement de force effective (ce qui assure une grande économie de combustible) à différentes introductions, les plus beaux résultats, résultats constatés par les diagrammes relevés pendant les essais au frein, qui ont démontré un effet utile de beaucoup supérieur à tous les autres systèmes, puisqu'il a atteint 91 p. 0/0.

Les mêmes diagrammes révèlent que la pression dans la chaudière étant de 5 ou 6 kilog., celle sur le piston est, dans le premier cas, de 4 kilog. 910 et dans le second cas, de 5 kilog. 910. Il n'y a donc pas le moindre étranglement au laminage de vapeur avec ce système de distribution.

MM. Combe et Cie ont aussi exposé, mais sans les présenter au Jury :

1° Une machine locomobile à changement de marche qui résumait tous les perfectionnements apportés jusqu'à ce jour à ce genre de machines. Là encore ils ont fait preuve d'une connaissance pratique approfondie : grande simplicité, légèreté, pour en rendre le transport facile, n'excluant pas cependant une solide structure. Le cylindre de cette machine forme dôme de vapeur, ce qui empêche tout refroidissement de la vapeur agissant sur le piston. Un seul bâtis réunit le cylindre, la glissière et le palier de l'arbre coudé. Le tout ensemble très-bien groupé et de forme entièrement nouvelle, ne laisse pas que d'être d'une élégance parfaite. Ils ont aussi appliqué, à cette locomobile, leur nouveau système de distribution de vapeur donnant la détente variable et changement de marche sans augmenter le nombre d'organes, c'est-à-dire toujours avec un seul excentrique, un seul tiroir et une seule articulation.

Les résultats obtenus par ces locomobiles comme rendement

d'effet utile et économie de combustible sont vraiment remarquables et ne le cèdent en rien même aux machines fixes.

. La chaudière de cette locomobile est le système à foyer amovible et à retour de flamme. Le premier coup de flamme a lieu dans un grand tube et le retour par de petits tubes; système parfait donnant les meilleurs résultats comme quantité d'eau vaporisée par kilogramme de houille dépensée et mètre carré de surface de chauffe. Le foyer intérieur et l'enveloppe extérieure sont de forme circulaire, c'est-à-dire non déformable.

Enfin, le train et les roues sont entièrement métalliques et d'une solidité parfaite.

2° Une machine fixe de 12 chevaux à détente variable sans condensation, forme élégante et de solide structure et d'un fini de construction achevé.

3° Divers spécimens d'appareils de matériel d'entrepreneur qui sont une des spécialités de cette maison.

Drague à vapeur avec coque et charpente en fer.

     Id.   avec coque et charpente en bois.

Trois systèmes de grue à vapeur à volée mobile pouvant fonctionner sur rails ou sur bateaux.

Machine à enfoncer les pieux.

Grue pour construction d'édifices publics.

L'examen seul de ces appareils, en miniature, démontre chez ces constructeurs une longue expérience des travaux d'entreprise en général, et une connaissance approfondie dans cette branche importante de leur industrie.

4° Le porte-outil de leur appareil à rayer les canons est bien l'outil le plus merveilleusement conçu qu'on puisse imaginer. Les résultats obtenus avec cette machine à rayer sont vraiment prodigieux.

Quand nous dirons, en effet, qu'avec cet appareil on fait sept rayures à la fois dans des pièces en acier, et qu'en moins de cinq heures on fait les quatorze rayures d'un canon, y compris l'élargissement à la chambre, rayures d'un fini tel que toute retouche en détériore la régularité. On nous a montré des copeaux qui, développés, étaient de la longueur totale de la pièce, de la largeur exacte de la rayure, et n'ayant qu'un vingtième de millimètres d'épaisseur, ce qui démontre avec quelle précision de coupe fonctionne cet appareil;

5° Un canon en acier avec fermeture à coin, du système suisse, qui, au point de vue de l'exécution, est parfait sous tous les rapports.

C'est à la maison COMBE et Cie qu'a, croyons-nous, été confié à Lyon l'exécution du plus grand nombre de pièces d'artillerie pendant la guerre 1870-1871. Ils ont justifié pleinement de la préférence dont ils ont été l'objet en cette circonstance. Sur 65 pièces en acier, dont 41 pour la commission d'armes de Saint-Etienne, ils n'ont eu à subir aucun rebut.

Il nous paraît indispensable, pour compléter ce qui précède, de donner une note historique sur la maison Louis COMBE et Cie.

La maison Louis COMBE date de 1845. A cette époque, Louis COMBE fonda, avec ses propres économies, un petit atelier de mécanicien occupant quelques ouvriers. Cependant dès 1848 on lui confiait déjà des installations d'une certaine importance, entr'autre celle de la remarquable usine de M. GUIMET, fabricant de bleu à Fleurieux-sur-Saône. Cette installation comportait la construction d'un moteur à vapeur de 50 chevaux, de puissants appareils de trituration et tout le matériel mécanique spécial à cette fabrication. Ces heureux débuts ne tardèrent pas à porter leurs fruits. En effet, à partir de ce moment, il obtenait de nombreuses commandes, plus particulièrement de moteurs à vapeur.

En 1853, la maison Louis COMBE s'occupa d'une industrie alors toute nouvelle, celle de la construction du matériel de

dragage. Les résultats obtenus lui valurent la faveur de commandes nombreuses faites par les principaux entrepreneurs de
Lyon. L'entreprise Mangini et Debos lui confia la fourniture
d'un matériel important pour les dragages nécessaires aux remblais de la gare de Perrache et pour la percée du souterrain de
Saint-Irénée reliant la gare de Perrache à celle de Vaise. L'entreprise Jacquelot lui confia aussi la fourniture du matériel,
également important, pour les remblais de la gare de Vaise.

La grande entreprise du percement de l'isthme de Suez (1858)
s'adressant à tous les hommes spéciaux en matériel de dragage,
la maison Louis Combe fut appelée. Secondée par deux jeunes
collaborateurs, dont il sera parlé plus loin, elle obtint la
commande de 12 dragues à vapeur et tout le matériel accessoire,
machines élévatoires, transporteurs, etc.

Les heureux résultats donnés par ce matériel lui valurent, de
la part de l'entreprise générale, des commandes importantes du
même genre, pendant une période de 5 années.

C'est de 1863 que date le plus grand développement de cette
maison. Voulant se décharger du fardeau des affaires et chercher
le repos bien mérité d'une vie laborieuse, Louis Combe s'associe
ses jeunes collaborateurs, MM. Henri Satre et Victor Averly,
leur confiant la suite de ses nombreux travaux et reconnaissant
ainsi les services rendus.

L'élément nouveau de cette maison, sans abandonner la spécialité du matériel de travaux publics auquel on apporta différentes
améliorations, s'attacha plus particulièrement au perfectionnement des moteurs à vapeur. Grâce à cette marche incessante
vers le perfectionnement de la mécanique, la maison Louis
Combe et Cie obtint de plus en plus la confiance publique, aussi le
nombre de moteurs à vapeur construits par elle à partir de cette
époque est-il considérable. Moteurs à vapeur, machines de mines
pour extraction et épuisements, moteurs de marche économique

pour l'industrie privée, etc., tout lui devient familier. La construction de plusieurs appareils dragueurs pour les dragages du nouveau port de Toulon lui est confiée. De même, le gouvernement italien lui demande un important matériel pour le port de Ravenne.

L'administration militaire, après avoir confié à Louis Combe et Cie la construction d'un grand nombre de presses à fourrage mobiles qui ont été reconnues pour avoir donné les meilleurs résultats, et dont l'emploi s'est généralisé depuis 1856, surtout dans notre colonie d'Afrique, appela, en 1866, cette maison à concourir pour la fourniture d'un puissant moteur à vapeur à installer pour les moulins de la manutention militaire, à Lyon. Dans ce concours, où la préférence était donnée au meilleur projet présenté, celui de la maison Louis Combe et Cie fut agréé, et elle obtint le succès le plus légitime dans la construction de cette machine dont la marche a été surtout remarquable au point de vue de l'économie de combustible. Il en a été de même pour le concours de l'important matériel mécanique de l'arsenal d'artillerie de Lyon. Là encore, MM. Louis Combe et Cie l'emportèrent sur les différents projets soumis, et on leur confia la construction de ce matériel qui se compose d'un puissant moteur à vapeur, machines-outils pour le bois, machines-outils pour les métaux, forges, etc.

Les entrepreneurs de la percée du Mont-Sauvage leur confièrent vers la même époque, la fourniture d'un matériel considérable pour extraction et épuisement, établi sur quatre puits de grande profondeur. Ce matériel s'est surtout fait remarquer par un prix de revient excessivement réduit, comparé à tout ce qui s'était fait dans le même genre, jusqu'à ce jour.

Le fondateur de la maison, M. Louis Combe étant mort en 1869, MM. Henri Satre et Victor Averly restés seuls, conservèrent la raison sociale : Combe et Cie.

A cette époque, le gouvernement suisse (canton de Berne) ouvrit un concours pour la construction d'un important matériel de dragage et de navigation auquel furent appelées les premières maisons de construction suisses, françaises et anglaises. Il s'agissait là, non pas d'un matériel d'entreprise passagère, mais bien d'un matériel devant fonctionner pendant plus de 10 années, et donner pendant cette longue période les meilleurs résultats au point de vue d'un dragage dont le prix de revient serait économique. En cette circonstance, les projets de la maison Louis Combe et Cie eurent encore la préférence, laquelle du reste fut bien justifiée par la suite. En effet, il résulte d'attestations du gouvernement suisse, en la personne de l'ingénieur chargé de la correction des eaux du Jura dans le canton de Berne, que les résultats promis dans le fonctionnement de ces appareils ont été dépassés dans de grandes proportions. Ainsi on a obtenu en extraction de gravier 50 p. %, de plus et dans les terrains argileux compactes, les dimensions avantageuses données aux moteurs et à tout le mécanisme ont permis de doubler le rendement promis.

La maison Louis Combe et Cie exporte ses produits dans toutes les parties du globe. En Espagne, on rencontre dans différents ports son matériel de dragage, ses moteurs à vapeurs fixes et locomobiles, ses moteurs hydrauliques, etc. En Italie, son matériel de dragage figure aussi dans plusieurs ports. Dans les principautés Danubiennes même matériel important pour les dragages du Danube, commande faite par le gouvernement roumain. Exportation en Cochinchine de leurs moteurs à vapeur fixes et locomobiles, bateaux pour la navigation fluviale et installation de scieries à vapeur.

A Odessa, important matériel de dragage.

A Malte, commande faite par le gouvernement anglais d'un matériel également important pour travaux de dragages du port.

En résumé, le total des appareils dragueurs construits dans

une période de 10 années par Louis Combe et Cie, est de 93. Nous ne mentionnons là que les dragues d'une certaine importance.

En 1870-1871, on confie' à cette maison la fabrication de 41 pièces d'artillerie de 7 (en acier), système de M. le colonel de Reffye. Par discrétion nous ne mentionnerons pas le paragraphe du rapport relatif à la fabrication des canons dans les départements du Rhône et de la Loire, fait par la commission régionale de Saint-Etienne, composée d'hommes éminents choisis parmi les corps d'artillerie et des mines, ainsi que parmi les notabilités industrielles. Il nous suffira de dire que MM. Satre et Averly, composant la maison Louis Combe et Cie, ont été cités en première ligne, dans ledit rapport, et d'une manière spéciale, comme ayant présenté des canons d'une exécution irréprochable et n'ayant subi aucun rebut par suite de l'habileté déployée dans sa fabrication.

Dans ces dernières années, de si pénible mémoire, là où l'industrie pouvait avoir de grands sujets de découragement et éprouver quelques défaillances, la maison Louis Combe et Cie, prévoyant la résurrection industrielle, a pris l'énergique résolution de donner encore un plus grand développement à son industrie en construisant une nouvelle usine sur des bases grandioses. C'est sur une superficie de plus de 5000 mètres que sont construits ses ateliers magnifiques, de construction entièrement métallique. L'examen de cette remarquable usine, nous pouvons dire même sans rivale au point de vue de sa destination, dénote chez ces industriels une connaissance approfondie de leur industrie et une grande richesse de conception. Nous voulons parler de MM. Satre et Averly. Ces Messieurs, dans cette circonstance, et comme leur prédécesseur, M. Louis Combe, ont été aidés par de jeunes et intelligents collaborateurs en la personne de leurs chefs d'études. On remarque surtout, dans cette construction nouvelle, combien on a cherché à y supprimer toute main-d'œuvre difficile et pénible.

A cet effet, la grande halle centrale, où sont toutes les grosses machines-outils et où se fait le montage des puissantes machines, est desservie par un pont roulant, pouvant manœuvrer sur tous les points de la surface de cette halle, des poids atteignant 12 à 15,000 kilos. Tous les mouvements de ce pont roulant peuvent être donnés soit à la main, soit par une transmission, et dans ce dernier cas, un seul homme suffit pour obtenir de cet appareil toutes les manœuvres d'élévation, de descente, de translation, quels que soient les poids des pièces à manœuvrer.

Dans cette grande halle, sont actuellement en montage des machines fixes et machines marines depuis 100 jusqu'à 500 chevaux de force.

Dans les autres halles latérales, de 9 à 10^m de largeur, les tours, machines à raboter, machines à percer, machines à mortaiser, enfin toutes les machines-outils employées par cette industrie, sont desservies par des chemins de fer supérieurs dont la simplicité est vraiment ingénieuse. Le montage des machines secondaires est fait par des grues desservant deux des petites halles où il existe une grande quantité de machines fixes et locomobiles en montage. L'ajustage y est aussi remarquablement installé. L'outillage, situé dans un espace réservé, est établi dans des conditions d'ordre exceptionnelles. Les forges et marteau pilon y sont aussi desservis par des grues spéciales. L'atelier de modelage et le magasin des machines sont parfaitement organisés.

Nous avons dit que cette construction est entièrement métallique. En effet, toutes les fermes et la charpente des toitures en général sont construites en fer. Les fermes à pentes inégales prennent leur jour au nord. Avec cette heureuse disposition, on obtient une clarté incomparable; on évite que les rayons du soleil pénètrent à l'intérieur. Le côté éclairant de la ferme étant le plus incliné, les neiges ne peuvent y séjourner. Toute cette charpente métallique est soutenue par des colonnes en fonte d'une assez grande élévation. Elles reçoivent à leur partie supérieure les transmissions principales. Au milieu et autour de ces colonnes, viennent se grouper les mouvements intermédiaires des machines-outils. Cette dernière disposition de mouvements intermédiaires est sans précédent et fait l'admiration des hommes spéciaux. Enfin, la disposition générale de l'usine permet d'embrasser d'un seul coup d'œil toute sa surface, de quelque point où on soit placé. Les bureaux de dessin et d'administration, séparés de l'usine par une cour, sont très-bien desservis. Cette seule partie de l'établissement, ainsi qu'un magasin spécial en dehors de l'usine, où sont classés les modèles, sont seuls assurés contre l'incendie ; l'usine ayant été construite dans des conditions d'incombustibilité.

En résumé, si nous examinons la disposition de ces ateliers, nous remarquons qu'ils sont on ne peut mieux situés. La façade principale est à l'ouest, sur le quai de la Saône, et en face des charmants coteaux de St-Irénée et Ste-Foy. Cette situation, à proximité de la Saône, procure une grande facilité pour la construction du matériel de navigation et de dragage, et de plus pour les transports par voie fluviale. Les bâtiments de la douane sont voisins. Une gare de petite vitesse, celle de Perrache 2, et une gare de grande vitesse, celle de Perrache 1, se trouvent dans un rayon de 200 mètres environ de l'usine. Cette situation est donc des plus favorables.

La remarquable exposition de MM. Louis COMBE et Cie, qui a mis en relief leur construction, aura pour conséquence d'étendre encore leur réputation de bons constructeurs, et l'organisation de leurs nouveaux et magnifiques ateliers les fera marcher de pair, dans leur industrie, avec les premières maisons françaises.

Disons, en terminant, qu'ils commencent à recueillir les fruits de tant de labeurs, car depuis moins de 6 mois ils ont d'importantes commandes des premières maisons de France et de l'Étranger. Nous citerons entr'autres la Compagnie des fonderies et forges de Terrenoire, la Voulte et Bességes, qui leur a confié la construction de machines allant jusqu'à 300 chevaux de force. Ils ont construit, et construisent pour la maison Petin et Gaudet, de nombreux moteurs à vapeur fixes, et pour la navigation de puissantes machines-outils.

Le matériel important des forges de Russie dans lequel figurent, outre plusieurs puissantes machines à vapeur, quatre machines soufflantes.

Enfin, l'Angleterre elle-même devient leur tributaire par la commande importante de matériel de dragage pour l'Amérique du Sud.

CHEVALIER ET GRENIER — LYON

DIPLÔME D'HONNEUR

M. Grenier, gendre et successeur de M. Chevalier, a accepté la lourde charge, écrasante pour tout autre certainement, de fournir le moteur de l'exposition. On ne peut traverser le parc sans aller visiter cette splendide installation. Tout y est construit comme si l'Exposition devait être éternelle. La cheminée est un chef-d'œuvre de solidité, d'élévation et de coquetterie. Les générateurs, d'une puisance extraordinaire, sont admirablement disposés.

L'importance de cette installation nous a engagé à aller visiter l'usine d'où sortent d'aussi puissantes chaudières.

La quantité de chaudières à vapeur que consomme une nation, pourrait presque servir de mesure à l'appréciation de la richesse industrielle à laquelle elle s'est élevée.

Et, en effet, ne trouve-t-on pas toujours la vapeur animant la presque totalité de nos machines industrielles, aidant les compositions et les décompositions chimiques, et donnant la vie à nos Expositions ?

Nous l'avons même vue, prétentieuse à ce point de chercher à se substituer à la poudre, pour animer les projectiles des bouches à feu.

La construction de la chaudière à vapeur, dans le bassin du Rhône, a acquis une assez grande réputation pour qu'il nous ait paru intéressant d'aller visiter le plus important de ces ateliers de construction.

Du reste, la magnifique installation de chaudières à vapeur qu'a faite la maison Chevalier et Grenier, à l'Exposition universelle de Lyon, nous engageait tout particulièrement à aller visiter les ateliers d'où sortaient ces énormes générateurs, dont la force dépasse 200 chevaux.

En descendant le Rhône, et en suivant les superbes quais qui conduisent à la Mulatière et à Oullins, on arrive sans peine à la hauteur du cours Perrache, 60.

Là, et sur les deux rives du Rhône, sont placés les ateliers de Chevalier et Grenier.

Sur la rive gauche, sont les chantiers de construction navale.

Sur la rive droite, les ateliers de construction mécanique et de chaudières communiquant par embranchement avec le chemin de fer P. L. M.

Cette situation exceptionnelle aide singulièrement les manipulations intérieures des ateliers, puisque les voies ferrées et fluviales sont également accessibles.

Quand il s'agit de lourds fardeaux à embarquer sur le Rhône, on se sert d'un splendide appareil à mâter avec grue hydraulique, pouvant soulever 45,000 kil., placé sur la rive droite de ce fleuve et communiquant, par chemin de fer mobile, avec les ateliers.

Avec cet appareil tout en fer, et dont la hauteur atteint 30 mètres, nous avons pu voir embarquer dans un bateau du plus grand gabarit, une chaudière, pour la Compagnie générale du Rhône, dont le poids indivisible était d'environ 40,000 kilog.

Cette manœuvre, aussi simple que rapide, n'a pas duré plus de 2 heures et a été faite par quatre ou cinq hommes.

Les ateliers de chaudronnerie seulement, qui couvrent plus de 6,000 mètres carrés de surface, et dans lesquels travaillent 300 ouvriers, sont pourvus de machines-outils en harmonie avec les constructions colossales qui s'y exécutent.

C'est en examinant ces moyens de fabrication qu'il est vrai de dire que l'outillage règne en maître en industrie, et que c'est par la complète reconnaissance de cette vérité qu'il est possible de donner, à un bon marché extraordinaire, des produits excellents.

On commence par le fuseau et la navette et l'on arrive aux Jacquarts à mille cartons.

Nous avons pu constater, en construction, plus de 60 chaudières dont la plupart dépassent 100 chevaux de force, une force hydraulique métallique de 40 chevaux, et plus de 30 locomobiles et machines demi-fixe variant de 5 à 30 chevaux.

En ce qui concerne les machines demi-fixe à deux cylindres, dont quelques beaux spécimens ont été exposés dans la galerie des machines de l'Exposition de Lyon, il nous a été donné l'assurance que leur consommation en houille ne dépassait par 2 kilog. par force de cheval et par heure, quoique sans condensation.

VASSIVIÈRE FILS — LYON

DIPLÔME D'HONNEUR — MÉDAILLE D'OR

M. VASSIVIÈRE a été le principal installateur des machines qui ont figuré à l'Exposition. Il est, avons-nous dit plus haut, l'inventeur d'un nouveau mode de construction de cheminées d'usines, présentant sur tous les systèmes connus jusqu'à ce jour, une économie de moitié dans la main-d'œuvre :

1° Par la suppression des échaffaudages qui sont toujours très-coûteux et qui s'appliquent dans la plupart des cas ; c'est

VASSIVIERE FILS
ENTREPRENEUR DE FUMISTERIE D'USINE
AVENUE DE SAXE. 74. LYON

du reste par ce moyen qu'on a commencé la construction des cheminées.

2° Par l'ascension des matériaux à l'extérieur, au moyen d'une grue pivotante qui permet de les déposer sur tous les points de la circonférence de la cheminée et à proximité de la main de l'ouvrier qui les emploie. Cette grue, d'un poids de 60 kilogr. seulement, se place à l'intérieur de la cheminée sur la paroi qui reçoit l'échelle en fer, placée au fur et à mesure de la construction de la cheminée, et, s'adaptant à cette échelle, cela permet de la hisser toujours à la partie supérieure de la cheminée.

Elle est composée de deux tubes en fer jouant l'un dans l'autre et permettant ainsi la rotation. La corde passe au centre de ces deux tubes, descend à l'intérieur de la cheminée, en traverse la paroi sur une poulie de renvoi et vient s'enrouler à l'extérieur sur un treuil qui peut être mû par une machine à vapeur, ou par deux hommes, suivant l'importance de la cheminée.

3° Par la suppression de l'ascension des matériaux à l'intérieur de la cheminée lorsqu'on la construit sans échafaudage. Le système de l'ascension des matériaux à l'intérieur est très-vicieux, en ce sens qu'il nécessite une haute et large ouverture à la base de la cheminée pour introduire les matériaux à son intérieur, laquelle ouverture compromet presque toujours la solidité; de plus, de graves accidents peuvent avoir lieu par la chûte des matériaux au moment où l'on élève à l'intérieur les bennes d'ascension.

4° Par la suppression de l'inconvénient très-grave pour l'ouvrier qui construit, d'avoir sous les pieds l'ouverture servant au passage des bennes d'ascension qui contiennent le mortier et les briques.

5° Par la suppression de l'inconvénient plus grave encore d'avoir une traverse en bois à cheval sur l'axe de la cheminée et assise sur deux tas de briques établis provisoirement; cette traverse servant à porter la poulie qui reçoit la corde d'ascension des bennes de matériaux venant de l'intérieur de la cheminée.

Il résulte donc d'une façon bien claire que, par ce système, la construction des cheminées est plus facile, plus rapide, moins dangereuse et surtout meilleur marché. (Voir le dessin ci-avant pour se rendre compte de la marche et de l'exécution de ce genre de construction.) .

M. Vassivière fils a imaginé, en outre, un système dont le but est de compléter les moyens de travail en sous-œuvre des constructions, monuments ou autres masses, formés d'agrégations de divers matériaux, en rendant possible leur déplacement d'ensemble ou par grandes parties.

Ce système peut avoir des applications industrielles ou artistiques nombreuses, telles que déplacement de cheminées, de portions d'anciens monuments artistiques, tels que tours, colonnes, chapelles, etc., ce qui pourrait rendre de grands services pour les monuments historiques.

Le système proposé par M. Vassivière fils consiste à introduire, par le travail de reprise en sous-œuvre, et au point où la séparation pour le déplacement doit s'opérer, deux surfaces ou assises susceptibles de glisser l'une sur l'autre; la surface ou assise supérieure occupant toute la base de la masse à déplacer, et la surface ou assise inférieure occupant non-seulement cette base, mais se prolongeant encore pour se raccorder jusqu'à la base nouvelle. Les deux surfaces peuvent s'introduire en parties successives assemblées entre elles.

La surface supérieure est métallique, un peu évidée en dessous, de manière à se trouver en contact avec la surface inférieure, seulement par des points convenablement répartis et par ses bords formant joints-étanches; on a ménagé par ce moyen un espace vide entre les deux surfaces, en forme de grandes alvéoles communiquantes.

Les deux surfaces préparées et introduites, les alvéoles communiquantes sont mises d'ensemble, ou par parties symétriques, en
communication avec un appareil à pression hydraulique; l'eau
refoulée ne peut s'échapper par les bords garnis qui circonscrivent

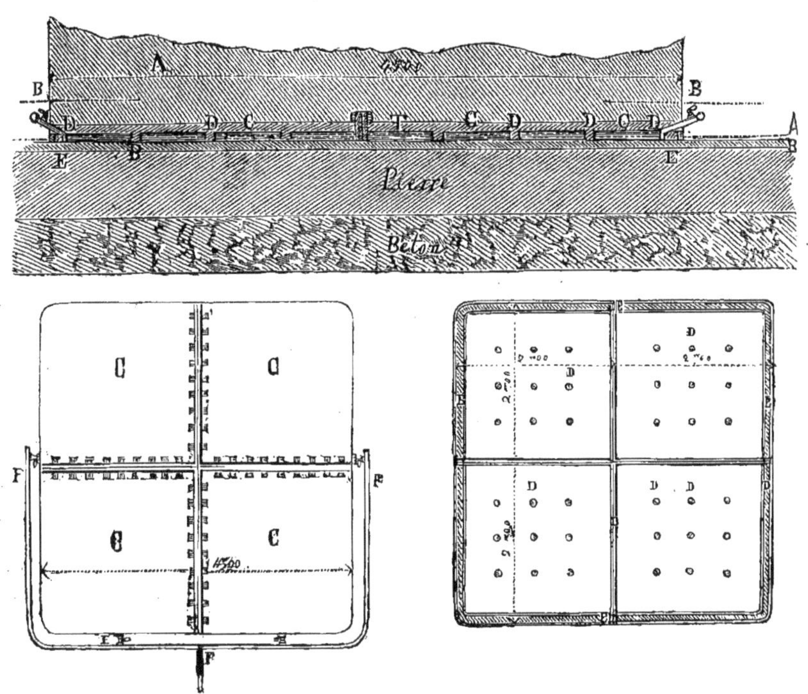

les alvéoles; elle exerce par sa pression un effort de soulèvement
d'autant plus considérable que la pression est plus élevée et la
surface d'action plus grande. La pesanteur du massif est donc
diminuée de tout cet effort, aussi rapproché que possible de
l'équilibre avec la pesanteur. On agit alors pour mouvoir la masse
dans le sens du déplacement. La couche de liquide se prête à ce

glissement sans choc, les molécules d'eau glissant les unes sur les autres.

Les figures ci-contre indiquent :

Figure première : Coupe verticale du système appliqué à la base d'un monument ou d'une cheminée d'usine.

Figure deuxième : Projection horizontale du système à la même application, coupée à la hauteur des alvéoles, au nombre de quatre symétriques.

Figure troisième : Projection horizontale coupée à la hauteur de l'appui du masif sur la surface métallique à alvéoles.

A. Massif à déplacer.

B. Surface inférieure, ou plan de glissement métallique ou autre, suffisamment dressée.

C. Surface supérieure, à alvéoles préférablement en métal, et formée de partie assemblées par les boulons C, C.

D. Points de contacts de la surface C avec la surface B.

E. Bords à garnitures pour rendre les alvéoles étanches d'une manière suffisante, et variant selon la nature et les dimensions du travail.

F. Tuyau d'admission de la pression hydraulique aux alvéoles : la répartition se fais par les robinets F, F.

Lorsque le déplacement et le transport sur la nouvelle assise sont terminés, on remplit les alvéoles en y coulant du ciment.

Ce système à pression hydraulique permet d'équilibrer la pesanteur des masses avec un soulèvement imperceptible, et d'arriver ainsi sans rupture d'équilibre, et quelle que soit la hauteur du centre de gravité, à déplacer en bloc, par glissement, sur une surface liquide, mobile, constamment entretenue par le jet d'une pompe à pression hydraulique, les monuments les plus lourds, sans opérer leur démolition totale ou même partielle.

La seule condition à remplir est de construire, sur l'ensemble du chemin à parcourir, une fondation assez solide pour supporter sans tassement la masse à déplacer.

Nous appelons l'attention de MM. les architectes et les ingénieurs, sur les nombreuses applications possibles de ce système.

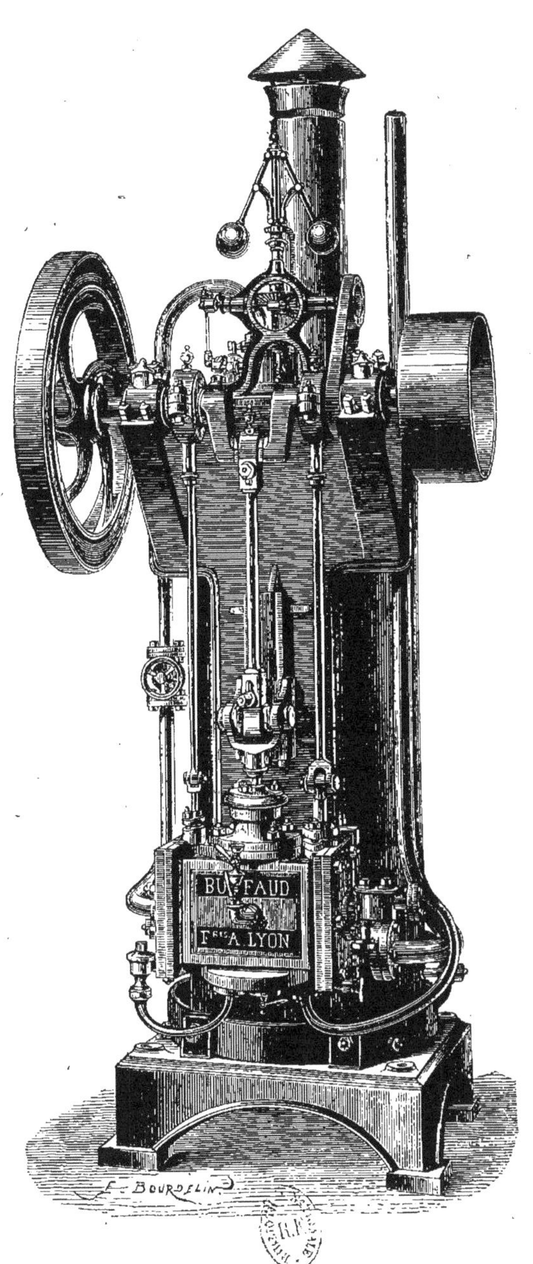

MACHINE VERTICALE DE MM. BUFFAUD FRÈRES

DEMOUILLES — *Horticulteur* — TOULOUSE

PLUSIEURS MÉDAILLES D'OR

A côté du système, présenté par M. Vassivière, nous devons parler de celui qu'a inventé et exposé un savant horticulteur de Toulouse, M. Demouilles, dont nos lecteurs trouveront fréquemment le nom parmi ceux des médaillés de l'horticulture, qui consiste à transplanter les grands arbres et à rendre possible leur transport d'un endroit à un autre. C'est le modéle de l'expérimentation de ce système qu'a exposé M. Demouilles.

Cette expérience a été faite il y a quelques années à Toulouse.

Il [s'agissait d'arracher de terre et de transporter, pour le maréchal Niel, un cèdre immense avec sa motte, pesant ensemble 40 tonnes, et d'effectuer avec cette lourde masse un trajet de 2,500 mètres. Pour obtenir ce résultat, M. Demouilles ne s'est servi que de pioches, de pelles, de quatre verrins (espèce de cricks), de quelques rails et d'un seul cheval. Après avoir détaché, de la terre qui l'environnait, la motte et l'avoir solidement liée, M. Demouilles en a opéré l'extraction à l'aide de ses quatre verrins seulement, et l'a fait placer sur un plancher dont les madriers étaient garnis, au-dessous, de rails Brunel renversés. Il a fait ensuite établir une voie ferrée à quatre rails Barlow, sur un parcours de quatres mètres, les rails n'étant point fixés au sol pouvaient se déplacer à mesure que la charge avançait ; entre ces deux systèmes de rails, étaient placés quatre forts rouleaux cylindriques en fer. Le lecteur voit déjà combien l'effort de la traction devait être diminué, puisque les rouleaux sur lesquels devaient marcher le fardeau ne touchaient le sol en aucun endroit, et que le frottement ne s'exerçait que sur les rails. Le problème résolu par M. Demouilles est de réduire le frottement sur la plus petite surface.

La traction s'opérait à l'aide d'un seul cheval, agissant sur une moufle mobile, reliée à une moufle fixée en avant des rails.

Le transport du conifère a eu lieu sans accident, et aujourd'hui ce magnifique cèdre est l'un des plus beaux ornements du jardin du général à Toulouse. La dépense pour opérer ce transport, sur un trajet de 2,500 mètres, a été de 1,000 francs.

De nombreuses médailles ont été données à l'éminent horticulteur toulousain aussitôt après son invention, et les plus hautes approbations, telles que celles décernées par le maréchal Niel, le ministre de l'Agriculture, M. de Candolle, les ingénieurs les plus distingués, les rapports de plusieurs académies, les comptes rendus de la presse et enfin les attestations de M. de Lesseps, à qui le système de M. Demouilles a rendu d'éminents services pour les travaux du percement de l'Isthme de Suez, recommandent assez cette invention à l'attention de tous.

Il faut s'attendre à voir le procédé de M. Demouilles rendre les plus grands services à l'agriculture et à l'industrie.

Ne quittons pas M. Demouilles sans parler de son succès comme horticulteur. Aux Expositions et dans les Concours, ses produits ont toujours été couronnés; ils viennent de l'être à Lyon, où ils ont remporté un 1er grand prix et plusieurs médailles. En 1869, à l'Exposition horticole de Hambourg, quand ses produits y étaient en concurrence avec ceux de toutes les puissances des deux mondes, c'est encore M. Demouilles qui a eu le grand prix d'honneur.

ELDIN — *Rue de Bourbon* — LYON

MÉDAILLE D'ARGENT

Nous arrivons à l'installation faite par M. ELDIN.

C'est une installation de pompes très-considérable et qui mérite au plus haut degré d'attirer l'attention.

Elle contient des pompes de toute espèce et de tout genre, et la richesse du médailler que nous avons vu dans les magasins de M. ELDIN, situés rue de Bourbon, à Lyon, nous prouve l'excellence de ces appareils.

L'exposition de M. ELDIN contient tout ce qui concerne cette partie de l'industrie. Nous y trouvons la pompe à incendie, la pompe borne à volant, la pompe à alonge à balancier, la pompe refoulante à volant, la pompe refoulante à balancier, la pompe borne à balancier, la pompe à puiser refoulante, une pompe à puiser donnant six mille litres de matière à l'heure, une pompe horizontale à double effet, une pompe brouette aspirante et refoulante pour l'arrosage des jardins, projetant à 16 mètres, des pompes à épuisement, tuyaux en cuivre, plomb, caoutchouc et toile, etc. Nous avons aussi remarqué un produit qui ne rentre pas dans la catégorie des pompes, c'est une baignoire se chauffant en vingt minutes, par un système spécial.

La plupart de ces produits, qui sortent tous des ateliers de M. ELDIN, ont été inventés ou perfectionnés par lui.

La maison ELDIN est d'ailleurs une ancienne maison honorablement connue. Le soin particulier apporté à la fabrication, le travail incessant, et la direction intelligente de son chef, assurent la qualité des produits qui sortent de ses ateliers.

M. ELDIN a vu ses efforts couronnés de succès; ses produits ont été médaillés dans tous les Concours et Expositions où ils ont été présentés, et lui ont valu, outre une vente considérable, le titre de fournisseur des hôpitaux et des chemins de fer.

HENRY — LYON

MÉDAILLE D'ARGENT

On a vu pendant toute la durée de l'Exposition une presse frappant méthodiquement une sorte de *médaille* d'un genre tout particulier. Ce balancier n'avait pas besoin d'une grande pression pour remplir son mandat : il agissait sur une pâte assez tendre.

Cette machine appartient à M. Henry; elle fabrique dans l'usine de cet industriel 40 à 50,000 tablettes *de bleu* par jour, sous cette forme flatteuse qui charme au premier coup-d'œil. Il est bon de retenir la marque de fabrique de cette maison, car ce bleu azure facilement tous les tissus de soie, laine, coton et toile. Il donne au linge une nuance délicate d'un beau blanc, et enfin son usage est essentiellement économique à cause du bon marché de ce produit.

* * *

Nous n'avons certainement pas eu, dans ce chapitre, la prétention de parler de tous les produits qui l'ont mérité.

Qu'il nous suffise de dire que dans la section xv et dans tout le groupe iv, du reste, les récompenses ont été enlevées à la force du poignet, et sont aussi méritoires qu'elles ont pu l'être aux plus grands concours industriels.

Tous les plus considérables fabricants de machines, de matériel agricole, d'instruments de toute sorte, en un mot, de ce qui constitue la mécanique générale, s'étaient en effet donné rendez-vous à l'Exposition de Lyon et avaient tous apporté, avec leurs magnifiques produits, leurs splendides pièces, les perfectionnements les plus pratiques et les plus curieux.

Nous prions donc MM. Murat et Constantin, de Lyon, Ducommun, de Mulhouse, Mancey, de Lyon, Pissavy, de Lyon, Belleville, de Paris, et tous les autres noms que le lecteur trouvera dans la liste qui suit, de ne pas nous en vouloir de n'avoir point parlé d'eux.

L'importance des produits qui composent le groupe iv en général, exigeant des développements considérables, cette seule section de notre ouvrage aurait demandé plusieurs volumes, et la tâche eût dépassé nos forces.

Nous trouverons d'ailleurs dans les sections suivantes, beaucoup de noms qui se trouvent récompensés dans celle-ci ; les industriels auxquels ils appartiennent ayant concouru dans plusieurs sections et ayant obtenu des récompenses différentes pour des produits différents.

NOMS DES RÉCOMPENSÉS

DIPLOMES D'HONNEUR

Duvergier, de Lyon. — Combe et Cⁱᵉ, de Lyon. — Veuve Chevalier et Grenier, de Lyon.

MÉDAILLES D'OR

Murat et Constantin de Lyon. — Hermann-Lachapelle, de Paris. — Buffaut frères, de Lyon. — Fontaine, de Paris. — Bouchard, de Lyon. — Lambert de Vuillafous. — Neut et Dumont, de Paris. — Edoux, de Paris. — Thévenin frères, de Lyon. — Laurent, de Dijon. — Chrétien, de Paris. — Mégy, de Paris. — Corrady, de Marseille. — Vassivière de Lyon. — Heilmann (Josué) de Mulhouse.

Rappel de Médailles d'or (1867). — Gérard, de Vierzon. — Brault et Béthouart, de Chartres. — Bourdon, de Paris.

Coopérative. — Deprez, maison Garnier-Comte, de Paris.

MÉDAILLES D'ARGENT

Warral Elwell Middleton, de Paris. — Ferdinand Del, de Vierzon. — F. Mignon et Rouart, de Paris. — Revollier-Biétrix, de Saint-Etienne. — Imbert, de Saint-Chamond. — Legad, de Paris. — Coutelin, de Carpentras. — Macabie, de Paris. — Buss, de Berne. — Henri, de Lyon. — Jantes père et fils, de Lyon. — Ducommet, de Paris. — Dedieu, de Lyon. — Guichard, de Paris. — Adeline, de Paris. — Boudin, de Paris. — Amenc, de Clermont-Ferrand. — Eldin, de Lyon. — Le baron de Greindl (Belgique). — Tochon, d'Ollioules. — Samain, de Blois. — Ernest Félix, de Paris. — Pissavy, de Lyon. — Blot, de Paris. — Effel, de Paris. — Paupier, de Paris. — Ducommun, de Mulhouse. — Colombier, de Paris.

Rappels. — Belleville, de Paris. — Withley-Partners de Leeds. — Brunte, de Paris.

Coopérateurs. — Piget, maison Duvergier. — Debianne, maison Chevallier.

MÉDAILLES DE BRONZE

Maucey, de Lyon. — Lanet de St-Chamond. — Aubert, de Paris. — Vially, de Lyon. — Charpentier, de Paris. — Potot, de Lyon. — Giroud, de Paris. — Doney, de Lyon. — Pilier, de Lyon. — Arragon, de Bourg-d'Oisans. — Fétu, de Liége. — Bouillion, de Lyon. — Damien-Kister, de Paris. — Derayaut, de Dijon. — Bretton, de Lyon. — Charbonnier, de Lyon. — Noël, de Paris. — Bonnard, de Beaune. — Marguier, d'Alsace. — Keim Gschwind, d'Alsace. — Dumont, de Belley. — Bérauger, d'Autriche. — Burdin, de Lyon.

MENTIONS HONORABLES

Bolland, de Lyon. — Charavin, Fredon, de Lyon. — Cappe, de St-Etienne. — Trux et Mistral, de Lyon. — Lacollonge et Magnin, de Lyon. — Roux, de Vitry-le-Français. — De la Coux. — Sicard, de Lyon. — Michaud et Lefebvre, de Paris. — Lieuvain, de Rouen. — Guyou, de Dole. — Gaillot, de Pomard. — Guilleux, d'Angers. — Guillaumain, de Voiron. — Dormoy, de Bordeaux. — Guigues, de Lyon. — Haynes (Amérique). — Vautelod, Béranger, de Beaune. — Petetin. — Vigouroux, de Nîmes. — Hanriau, de Meaux.

SECTION XVI

Machines-Outils

CLASSE 40[e]

Machines-outils. — Tours et Machines à aléser et à raboter. — Machines à mortaiser, à percer, à découper, à tarauder, à fileter, à river, outils divers d'ateliers, de constructions mécaniques, outils, machines et appareils servant à presser, à broyer, à malaxer, à scier, à polir. — Machines, instruments et procédés usités dans divers travaux. — Machines servant à la fabrication de boutons, de plumes, épingles, enveloppes de lettres, à empaqueter, à confectionner les brosses, les cadres, les capsules, les objets d'horlogerie, de marqueterie, de vannerie, de bimbloterie, à boucher les bouteilles, etc., etc.

COMPOSITION DU JURY

Président.

LÉON .... Paris.

Membres.

MOREAU .... Lyon.

SEGUIN.............. Lyon.
BARBIER (Francisque).. Lyon.
HUG.................. Oullins.

Nous trouvons dans la section xvi les noms des conducteurs célèbres; tels sont ceux de MM. :

BOUHEY — *Avenue Daumesnil* — PARIS

DIPLÔME D'HONNEUR

Les ateliers de construction de M. Bouhey et sa fonderie sont à Montzeron (Côte-d'Or), il en sort les pièces les plus belles, les plus considérables et les mieux perfectionnées comme machines-outils.

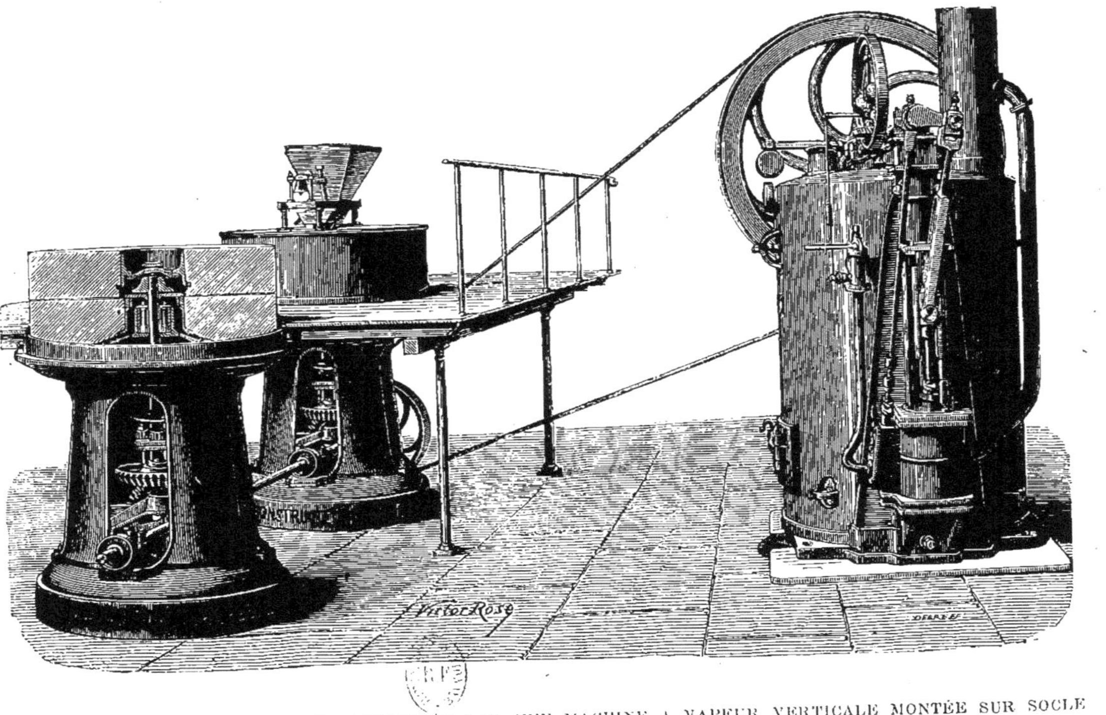

MOULINS SUR COLONNE BEFFROI, ACTIONNÉS PAR UNE MACHINE A VAPEUR VERTICALE MONTÉE SUR SOCLE BATI-ISOLATEUR, EXPOSÉS PAR MM. HERMANN-LACHAPELLE

M. Bouhey avait envoyé à l'Exposition de Lyon des marteaux-pilons à courroies et à ressort (sytème américain breveté), qui lui ont valu le diplôme d'honneur qu'il a si justement mérité.

La spécialité de M. Bouhey en machines-outils pour métaux, telles que : tours parallèles et à fileter, simples et à engrenages, supports à chariots, machines à percer, à caneler, à fraiser, à aléser, à raboter, à tarauder, à poinçonner, à découper, à river, à étamper, à cisailler, à cintrer les fers et les tôles; limeuses, cisailles circulaires; banons à étirer; treuils, paliers graisseurs, transmissions, poulies, cônes et outils divers pour ateliers de construction.

Mais nous aurions trop à faire pour énumérer les machines qui sortent des ateliers de construction de M. Bouhey et qu'on trouve dans son magasin de l'avenue Daumesnil. Qu'il nous suffise de dire, en terminant, que M. Bouhey a obtenu une médaille d'argent à l'Exposition de 1867.

WARRAL-ELWELL & MIDDLETON — PARIS

MÉDAILLE D'OR

MM. Warral-Elwell et Middleton ont obtenu de nombreuses récompenses dans toutes les expositions où ils ont concouru; le jury de l'exposition de 1867 à Paris, leur avait donné en dernier lieu une médaille d'or et une médaille d'argent.

Ces ingénieurs sont constructeurs de machines en tous genres, d'appareils pour la fabrication du papier, de machines à vapeur fixes et locomobiles, de machines soufflantes mues par l'eau et par la vapeur, de matériel de chemin de fer, de machines-outils de tous genres, moulins à blé, moteurs hydrauliques, transmissions de mouvements ventilateurs, pompes et machines à élever l'eau.

Leurs ateliers sont situés à Paris, avenue Trudaine, 9.

LÉON ÉDOUX — *Ingénieur-Constructeur* — PARIS

TROIS MÉDAILLES D'OR

M. Edoux, qui a octenu trois médailles d'or, a envoyé trois machines différentes à l'Exposition de Lyon.

1° L'*Ascenseur* déjà exploité, exposé et médaillé à l'Exposition universelle de 1867, et qui, après avoir servi de type aux nombreuses constructions analogues, établies depuis lors par cet Ingénieur, et après avoir été perfectionné dans divers détails de sa construction, est venu se montrer à Lyon comme à Paris et servir de démonstration pour les nombreuses applications qui ne peuvent manquer de se produire de nos jours.

L'Appareil est basé sur le principe de l'utilisation de la pression de l'eau à moyenne ou plutôt à basse pression telle qu'elle est généralement disponible ou facile à établir dans les grandes villes bien alimentées, ou dans les usines, docks, grands magasins. Très-convenable pour la prompte manutention des matières, il est surtout approprié au transport vertical des personnes auxquelles il offre, par son principe et sa structure, la plus absolue sécurité.

La manœuvre est à la disposition de chaque personne, et les arrêts ou changements de marche facultatifs à n'importe quel point de la course, rendent le service des étages on ne peut plus facile dans les maisons d'habitation. Les ascenseurs établis notamment à Paris, rendent déjà un grand nombre des plus appréciables services et jamais la moindre irrégularité, ni le moindre dérangement, ne se sont produits dans leur fonctionnement.

On peut citer parmi les appareils affectés à l'usage des personnes tous ceux des grandes maisons récemment bâties aux alentours du nouvel Opéra, boulevard Haussmann, des nombreux hôtels du parc Monceau, des hôpitaux de Lille. Parmi ceux employés au

montage des colis et marchandises, ceux de l'hôtel des ventes
de Paris, des imprimeries du *Journal Officiel*, du *Petit Journal*, etc.

L'Ascenseur de Lyon, a continué les succès de son devancier
de Paris, et a porté chaque jour, au sommet des galeries, la
foule des visiteurs de l'Exposition.

2° Une pompe centrifuge héliçoïde, fournissant le débit considérable de deux cent cinquante mètres cubes à l'heure, est
exposée là, comme spécimen des nombreux appareils analogues,
construits autrefois par la société Coignard, de Paris, pour les
grands épuisements, les desséchements, irrigations, travaux publics par la société Coignard, qui a obtenu, en 1857, les plus
hautes récompenses, et dont M. Edoux a pris depuis lors la suc-
cession et perfectionne encore constamment les produits.

Ce modèle est d'ailleurs remarquable par son aptitude spéciale
aux grandes aspirations (jusqu'à près de dix mètres) et l'économie
relative de son installation.

3° Une pompe à pistons, à deux corps et à quadruple effet, d'un
modèle particulier à la maison ; elle est employée là pour élever
l'eau destinée à l'ascenseur. C'est le type des appareils construits
par M. Edoux, pour l'alimentation des villes ou des grandes
propriétés rurales. Moins mobiles de leur nature et moins économiques que celles des pompes centrifuges, ces installations
conviennent particulièrement pour les services fixes et les grandes
hauteurs. Celle de l'Exposition élève environ 20 à 30,000 litres
à la hauteur de 30 mètres.

SAGE — *125 et 127, rue de Sèze* — LYON

MÉDAILLE D'ARGENT

M. Sage, constructeur-mécanicien lyonnais, fabrique spécialement les outils et emporte-pièces pour le découpage des métaux,

estampe au moteur et à bras, cisailles circulaires et à couteau, plieuses, molleteuses et cylindres à rouler.

BOLAND — *rue Audran, 6* — LYON

MÉDAILLE DE BRONZE

M. BOLAND, constructeur lyonnais également, construit principalement les machines horizontales et verticales.

DELONG & Cie — *Rue de Bayen* — PARIS (Ternes)

SCIERIE MÉCANIQUE DE MÉTAUX POUR ORNEMENTS D'ARCHITECTURE ET DE SERRURERIE D'ART, SPÉCIALITÉ D'AGENCEMENTS DE MAGASINS, ETC.

Cette industrie toute récente, créée et brevetée en 1866, a été honorée des premières médailles aux Expositions de Paris 1867, du Havre 1868, de l'Union centrale au Palais de l'Industrie en 1869, de Narbonne 1870, de Naples en 1871. La Société d'encouragement de Paris lui a accordé une médaille de platine, l'Académie nationale une médaille d'or. La Société centrale d'Architecture a nommé une Commission, dont le rapport très-favorable a été adopté dans la séance générale du 24 décembre 1868.

L'industrie des métaux découpés à la scie mécanique a fait des progrès immenses, et aujourd'hui, grâce à sa nouvelle et importante installation dans le quartier des Ternes, au centre le plus important de la serrurerie d'art, elle apporte un concours de plus en plus précieux à l'architecture et à la serrurerie d'art. Grâce à ses scies puissantes toutes particulières, à ses machines nouvelles, les métaux les plus durs, les plus épais, sont repercés, découpés à jour avec une promptitude étonnante et une précision parfaite : le fer jusqu'à 2 centimètres d'épaisseur, le zinc, le bronze et le cuivre jusqu'à 6 et 7 centimètres d'épaisseur, l'acier jusqu'à 10 millimètres. Pendant le siége, cette industrie a joué un rôle important pour la fabrication des gardes de sabre en tôle et acier de 5 millimètres, des organes importants des chassepots et des canons, des moules à balles, des cuirasses, etc.

Ses applications en dehors de la serrurerie d'art sont très-nombreuses.

DURAND — *Avenue d'Eylau* — PARIS

MÉDAILLE D'ARGENT

La fabrique de machines à fabriquer les cigarettes, de M. DURAND, est curieuse à visiter.

L'œil reste émerveillé devant la façon intelligente avec laquelle ces machines transforment en cigarettes, dans un espace de temps inappréciable, le tabac et le papier qu'on leur confie, l'un en paquet, l'autre en rouleau. Les mécanismes sont si ingénieux et si précis que, malgré leur nombre, ces machines ne se dérangent jamais ou du moins fort rarement.

NOMS DES RÉCOMPENSÉS

DIPLOMES D'HONNEUR

Bouhey, de Paris. — J. Ducommun et Cⁱᵉ, de Mulhouse.

MÉDAILLES D'OR

Warral-Elwell et Midleton, de Paris. — Gérard, de Paris. — Comte de Susini, de Paris. — Durand, de Paris. — Deny, de Paris. — Edoux, de Paris.

MÉDAILLES D'ARGENT

Poulot Denis, de Paris. — Guillet-Perreaux, d'Auxerre. — Sage, de Lyon. — Duvergier, de Lyon. — Genez-Besson-Bernard, de Lotz (Doubs). — Prat, de Paris.

MÉDAILLES DE BRONZE

Dugoujon, de Paris. — Boland, de Lyon. — Bouchod, à Void (Meuse). — Tiersot et Ziegher, à Paris. — Jouffret, à Villars-les-Dombes. — Martinier, à Lyon. — Prat, à Grenoble. — Touffin, à Paris. — Vavin, à Paris. — Claude Frangin, à Lyon. — Milhau fils, Trévoux (Ain).

MENTIONS HONORABLES

Weyer et Cⁱᵉ, à Saverne. — Keller frères, à Saverne. — Chaillot et Gratiot, à Paris. — Droz, à Lyon. — Delassale, à Chazay-d'Azergues (Rhône). — Fleury, à Paris. — Granthomme, à Paris. — Quinsat, à Paris. — Bonhomme, à Lyon.

SECTION XVII

Métallurgie

CLASSE 41e

Matériel et procédé de l'Exploitation des mines et métallurgie. — Des exploitations rurales et forestières.

CLASSE 51e

Produits de l'exploitation des mines et de la métallurgie, des exploitations et des industries forestières. — Cette classe comprend en dehors des minéraux et métaux bruts, les produits de l'élaboration de ces matières.

Fontes moulées, cloches. — Fer marchand, fers spéciaux, tôles et fers blancs, tôles pour blindage et construction. — Tôles de cuivre, de plomb, de zinc, pièces de forges et de grosse serrurerie et les produits de la tréfilerie, de la quincaillerie, de la taillanderie, de la ferronnerie, de tôlerie, de chaudronnerie et de la ferblanterie, ainsi que ceux de l'électrométallurgie ; elle comprend également, en dehors des essences forestières, les bois d'œuvre, de chauffage et de construction ; les matières tannantes, colorantes, odorantes, résineuses, les objets de boissellerie, de vannerie, de sparterie, constituant l'industrie forestière. (Brosserie industrielle).

COMPOSITION DU JURY

Président.

TOURNAIRE ...... Sᵗ-Etienne.

Secrétaire.

DE CHALIGNY ..... Lyon.

Membres.

HAREL. Givors et Pont-Évêque.
DE LA ROCHETTE.. Givors.

EUVERTE......... Terrenoire.
ANCEL........... Lyon.
MANGINI (Félix)... Lyon.
DUCHÉNE......... Roanne.
BERRUET......... Lyon.
BRUYAS (Guillaume) Lyon.
JOUFFROY¹........ Lyon.
OZIER........... Lyon.

Parmi les membres du jury de la métallurgie, nous trouvons un nom sur lequel on nous permettra de nous arrêter un instant. C'est celui du plus jeune des jurés de cette section, et personne parmi ceux qui connaissent M. Gustave Duchêne, ne s'étonnera de nous entendre dire quelques mots sur sa personnalité.

M. Duchêne a 34 ans, et pour avoir été désigné comme juré dans une section, où de sérieuses connaissances scientifiques sont indispensables, il faut qu'on ait reconnu en lui des capacités hors ligne. Ce choix est donc tout à son honneur, et nous sommes certains que dans son jury il a répondu, par ses lumières, à ce qu'on était en droit d'attendre de lui.

M. Duchène doit à sa haute intelligence, à son travail et peut-être à sa modestie, la belle situation qu'il occupe dans l'administration forestière, dont il est un des inspecteurs les plus distingués.

Membre de plusieurs sociétés savantes, il porte surtout ses études sur les questions agricoles, et nous n'aurions pas été surpris de le voir aussi siéger dans le jury de l'agriculture.

Terminons cette petite note sur notre ami, en nous permettant de rappeler que M. Duchêne est Chevalier de la Légion d'honneur et qu'il doit cette distinction à sa brave conduite pendant la guerre comme colonel d'une légion d'éclaireurs.

*
* *

La métallurgie tenaient une large place à l'Exposition de Lyon. Il est juste de dire que toutes les grandes usines des bassins du Rhône et de la Loire y étaient bien représentées; quelques industriels même avaient fait grandiosement les choses, et parmi eux il faut citer avant tout MM. :

MARREL — RIVE-DE-GIER

DIPLÔME D'HONNEUR

Avons-nous besoin de rappeler l'Exposition de MM. Marrel. Il nous semble que pour toute personne qui a visité l'Exposition, leurs énormes plaques de blindage, les ancres monumentales, et en un mot toutes les énormes pièces de forge exhibées par ces industriels, étaient si remarquables et si *évidentes* que l'on ne pouvait les laisser inapercues et *inappréciées*.

MM. MARREL frères sont décorés de la Légion d'honneur comme industriels. Ils fabriquent des plaques de blindage pour navires et fortifications; les grosses pièces de forge pour les chemins de fer, la marine et les constructeurs. Leurs usines sont à Rive-de-Gier, aux Etaings, près Rive-de-Gier, et à Capelette, près Marseille.

PETIN - GAUDET — RIVE-DE-GIER

DIPLÔME D'HONNEUR

MM. PETIN-GAUDET avaient envoyé une seule pièce. Mais quelle pièce ! un *Canon d'acier* monstre, un Krupp français, éminemment français, se chargeant naturellement par la culasse, mais muni d'un système nouveau qui probablement rencontrera l'approbation de nos hommes compétents.

On sait ce que sont MM. PETIN et GAUDET comme maîtres de forges et que ces industriels, grands entre tous, n'ont plus aujourd'hui à faire concourir leurs produits, étant données les garanties nécessaires qui s'attachent à leur nom.

Ces ingénieurs sont depuis longtemps, l'un et l'autre, officiers de la Légion d'honneur. Ils ont obtenu à Paris la grande médaille d'honneur en 1855 et le grand prix en 1867.

Le siége social et l'administration centrale de cette maison sont à Rive-de-Gier; mais ils ont des usines sur des points très-nombreux, notamment à Saint-Léon, près Cagliari (Sardaigne), où ils sont propriétaires de la concession du minerai de fer. Les hauts-fourneaux et leurs forges sont à Clavière, à Givors, à Toga (Corse). A Rive-de-Gier sont les ateliers de fabrication de pièces de grosse forge pour la marine, les chemins de fer, les constructeurs, etc. A Saint-Chamond se fait là fabrication des fers fins laminés, de gros échantillons, de frettes pour canons et de bandages sans soudure pour wagons, tenders et locomotives, de roues pleines en fer laminé pour chemins de fer; de tôles de grandes dimensions en fer et en acier; les ateliers de construction de roues de wagons et de plaques de blindage pour la marine. Les aciéries sont à Assailly. A Lorette les aciéries et la fabrication des ressorts. A Paris la maison PETIN-GAUDET possède deux maisons de représentations, l'une boulevard Magenta, 12, dirigée par M. DAVID, l'autre, dépôt d'aciers, marais Saint-Germain, dirigée par M. Jules PETIN.

EUVERTE — LYON

Compagnie des Fonderies et Forges de Terrenoire

MEMBRE DU JURY

Cette compagnie est une des plus considérables de France et va de pair avec le Creuzot. Elle possède des usines et des mines à Terrenoire (Loire), à la Voulte (Ardèche), à Bességes (Gard).

Sa fabrication est immense et s'étend à tous les produits de l'industrie du fer et de l'acier, ainsi que de la fonte.

M. EUVERTE est Directeur de l'Usine de Terrenoire. C'est un des ingénieurs les plus distingués, sortis de l'Ecole des Mines. L'administration de l'Exposition, pour s'entourer des lumières de M. EUVERTE, comme juré, a été obligée de ne s'occuper que d'une façon incidente des produits provenant de l'usine qu'il dirige. C'est ce qui explique pourquoi nous ne trouvons pas la Cie de Terrenoire parmi les récompensés.

Société des Fonderies, Forges et Aciéries de St-Etienne

DIPLÔME D'HONNEUR

La Société des Fonderies, Forges et Aciéries de Saint-Etienne, constituée en 1865, ne put pas figurer à l'Exposition universelle de 1867; mais, dès 1868, à son début, elle obtenait le diplôme d'honneur à l'Exposition du Hâvre, la médaille d'or à l'Exposition de Saint-Etienne, et encore le jury exprimait-il le regret de n'avoir pas à sa disposition de récompense supérieure.

Depuis lors, les produits fabriqués dans les usines de la Société des forges de St-Etienne, sous l'habile direction de M. BARROUIN, son fondateur, ont vu s'accroître encore leur supériorité.

Dès 1869, M. Lemonnier, dans son ouvrage intitulé : « *Coup d'œil sur la Métallurgie du fer,* » ouvrage qui fit sensation dans le monde industriel à son apparition, s'exprimait ainsi :

« M. Barrouin vient de monter à Saint-Etienne une vaste
« Usine munie du matériel le plus puissant, pour produire des
« essieux de wagons et de locomotives, des bandages de roues et
« des blindages de vaisseaux cuirassés, des tôles supérieures. —
« Tous ces produits, d'une qualité vraiment remarquable, sont
« obtenus par le traitement au coke et à la houille de fontes au
« charbon de bois.

« Les essais faits sur ces fers, leur attribuent la malléabilité
« des meilleurs fers que nous connaissions... »

L'appréciation de M. Lemonnier, en 1869, s'est depuis pleinement confirmée; aujourd'hui les produits de la Société des Forges de Saint-Etienne, admis par les Chemins de fer, la Marine et l'Industrie privée, occupent le premier rang par la supériorité de leur fabrication.

F.-F. VERDIÉ — FIRMINY (LOIRE)

Société anonyme des Aciéries et Forges de Firminy

DIPLÔME D'HONNEUR

Nous nous contentons de l'éloquence des chiffres ci-dessous pour donner à juger de l'importance de la Société des Aciéries et Forges de Firminy, qui possède deux grandes usines.

Usine de Firminy.

SUPERFICIE. — La surface totale de l'Usine est de 11 hectares. La surface couverte des bâtiments est de 2 hectares.

OUVRIERS OCCUPÉS. — Le nombre des ouvriers occupés est de 1,600.

AGRÈS ET OUTILS. — L'Usine comprend :

20 Petits fours à fondre l'acier à 4 creusets chacun ;

9 Fours à fondre l'acier par le procédé Martin ;

9 Fours à réchauffer par le procédé Martin ;

24 Fours à puddler, pour fer et acier ;

28 Fours à réchauffer ;

4 Fours à cémenter ;

21 Machines à vapeur représentant une force totale de 750 chevaux ;

40 Chaudières ayant ensemble une surface de chauffe de 1,743 mètres carrés, qui représentent une force de 1,160 chevaux ;

15 Marteaux-pilons, dont 4 cingleurs de 3 tonnes, 1 de 12 tonnes, et 1 de 25 tonnes en construction ;

Les 14 pilons en marche représentent une force de 300 chevaux ce qui, avec les 750 chevaux des machines, donne une force totale de 1,050 chevaux ;

1 Gros train de laminoirs à rails ;

1 Train de laminoirs à bandages ;

1 Gros-Mill ; — 2 Moyens-Mills ;

2 Petits-Mills ; — 4 Martinets.

Usine de Cotatay.

4 Martinets ;

3 Fours à cémenter.

COMBUSTIBLE CONSUMÉ AUX USINES. — La houille consumée s'élève mensuellement à 7,250 tonnes.

PRODUCTION. — La production mensuelle peut s'élever à 2,738 tonnes, se décomposant de la manière suivante :

Rails	1,000	»
Ressorts pour chemins de fer	200	»
Ressorts pour carrosserie	50	»
Roues montées pour vagons	600	»
Bandages détachés pour vagons et locomotives	325	»
Essieux détachés pour vagons et locomotives	163	»
Aciers divers en barres et fer fin pour le commerce	500	»
	2,738 tonnes.	

Le capital social est de 3,000,000 de francs.

Les produits envoyés à Lyon ont été des plus remarqués par les hommes compétents.

JACOB HOLTZER — UNIEUX

DIPLÔME D'HONNEUR

La fabrique d'acier d'Unieux, dirigée par M. JACOB HOLTZER, a obtenu également la mention la plus élevée. Cette manufacture d'aciers fondus corroyés et naturels, de ressorts de voitures, de cloches et pièces moulées en acier fondu, de pelles, pioches et outils aratoires, a déjà obtenu une médaille d'or à l'Exposition de 1867.

MANHÈS Père et Fils — LYON

DIPLÔME D'HONNEUR

Nous trouvons enfin, parmi les diplômes d'honneur accordés dans cette section, un nom lyonnais, celui de MM. MANHÈS père et fils. Les fonderies de ces messieurs sont à Vedennes (Vaucluse), leur dépôt quai Tilsitt, 21, à Lyon.

DEFLASSIEUX Frères — RIVE-DE-GIER

MÉDAILLE D'OR

MM. DEFLASSIEUX Frères et PEILLON, de Rive-de-Gier, avaient déjà obtenu plusieurs médailles d'or, une notamment à l'Exposition de 1867.

De leurs ateliers de construction sortent les plus grosses pièces de forges. Ils ont un brevet d'invention pour leur spécialité de corps de roues en fer forgé pour locomotives et wagons.

PLISSONNIER & Cie — LYON

MÉDAILLE D'ARGENT

M. PLISSONNIER, dont les ateliers sont situés cours Lafayette, 180, fait toutes les grosses pièces de forge que nous avons énumérées dans les articles qui précèdent. Sa fabrication mérite l'attention la plus sérieuse aussi bien pour sa qualité que pour son étendue.

MEUNIER, TILLARD & BOUCHAGE — LYON

MÉDAILLE D'ARGENT

MM. MEUNIER, TILLARD, BOUCHAGE et Cie, s'occupent de la fonderie en fonte de fer de deuxième fusion. Ils ont aussi pour spécialité la fabrication des forges portatives. Leur usine est à Lyon, chemin de Gerland, 14.

BEDEL & Cie — à la Bérardière — SAINT-ÉTIENNE (Loire)

ACIERS — MÉDAILLE D'ARGENT

Fournisseurs aux Manufactures nationales d'Armes

Cette maison exploitant la plus ancienne aciérie du bassin de la Loire, se recommande par la bonne qualité de ses produits, notamment de ses aciers supérieurs, pour taillanderie, scies, ressorts de voitures, etc., de sa qualité spéciale pour ressorts d'armes à feu et de fleurets ; ainsi que de ses aciers fondus qualité supérieure pour outils de tours, molettes, coussinets, fraises, matrices, lames de cisailles, etc.

L'expérience et les soins particuliers, apportés à cette fabrication, ont donné à la maison BEDEL et Cⁱᵉ, une réputation justement acquise.

BURDIN — DE LYON

MÉDAILLE D'ARGENT

> Tandis que dans les airs mille cloches émues,
> D'un funèbre concert font retentir les nues ;
> Et, se mêlant au bruit de la grêle et des vents,
> Pour honorer les morts, font mourir les vivants.

Ainsi parlait Boileau...

Plus tard, J.-J. Rousseau n'a pas craint de dire que « c'était une sotte musique que celle des cloches. »

Nous ne sommes de l'avis, ni de l'un, ni de l'autre de ces maîtres illustres, et bien évidemment ils avaient les nerfs agacés lorsqu'ils écrivaient ces méchantes choses.

Nous aimons, au contraire, à entendre le gros bourdon de *Notre-Dame* de Paris, quand il est mis en branle et sonné à toute volée pour annoncer une grande fête religieuse ou une de ces victoires que nos armées ont su si souvent remporter, et qu'elles inscriraient encore sur leurs drapeaux, *s'il le fallait*.

Nous aimons la petite cloche de notre village, lorsqu'elle tinte joyeusement pour un mariage ou un baptème villageois, et nous sommes toujours ému lorsqu'elle sonne un glas funèbre.

Nous avions donc raison de dire que nous n'étions pas de l'avis des poètes que nous citions plus haut, et par contre nous voudrions pouvoir transcrire ici toutes les intéressantes poésies que les cloches ont inspirées. A l'Exposition de Lyon, nous allions donc avec plaisir admirer et entendre les carillons et nous avons poussé la curiosité jusqu'à demander quelques renseignements sur la fabrication des cloches. C'est M. Burdin, de Lyon, qui a bien voulu nous les donner et nous conduire même dans ses ateliers de fonderie pour mieux nous démontrer les procédés de fusion — rien des d'Orléans.

Sa fonderie est excessivement ancienne; elle remonte en plein moyen âge et date de 1645. A cette époque elle était dirigée par un aïeul de M. Burdin, qui avait le titre de Bourgeois de Lyon.

Au dire de notre guide, on fabriquait alors les cloches tout aussi bien que de nos jours et nous le croyons facilement en jetant un souvenir en arrière et en songeant à ce carillon de Dunkerque, si fameux dans l'histoire, et à ceux de la Flandre, très-illustres aussi.

Le métal des cloches est un composé de cuivre rouge pur et d'étain. Le cuivre entre dans ce mélange pour 4/5 et l'étain pour 1/5. Quelquefois les fondeurs, passionnés pour leur art, ajoutent de l'argent pour en augmenter la sonorité, et cela se fait surtout pour les petits modèles.

L'industrie des cloches est considérable en France et occupe un nombre d'ouvriers assez grand.

M. Burdin fait un chiffre d'affaires de 5 à 600,000 francs annuellement. Il est vrai de dire que c'est un des plus grands industriels en ce genre, mais toutefois qu'on juge par ce chiffre de l'importance de cette industrie en général.

HIM ET DE LALEUGUE

MÉDAILLE DE BRONZE

Nous trouvons ici les pierres à aiguiser de MM. Him et De La-leugue, appelées *pierres d'Orient*. On comprend, en les voyant, qu'en dehors de l'intelligence et de l'habileté professionnelle, deux choses sont indispensables à l'ouvrier : un bon outil et le moyen de l'entretenir rapidement.

Leur pierre, dite *pierre d'Orient,* est appelée à remplacer, à bref délai, les produits extraits de certaines carrières d'Asie et d'Amérique, que les agriculteurs et les ouvriers sur métaux n'ont pu se procurer jusqu'ici qu'à prix d'or.

L'aiguisage devient facile, dans la plupart des cas, avec la pierre d'Orient, qui repasse les outils les plus fins comme les plus grossiers presque instantanément, et dont la dureté et le mordant sont si justement appréciés de ceux qui en ont essayé.

STIERLIN — *2, place Kléber* — LYON

M. Stierlin a exposé un système nouveau appelé à démontrer l'avantage qu'il y a à substituer le fer au bois pour les traverses des voies ferrées.

Ce système, qui mérite une grande attention, parce qu'il est économique, charge moins la voie et présente une solidité plus grande que nul autre; n'a point été vu du Jury. M. Stierlin était absent quand ses juges sont passés. Ce fait est très-malheureux, car le président de son jury, M. Mangini, directeur de la Cie des Dombes, est un homme connu par son amour du progrès, et la juste appréciation qu'aurait rendue le verdict du jury eût pu porter immédiatement des fruits.

L'inventeur de ce nouveau système de chemin de fer nous est d'ailleurs depuis longtemps connu. C'est lui qui a été l'entrepreneur des couvertures de l'Exposition, et nous saisissons l'occasion d'en dire quelques mots.

Ce n'est pas la première application d'un procédé inconnu qui a été faite pour couvrir cette immense superficie, mesurant 60,000 mètres environ. Le feutre *Stierlin* avait fait ses preuves, et ce n'a été que parce qu'on connaissait ses qualités, qu'il a été préféré à tout autre genre de toiture. Énumérons-les, pour l'édification de chacun.

Ce feutre est *léger, solide et bon marché*. Il exige peu de pente, et, ne pesant pas plus de 2 kilos le mètre carré, il en résulte une grande économie de superficie et de charpente.

Exposé au feu, il ne *s'enflamme pas*. Il se carbonise lentement sans propager l'incendie; enfin il est très-facile à poser.

En 1867, ce genre de toiture a été largement employé par la *Commission impériale*, la *Société anglaise*, par *Godillot*, propriétaire de tous les promenoirs extérieurs, par *MM. Daval frères*, concessionnaires des fauteuils roulants; le palais du bey de Tunis est couvert en feutre, et enfin les ingénieurs des ponts-et-chaussées et des chemins de fer l'ont employé à Saint-Nazaire et dans une grande quantité de travaux.

NOMS DES RÉCOMPENSÉS

DIPLOMES D'HONNEUR

Marrel frères, de Rive-de-Gier. — Société des forges et aciéries de Saint-Étienne. — Société des forges et aciéries de Firminy. — Jacob Holtzer, d'Unieux. — Dorian, Jakson, Holtzer et Cⁱᵉ, du Pont-de-Salomon. — Manhès, père et fils, de Lyon.

MÉDAILLES D'OR

Blanchet, d'Épinac. — Révollier-Biétrix, de Saint-Étienne. — Deflassieux frères, de Rive-de-Gier. — Testé, père et fils, de Lyon. — Mignon, Rouarts et Delinières, de Paris. — Jare et Cⁱᵉ, d'Ornans. — Baland, de Lyon. — Rouquairol Denayrouse, de Paris. — Carvès et Cⁱᵉ, de Saint-Étienne. — Bousquet et Cⁱᵉ, de Lyon. — Raffin et Durand, de Paris. — Dalifol, de Paris. — Hamon, de Rouen. — Sécretan, de Paris.

Rappels. — Compagnie des mines de Villefort et Vialas. — Arbel, de Couzon (Loire). — De Dietrich, de Niederbronn (Alsace). — Compagnie des forges de Montataire, de Paris. — Mage, de Lyon. — Société de la Vieille-Montagne, de Paris. — Œscher Mesdach, de Paris.

MÉDAILLES D'ARGENT

Bedel, de Saint-Étienne. — Bikford, de Rouen. — Channu, de Rouen. — Plissonier, de Lyon. — Bruno, de Rive-de-Gier. — Roussel, de Rosières. — Meunier Tillard, de Lyon. — Bouchage et Cⁱᵉ, de Lyon. — Ricot Patret, de Warigney. — Warnod fils et Meyon, de Niederbronn. — Burdin L., de Lyon. — Guillon et Perret, de Lyon. — Rommetin, de Paris. — Rheims, de Paris. — Moll, de Grossoli (Belgique). — Talabot, de Paris. — Schmidt et Hougton, de Washington (Angleterre). — Burnoud, de Lyon. — V° Faugier, de Lyon. — Nicaise, de Marinelle (Belgique). — Bourgeois, de Nouzon. — Doulton, d'Angleterre. — Société métallurgique de Paris. — Withwell, d'Adham (Angleterre). — Comité des Ardoisières de la chambre de Lyon. — Vandel et Cie, de la Ferté-sous-Jouarre. — Fortoul Thévenin, de Mâcon. — Lambert, de Villafous. — Dugoujon, de Paris. — Bouland, de Paris. — Dassonville, de Belgique. — Lapierre, de Brest. — Libotte.

Rappels. — Cie des Asphaltes, de Paris. — Cie des Ardoisières, d'Angers. — Martin, de Sireuil. — Société métallurgique, de l'Ariège, à Pamiers. — Enfer et ses fils, de Paris. — Limet, Lapareille, de Cosne. — Cie parisienne d'éclairage et de chauffage par le gaz, de Paris. — Ève, de Paris.

MÉDAILLES DE BRONZE

Ardoisière, de Sevin. — Pieux-Aubert, de Clermont-Ferrand. — Brun, de Livron. — Brigandot et Fivel, de Chambéry. — Brun, de Lyon. — Goyard, de Paris. — Claus, de Genève. — Crespe, de Bollène. — Cottelle, de Lyon. — Robert, de Lyon. — Mesmer et Cottelle, de Lyon. — Reynaud-Despotes, de Rive-de-Gier. — Artaud Laselve, de Neuville. — Guillet, de Lyon. — Dencausse, de Tarbes. — Mulatier-Silvan, de Lyon. — Lévy, de Fontenaye. — Husson, de Charleville. — Bauerfeld, de Saint-Clair. — Le Tellier, de Paris. — Haffners, de Sarreguemines. — Comeaux, de Lyon. — Leborgne, de Pont-de-Berry. — Car-

moy, de Paris. — Dubreuil, de Paris. — Boucher, de Fumay. — Mathez, de Fontenay. — Société métallurgique de la Vienne, de Paris. — Main et fils, de Cerdon. — Foin, de Paris. — Levret, de Paris. — Berger cadet, de Bollène. — Durschmidt, de Lyon. — Dumas, de Paris. — Jourdain, de Paris. — Degoumois, de Besançon. — Dinault, de Anzin. — Him et de La Leugue, de Lyon. — Jacquet, de Chambéry. — Brun, de Lyon. — Pereira Cardoso, de Portugal. — Girard et Michalet, de Lorette (Loire). — Pissavy, de Lyon.

Rappels. — Limouzin, de Firminy. — Hawke. — Martin, de Genève.

MENTIONS HONORABLES

Pic, de Briançon. — Alfred Enfert jeune, de Paris. — Berne, de Ferminy. — Bontoux, de Lyon. — Société de Sainte-Bauzille et Montoulieu, de Paris. — Labesse, de Lorette. — Lobel, de Raisme. — Varrier-Varenne, de St-Étienne. — Violand, de Lyon. — Grandry, de Nouyon. — Pelletier, de la Ferté-sous-Jouarre. — Descreux, de St-Étienne. — Philippe et Vogeli, de Saint-Étienne. — Bouvier, de Lyon. — Moreau-Brichard, de Paris. — Semal, de la Fontaine-de-Saint-Évêque (Belgique). — Gallonnaire, de Lyon. — Mercier, de Lyon. — Auloge, de Lyon. — Sombonn, de Lyon. — Veuve Gilbert, de Lyon. — Aubert, de Nantes. — Mosoni, de Lyon. — Viton, de Lyon. — Billette, de Paris. — Prat-Noel, de St-Étienne. — Max-Baumstarck, de Milan. — Laboise.

SECTION XVIII

Matériel des Usines agricoles

CLASSE 42ᵉ — Matériel et procédés des usines agricoles et des industries alimen- taires. — Des arts chimiques de la pharmacie et de la tannerie.

COMPOSITION DU JURY

Président.
SAVALLE............... Paris.
Secrétaire.
RABILLOUD............. Lyon.

Membres.
DROUX .... Paris.
PELLETIER .... Paris.

D. SAVALLE Fils & Cⁱᵉ — *64, avenue Ulrich* — PARIS

MEMBRE DU JURY

Matériel perfectionné pour distilleries agricoles et industrielles

Les Appareils perfectionnés, montés par la Maison Savalle dans plus de 600 distilleries, ont depuis dix ans contribué le plus puissamment au développement de cette industrie essentiel- lement agricole. Quoique grevée de droits énormes, la distil- lation résiste et rend des services importants; car, à côté de la production de l'alcool dont les emplois sont multiples, il y a la production de la viande à bon marché, au moyen des résidus de la distillation.

Grâce aux progrès constants réalisés par la maison Savalle

dans l'outillage des distilleries, et surtout dans les appareils de distillation des jus fermentés et la rectification des Alcools, toutes les autres nations sont devenues tributaires de la France pour la construction de ces usines.

Les distilleries les plus importantes en Angleterre, en Hollande, en Russie, en Allemagne, en Autriche, en Espagne, en Italie et aux Colonies, sont montées par la maison Savalle.

Voici les récompenses accordées à cette Maison, dans les Expositions antérieures :

Exposition universelle de Paris en 1867, médaille d'or. — Concours régional de Nancy en 1869, médaille d'or. — Exposition internationale du Havre en 1868, un diplôme d'honneur.

HERMANN-LACHAPLLE — *144, faubourg Poissonnière* — PARIS

DIPLÔME D'HONNEUR. — MÉDAILLE D'OR

Toute personne qui s'est occupée de la construction de machines à vapeur, pompes, appareils pour boissons gazeuzes, etc., connait la maison Hermann-Lachapelle qui, après avoir obtenu de grandes médailles d'or à Santiago (Chili), à Altona, à Moscou et à Londres, vient de recevoir à Lyon, un diplôme d'honneur et une médaille d'or.

M. Hermann-Lachapelle avait fait trois installations à l'Exposition de Lyon ; à droite étaient rangées par ordre de force et de grandeur une multitude de machines à vapeur verticales qui fonctionnaient ensemble.

Au milieu de la galerie des machines et séparant l'installation dont nous venons de dire quelques mots, de la troisième, également due à M. Hermann-Lachapelle, était établie une *pompe à pistons plongeurs* placée au milieu d'une rocaille et faisant jaillir de tous côtés l'eau qui retombait en cascades.

Nous nous bornons à donner quelques gravures des machines Hermann-Lachapelle. Nous nous appuyons surtout sur ses appareils de fabrication gazeuse, autour desquels le public était toujours arrêté.

C'est au milieu de cette rocaille que M. Hermann-Lachapelle avait placé sa *pompe à pistons plongeurs*. On se figure, en la voyant fonctionner, les services qu'elle peut rendre, utilisée dans les jardins et dans les squares.

Cette pompe est appliquée à une machine à vapeur verticale dont l'invention est due au même constructeur.

La troisième installation de M. Hermann-Lachapelle se composait des appareils continus, à pressions mécaniques, pour la fabrication des boissons gazeuses : eaux de seltz, limonades, soda-water, vins mousseux, etc., qui sont une des branches de fabrication courante qui ont le plus contribué à populariser M. Hermann-Lachapelle. En 1860, 1862, 1864, 1867 et 1868, cet honorable constructeur a obtenu successivement, et pour cette spécialité seulement, la médaille d'argent, la médaille de vermeil, la médaille d'or et la médaille d'honneur, c'est-à-dire toutes les récompenses qui pouvaient être décernées et qui le placent hors concours dans l'avenir. Il n'entre pas dans notre intention de donner dans cet article la description de ces différents appareils, dont la supériorité, sur tous les autres systèmes, n'est plus à démontrer. La série de ces appareils complets, classés d'après leur puissance, comprend huit numéros. Pour tous, le modèle est le même, ils ne diffèrent entre eux que par leurs proportions ou par l'accouplement de deux pompes ou de deux sphères sur le même bâti. Ces appareils sont envoyés aux fabricants; installés, ils n'occupent qu'un très-petit espace : trois mètres carrés environ, et la personne la plus étrangère à l'industrie peut, sans aucun apprentissage, les installer, les monter, les mettre en train, les manœuvrer et fabriquer toutes sortes de boissons, en se conformant aux instructions du *Guide pratique,* délivré avec chaque appareil. Plus de deux mille fabricants, en France et à l'étranger, sont en ce moment approvisionnés par M. Hermann-Lachapelle, qui voit augmenter chaque année le chiffre de cette clientèle.

Un certain nombre d'appareils pour la fabrication des eaux gazeuses et vins mousseux figuraient à l'Exposition de Lyon, et la foule se pressait à l'envi autour de la balustrade derrière laquelle se trouvaient exposés ces produits remarquables, et d'un usage si généralement répandu aujourd'hui. Les appareils dont M. Hermann-Lachapelle a doté l'industrie de la fabrication d'eaux gazeuses et de la gazéification de la bière, consistent en sphères de bronze, d'un éclat éblouissant, sur lesquelles est placé un volant qui fait fonctionner un agitateur que renferme l'intérieur; un tuyau, dit de tirage, aboutit à un robinet qui laisse, suivant la nature de la fabrication voulue, échapper en flots mousseux une limonade délicieuse, ou le plus excellent champagne à défier toute comparaison avec les marques les plus estimées de Châlons, de Reims ou d'Epernay. Cela semble tenir tout à la fois du prodige par le résultat, et de la prestidigitation par la promptitude avec laquelle on le voit se réaliser pour ainsi dire instantanément. Les

MACHINE A VAPEUR HORIZONTALE

montée sur train de roues en fer

POMPE A PISTON PLONGEUR

actionnée par une machine à vapeur verticale et accouplée à elle sur le même socle

appareils dont nous nous occupons et dont M. Hermann-Lachapelle avait envoyé à Lyon de magnifiques spécimens, se recommandent par la simplicité et le soin de leur construction, par leur

agencement, dont la manœuvre est d'une simplicité à la portée
du moins spécialiste des consommateurs, par l'élégance réfléchie
de leur aspect, et par les mérites de leur conception pratique.

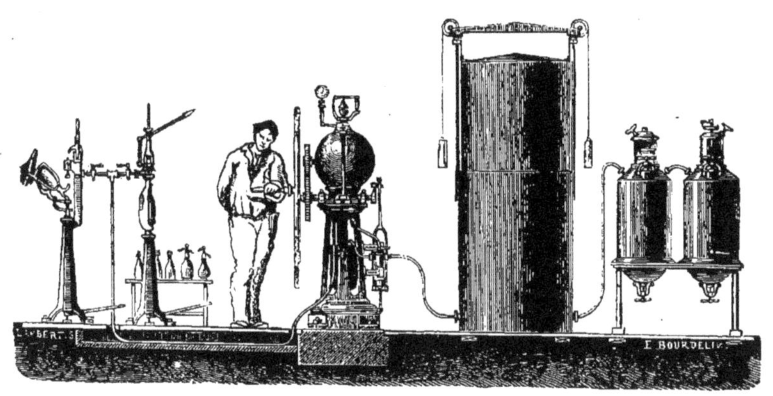

APPAREIL COMPLET FONCTIONNANT A BRAS

Le jury de l'Exposition lyonnaise a décerné à M. Hermann-
Lachapelle les plus hautes récompenses qu'il lui était possible
d'accorder. Ces distinctions, de date récente, venant grossir le
trésor des distinctions antérieures que cet important industriel a

depuis longtemps amassé, n'ajouteront rien à sa réputation, n'auront qu'une influence relative sur le chiffre de ses affaires qui se maintiennent à l'apogée et dépassent chaque jour en demandes le chiffre des constructions possibles en machines à vapeur verticales, en pompes à pistons plongeurs, en appareils à pression mécanique pour la fabrication des boissons gazeuses de toute espèce. Au double point de vue de l'amour-propre industriel et de l'intérêt matériel largement satisfaits, M. Hermann-Lachapelle n'a rien de plus à espérer.

Tous les corps savants, tous les comités spéciaux, tous les membres de tous les jurys se sont depuis longtemps prononcés sur le mérite et sur les avantages des travaux de M. Hermann-Lachapelle. C'est à l'état qu'il appartient désormais de donner à sa maison le couronnement logique qui lui est dû, et rien n'est plus juste que de prévoir qu'à prochaine occasion le brevet lui en sera délivré.

MM. BUFFAUD frères — *Chemin de Baraban* — LYON

Diplôme d'honneur, médailles d'or, d'argent et de bronze.

La maison de MM. Buffaud frères, qui vient d'obtenir un diplôme d'honneur, a fait certainement deux des plus belles installations qui se soient trouvées dans l'Exposition de Lyon, et nous n'en avons vu aucune autre disposée avec plus de goût, respirant un soin plus parfait et dont une tenue plus irréprochable put frapper l'œil du visiteur.

L'une de ces deux installations, comprise dans un carré long, parqueté de carreaux rouges vernis, entouré de cordelettes de soie, supportées par des pilastres en fonte, constituait un véritable sanctuaire, composé de machines nombreuses, d'un fini et d'une élégance de formes irréprochables.

TURBINES DE MM. BUFFAUD

La seconde se compose du moteur qui met en action les machines de la deuxième galerie.

Nous aurions trop à faire pour entrer dans le détail de l'exposition de MM. Buffaud, et pour expliquer les machines nombreuses qui constituent leur installation.

Nous nous bornerons à intercaler dans notre texte les dessins représentant la machine à vapeur à détente variable ; de la machine à vapeur verticale, transportable, des turbines centrifuges perfectionnées, qui représentent ces machines telles qu'elles sortent des ateliers de MM. Buffaud.

Ces messieurs fabriquent tout ce qui constitue la mécanique générale, et nous croyons devoir consacrer la place qui leur appartient dans *les Merveilles de l'Industrie*, à parler de leur maison, dont l'historique seul garantit mieux l'excellence des produits que ne saurait le faire un article détaillé.

Nous voulons cependant mentionner auparavant un canon exposé par MM. Buffaud frères, fait comme tout ce qui sort de la maison dont nous parlons, non point que ce canon ait un intérêt particulier, mais pour féliciter MM. Buffaud d'avoir compris les services que l'industrie privée peut rendre à l'Etat, et d'avoir mis cette idée en pratique pendant la guerre.

La maison Buffaud est une des plus anciennes de France. Elle a été fondée en 1830 par M. Buffaud père, à qui ses fils ont succédé en 1860. Elle était loin alors d'avoir l'importance qu'elle a acquise depuis, et n'occupait que de dix à quinze ouvriers, tandis que cent vingt à cent cinquante travaillent aujourd'hui dans ses ateliers, sans parler de ceux plus nombreux qui contribuent au dehors à l'exécution de ses travaux.

Si l'usine de MM. Buffaud frères, dont la superficie est de 7,850 mètres carrés, a pris dans si peu de temps un développement aussi considérable, c'est grâce évidemment aux soins extraordinaires qu'ils ont sans cesse apportés à tous les travaux qui leur ont été confiés, aux perfectionnements qu'ils n'ont cessé d'étudier et de réaliser, grâce enfin et surtout à un labeur incessant et à la surveillance la plus active.

M. Buffaud père s'occupait]spécialement de la construction des machines; ses fils se sont occupés de tout ce qui concerne la mécanique, se sont mis à fabriquer toutes les machines en général, et surtout les essoreuses et diverses autres machines et appareils qu'une étude minutieuse et une habileté pratique réelle leur a permis de perfectionner.

Les efforts de MM. Buffaud frères ont été couronnés de succès, et ils ont obtenu pour leurs machines à vapeur, pour les essoreuses à moteur direct, à courroie et à manivelles, enfin, pour les malaxeurs, huit premiers prix, dont cinq médailles d'or, trois médailles d'argent et un diplôme d'honneur de l'Académie nationale, dans les diverses expositions où ils ont concouru.

A côté de ces succès honorifiques, MM. Buffaud en ont eu un autre, le corrélatif des premiers, c'est de voir leur fabrication s'étendre au point d'arriver au chiffre d'un million d'affaires par an, à posséder un nombre considérable de clients en France et dans toute l'Europe, et à voir leurs produits passer les mers et aller s'établir en Amérique et jusqu'en Chine.

Ils sont arrivés en outre, grâce toujours à l'excellence de leurs produits, à n'être pas seulement les fournisseurs des maisons les plus importantes de la France et de l'étranger, mais des hôpitaux de Paris, Lyon, Roubaix, Turcoing, etc., de la literie militaire, de la blanchisserie, du *Crédit mobilier*, de l'établissement thermal de Vichy, de la manufacture impériale des draps de Constantinople, de la manufacture nationale des draps de Berne, de la blanchisserie royale de Florence, des manufactures françaises des tabacs, etc.

Ces résultats obtenus désignaient la maison Buffaud à l'attention du Jury et du gouvernement, de la façon la plus spéciale, et

RUFFAUD FRERES
LYON

nous espérons bien qu'une récompense, plus honorifique encore qu'un diplôme d'honneur, viendra les encourager et à de nouveaux travaux, à de nouveaux perfectionnements en faveur de l'industrie nationale.

MARESCHAL — *51, rue Grange-aux-Belles* — PARIS
MÉDAILLE D'ARGENT

Le Hachoir Mareschal consiste en une sébille ou bassin hémisphérique en fonte polie et étamée, dans laquelle on dépose les substances à hacher. On rabat ensuite, sur ce bassin ou sébille, une plaque en fonte étamée qui le recouvre à moitié, et à travers laquelle passent quatre lames de couteaux en forme de croissant, montées sur un axe horizontal.

Lorsque le Hachoir fonctionne, la sébille tourne sur elle-même, en même temps que l'axe qui porte les couteaux ; ceux-ci plongent, par la rotation, successivement, dans la sébille, et leurs pointes passent à 1 millimètre de la paroi intérieure, et sortent en traversant la plaque qui est fendue pour leur livrer passage.

Quand le hachage est terminé, on lève le châssis porte-couteaux et la plaque qui est à charnière ; la sébille étant ainsi complètement dégagée, on en retire le hachage.

Le Hachoir Mareschal présente de nombreux avantages ; l'espace nous manque pour les énumérer.

Disons seulement que son inventeur, suivant les besoins, en a construit de sept dimensions différentes, qui sont pour 50 kil. de viande, 25 kil., 14 kil., 7 kil., 4 kil., 1 kil. et un hecto.

Ce dernier est un petit meuble de salle à manger ; il est destiné à hacher de la viande pour un malade et à la minute.

Sa manière de fonctionner, très-simple, le met à la portée de tous, et la manière dont il est construit en rend l'entretien très-facile.

Mlle BLAISE — SIGNY-LE-PETIT (Ardennes)

MÉDAILLE D'OR

Les fours BLAISE, brévetés en France et à l'Etranger, pour la révivification du noir-animal, ont obtenu les distinctions les plus honorables à l'Exposition universelle de 1867, à celle du

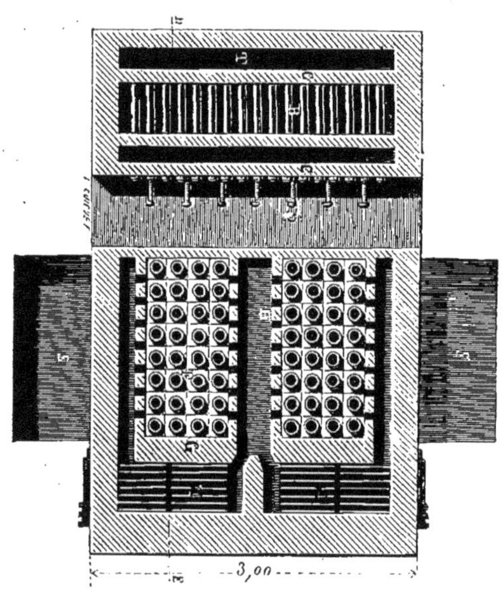

Havre, à celle de Beauvais, où ils ont eu un diplôme d'honneur. Ils réunissent tous les avantages, constatés d'ailleurs depuis des années par l'application industrielle dans un grand nombre de fabriques. Ils sont d'une construction très-simple et très-solide ; leur entretien est pour ainsi dire nul, et quand, par hasard, il y a une pièce à remplacer, n'importe laquelle, on peut faire cette opération sans toucher à la maçonnerie.

Il y a huit numéros qui peuvent révivifier, au minimum, suivant

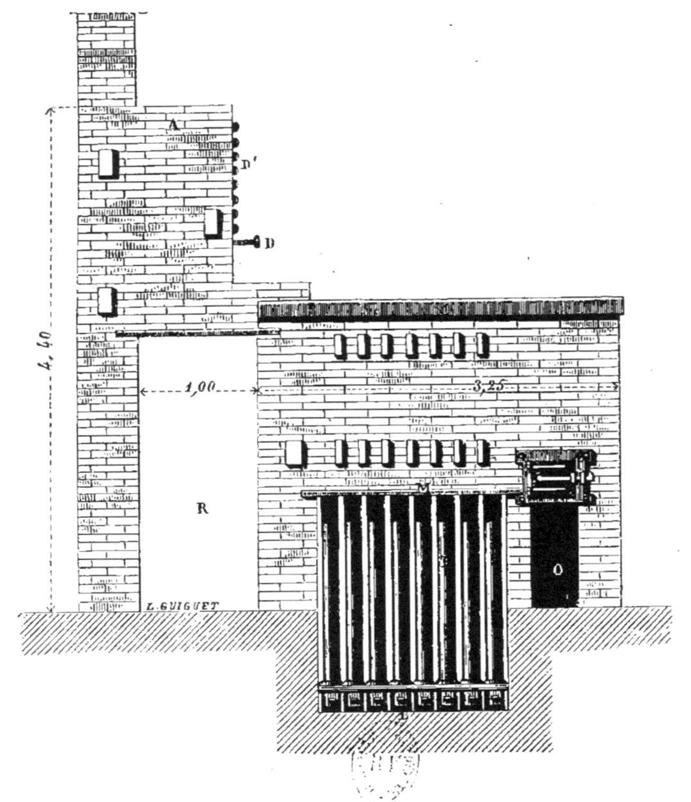
A
D'
D
4,40
1,00
3,25
R
O
L. GUIGUET

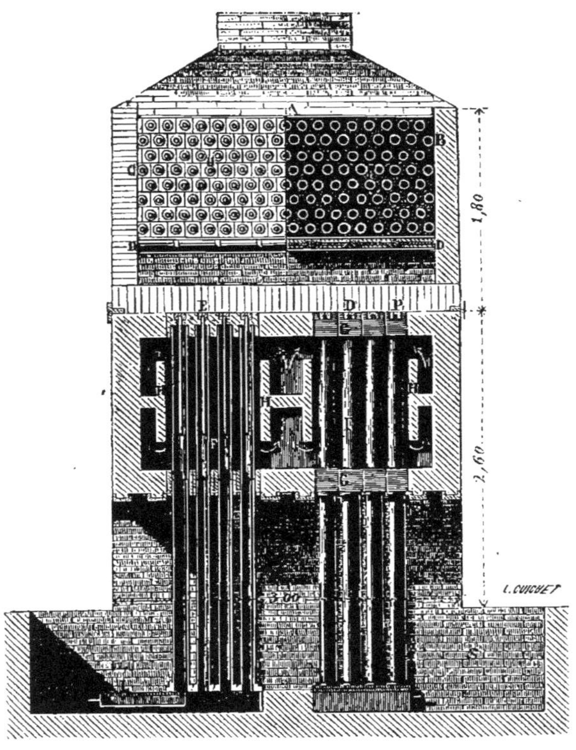
A
B
1,80
E
D
P
H
F
C
G
2,60
3,00
S
L. GUIGUET

les grandeurs : 34 hectolitres ; 51 h. ; 69 h. ; 86 h. ; 103 h. ; 120 h. ; 138 h. et 155 h. Ils occupent très-peu de place ; par conséquent, ils emploient peu de briques : 6,920 ordinaires et 1,528 réfractaires ordinaires pour le plus grand numéro. L'emplacement est de 1 m. 70 à 3 m. de larg. ; 3 m. 45 à 4 m. 40 du côté de la touraille, qui sèche le noir d'une manière parfaite par la chaleur perdue du four et sans aucun frais.

DELACQUIS ET POCAT — LYON

MÉDAILLE D'ARGENT

MM. Delacquis et Pocat ont leur usine à Lyon, cours de Brosses, 135. Ces messieurs sont mécaniciens-constructeurs. Ils ont une spécialité de broyeuses à chocolat, mélangeuses, rapes à cacao et bruloirs.

ROTTNER ET VILLARD — LYON

MÉDAILLE D'ARGENT

Madame Veuve Rottner a obtenu aussi une médaille d'argent. De ces ateliers de constructions, situés rue Boileau, sortent des appareils à vapeur en tous genres. Les appareils locomobiles constituent, pour cette maison, une spécialité qu'à su apprécier le jury.

———·‹›✕·‹›———

NOMS DES RÉCOMPENSÉS

DIPLOMES D'HONNEUR

Hermann-Lachapelle, de Paris. — Morane, Florentin, de Paris. — Buffaud frères, de Lyon.

MÉDAILLES D'OR

Mignon et Rouart, de Paris. — Debatiste, de Paris. — Mlle Blaise, de Signy-le-Petit. — Duvergier, de Lyon.

Rappel. — G. Hermann, de Paris.

MÉDAILLES D'ARGENT

Mondelot, de Paris. — Rottner et Villard, de Lyon. — Kaulek fils et Bassy, de Paris.

— Haffner, de Thann. — Mareschal, de Paris. — Castrogiovani, de Turin. — Corlieu, de Paris. — Gourdin, Vernhes, de Paris. — Delacquis, de Lyon. — Bréhier, de Paris. — Chapuis, de Paris. — Geoffroy, Gomez, de Toulouse.

Rappels. — Guéret, de Paris. — Beyer, de Paris. — Mesot, de Nancy. — Chenallier, de Paris. — Maldiné, de Paris.

Coopérative. — Quénon, de la maison Savalle et Cie de Paris.

MÉDAILLES DE BRONZE

Denis, de Paris. — Delaporte et Junca, de Paris. — Denet, de Paris. — Terasson, de Lyon. — Pissavy, de Lyon. — Randu, de Lyon. — Colombier, de Lyon. — Moulard, de Tours. — Cadish, d'Arras. — Finaz, de Genève. — Lesault, de Paris. — Viel, de Paris. — Durafort, de Paris. — Piel, de Paris. — Penant, de Paris. — Briez, d'Arras. — Rave, de Lyon.

MENTIONS HONORABLES

Imbert, de Marseille. — Malen, de Paris. — Aman Vigié, de Marseille. — Cucherat, de Tournon. — Frétaud, de Montataire (Oise). — Gros-Prunier, de Pouilly-en-Auxois (Côte-d'Or). — Chausson, de Paris. — Billan, de Lyon. — Bareis et Hachnel, de Colmar. — Bigard, de Lyon. — Trainard, de Lyon. — Emile-Jules Raspail de Paris.

SECTION XIX

Matériel agricole

CLASSE 43^e

Matériel agricole, procédés mécanique de l'agriculture.

CLASSE 60^e

Spécimens d'exploitations rurales et d'usines agricoles. — Plans de culture, assolements et aménagements agricoles. Matériel et travaux du génie agricole : desséchements, drainage, irrigations. Plans et modèles de bâtiments ruraux. — Outils, instruments, machines et appareils servant au labourage et autres façons données à la terre, à l'ensemencement et aux plantations, à la récolte, à la préparation et à la conservation des produits de la culture. — Matériel des charrois et des transports ruraux. Machines locomobiles et manéges. — Matières fertilisantes d'origine organique ou minérale. — Appareils pour l'étude physique et chimique des sols. — Plans de systèmes de reboisement, d'aménagements de culture des forêts. — Matériel des exploitations et des industries forestières. — Meules et pierres meulières.

COMPOSITION DU JURY

Président.
BARRAL .... Paris.

Secrétaire.
Docteur L. DE MARTIN .... Paris.

Membres.
Baron THÉNARD .... Paris.
JOURDAN .... Lyon.
DÉLOCRE .... Lyon.
GAUTHERIN .... Lyon.

FAVRET............. Lyon.
GRANDVOMNET..... Grignon.
Vte DE St-TRIVIER.... Paris.
BRUNET........... Marseille.
DENIS............. Lyon.
SAINT-ETIENNE..... Lyon.

Membres-Adjoints.
BATALHA (Reis) .... Lyon.
CHARPENTIER (Paul) Lyon.

M. FAVRET — PARIS

MEMBRE DU JURY

Qu'il nous soit permis de consacrer quelques lignes à notre ami, M. Favret, membre du jury dans cette section.

M. Favret est un ingénieur agricole des plus connus, et il avait été envoyé à Lyon par le ministère pour organiser la section de l'agriculture à l'Exposition. La direction s'est empressée de s'entourer de ses lumières et se l'est bien vite attaché comme secrétaire général.

Nous croyons que l'administration de l'Exposition n'a eu qu'à se louer de M. Favret, et que les services rendus par lui ont été nombreux.

Les exposants l'ont remercié de son empressement à leur rendre autant de services qu'il était en son pouvoir, en le nommant juré dans plusieurs sections, et en en faisant récemment leur délégué à l'Exposition de Vienne.

M. Favret était déjà, d'ailleurs, nommé par le ministère, délégué à la grande Exposition d'Autriche, et nous ne doutons pas qu'il ne trouve à Vienne, comme à Lyon, tous les éloges et toutes les sympathies.

WILLIAM SPRAGUE, *Sénateur* — PROVIDENCE (ÉTATS-UNIS)

MOT & WEAVER, *Représentants en France* — ROUEN

DIPLÔME D'HONNEUR

Voici une machine qui justifie l'audacieuse devise d'un peuple libre et par conséquent éclairé « *quà non ascendam?* » en effet l'Américain ose tenter l'impossible.

Prendre des fers, fontes et aciers en Angleterre, les transporter et payer 10 à 30 pour cent de douane en Amérique; y travailler ces matières par une main-d'œuvre mieux rétribuée que toute autre; transporter de nouveau le produit fabriqué; subir en France 21 fr. de droits contre l'Anglais qui en paie 6; livrer, port payé, chez le cultivateur, à l'essai, à 550 fr., une machine primée dans tous les concours; tandis que l'Anglais offre ses

machines rivales à 675 fr., livrables à Paris! Voilà ce que le sénateur SPRAGUE, de Providence, a osé; et ce que ses agents, MM. MOT et WEAVER, de Rouen, ont exécuté avec intelligence et vigueur, en répandant sur le territoire français 1,800 faucheuses; inconnus à la fin de l'hiver, ils monopolisaient tous les marchés de France dès l'ouverture du printemps et de l'Exposition de Lyon, où leurs rivaux n'ont osé ni les combattre, ni aspirer au partage des ventes et des honneurs.

Est-ce à dire que la Faucheuse SPRAGUE, surchargée de deux transports à travers l'Atlantique, d'une main-d'œuvre élevée, de deux tarifs de douane, plus des frais de port à domicile, perd de

l'argent à 550 francs ? Non, cela veut dire que l'agriculture française était soumise pieds et poings liés à la merci des constructeurs anglais qui, vendant des Faucheuses inférieures à la Sprague, bénéficient de l'écart entre 550 et 675, soit 125 fr., plus deux droits de douane; deux frets et port à domicile, encore 125 fr.; total 250.

MABILE FRÈRES — AMBOISE (Indre-et-Loire)
DIPLÔME D'HONNEUR

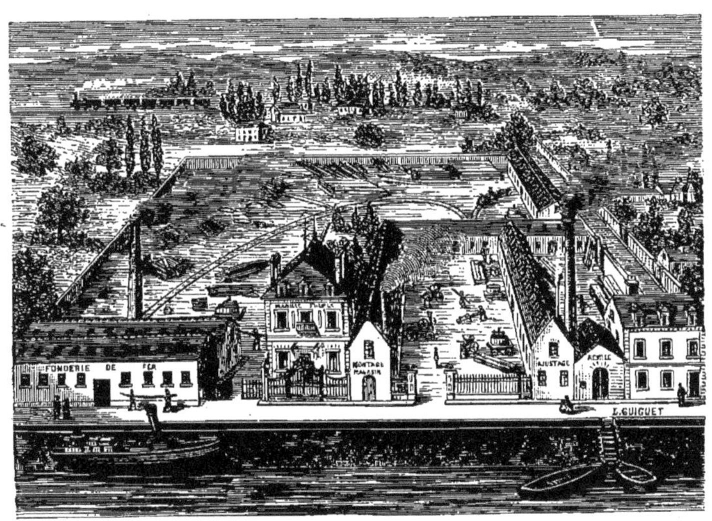

L'exposition de la Maison Mabile frères a été l'une des plus remarquée, et cela par les gens les plus compétents; on voit que le Jury a lui même consacré par son verdict cette appréciation générale.

La fabrique de cette grande Maison est située à Amboise (Indre-et-Loire), et par la gravure ci-dessus, on jugera de l'importance de la fabrication de ces constructeurs. Plus de dix mille pressoirs et trois mille cinq cents instruments ont été vendus à ce jour.

Cent-quatre médailles avaient déjà récompensé cette importante Maison, que l'on retrouve partout où l'on cherche des instruments *pratiques,* de *longue durée* et *ingénieux.*

PAVY — MÉZIÈRES (Indre-et-Loire)

MÉDAILLE D'ARGENT

Vers l'extrémité de la première galerie, un peu avant l'ascenseur, à gauche, se trouvait une construction en briques qui affectait la forme d'une tourelle et qui excitait l'attention de chacun. Cette construction était l'exposition de M. Emile PAVY, propriétaire-agriculteur du département de l'Indre. Il a inventé un systéme de conservation de grains qui est aussi simple que pratique et a été apprécié de tous les agriculteurs, comme du jury.

DEL FERDINAND — VIERZON

MÉDAILLE D'OR

M. DEL FERDINAND est un des exposants les plus primés de France et de Navarre. Son médailler est splendide de richesses honorifiques. Il n'y a rien d'étonnant. Cet industriel occupe un rang considérable parmi les constructeurs-mécaniciens.

Son casseur de pierres a été très-remarqué.

Ce nouveau genre d'instrument, appelé à rendre de très-grands services dans l'industrie, fonctionne à l'aide d'un moteur à vapeur ou d'une roue hydraulique; et il peut concasser, avec une force motrice de 6 chevaux, *quatre mètres* cubes de pierres en une heure de travail.

Ses batteuses sont très-pratiques et employées généralement par les grands agriculteurs. Ses locomobiles sont aussi très-connues pour leur économie et leur supériorité.

PRESSON — *Mécanicien breveté* — BOURGES (Cher)

MÉDAILLE D'ARGENT

M. Presson fabrique des machines pouvant répondre à tous les besoins de l'agriculture, telles que : *Tarares, trieurs, coupe-racines, hache-paille, manéges,* etc.

Nous appelons tout particuliérement l'attention des agriculteurs sur le trieur grand modèle inventé par M. Presson, et breveté.

Cet instrument se compose de deux compartiments réunis, marchant ensemble et qu'un enfant de dix ans peut faire fonctionner toute une journée sans se fatiguer.

Le premier cylindre, muni de grandes alvéoles, au nombre d'environ 13,000, sépare du blé, l'avoine, la folle avoine, l'orge, les aiguilles, enfin tous les corps étrangers dont la longueur dépasse celle du grain de froment.

Séparé des graines oblongues, le blé s'échappe du canal et tombe dans le deuxième cylindre, muni de petites alvéoles au nombre d'environ 27,000; ce second cylindre est destiné à enlever les graines rondes, telles que : vesces, vescerons, nielle, boursen noires, et enfin tous les objets dont le diamètre est plus ou moins gros que le blé.

Le blé s'échappe alors parfaitement pur et vient tomber dans le récipient destiné à le recevoir.

————————

NOMS DES RÉCOMPENSÉS

DIPLOMES D'HONNEUR

Aveling et Porter, de Londres. — Gerard, de Vierzon. — W. Sprague, de Providence (Etats-Unis). — Pavy, de Mézières. — Gaillard aîné, Petit et Halbout, de la Ferté-sous-Jouarre. — Moissenet (Jules), de Moires (Belgique). — Smith, James et fils, de Paris. — Mugniot, de Dijon. — Roger fils et Cie, de la Ferté-sous-Jouarre. — Mabille, d'Amboise. — Samain, de Blois. — Plissonnier, de Loisy, près Tournon.

MÉDAILLES D'OR

Bailly et Cⁱᵉ, de La Ferté-sous-Jouarre. —Dupety, Theury, Guevin, Bouchon et Cⁱᵉ, de la Ferté-sous-Jouarre. — Del Ferdinand, de Vierzon. — Tillard, Meunier et Bouchage, de Lyon. — Michaux, de Bonnières. — Demouilles, de Toulouse. — Dufour, de Dijon. — Demeaux, de Toulouse. — Delahaye, de Liancourt. — Louet frères, d'Issoudun. — Corbin, Henri, de Paris. — Paupier, Léonard, de Paris. — Gaulay, Charles, de Paris. — Marchand, de Tours. — Mauduit, de La Châtre. — Bonis, Eugène, de Marseille. — Lhuilier, de Dijon.

MÉDAILLES D'ARGENT

Charlas, de Lyon.—Messager, d'Auxerre. Mathian, de Lyon. — Terrel des Chênes, de Villié-Morgon. — Nagel, de Lyon. — Ray Pall, de Saint-Etienne. — Bresson, de Bourges. — Corroy, de Rousseau, par Neufchâteau. — Maurel, de Marseille. — Roland Lodier, de Lyon. — Fontenaille, de Villefranche. —Béziat, de Lyon. — Touronnias, de Lyon. — Fauqueux de La Ferté-sous-Jouarre. — Doin, de Chalon-sur-Saône. — Chassaing-Peyrot, de Domme. — Rose, de Poissy. — Gaillod, de Pommard. — Hignette, de Paris. — Prat, de Saintes. — Frühinsholz, de Schlitigheim. — Vuberod, de Dijon. — P. François, de Vitry-le-Français. — Lefebvre, de Triéchateau. — Renaut, Goin, de Saint-Maur. — Auber, de La Vilette. — Gonnard, de Pont-de-Veyle. — Paulve, Millot, de Troyes. — Samuel et Peirusset, de Paris. — Moreau, Chaumier, de Tours. — Luc et Chauvin, de Paris. — Le Breton, de Paris. — Lieutel Jacotot, de Dijon. — Fayet, d'Oran (Algérie). — Roussel, de Rosières. — Mongeot, de Sidi-bel-Abbès (Oran). — Pesant, de Maubeuge. — L. Dornon, de Lyon. — Frey (Eugène), de Ronzel. — Charmet, de l'Arbresle. — Dangreville-Cherrond et Valard, de la Ferté-sous-Jouarre. — Grilleux, de Segri, (Maine-et-Loire).

Coopératives. — Merlin, chez M. Gérou. — Luillier, maison Gérard. — Voilhard, maison Gérard.

MÉDAILLES DE BRONZE

Castié-Talma, de Lésignan (Aude). — Vigouroux, de Nimes. — Giraud, de Lyon. — Marmonier, de Lyon. — Meunier, de Lyon. — Charton-Rey, de Nuits (Côte d'Or). — Angrot, de Bel-Air (Mâcon). — Esprit, de Lyon. — Hermann-Lachapelle, de Paris. — Henry Fleury, de La Ferté-sous-Jouarre. — Perrier, de Nîmes. — Thibaudier, de Lyon. — Rollet-Lebeau, de Saint-Germain-Mont-d'Or. —Ducroquet, de Bumigni. — Robert, de Montmeyran. — Morel, de Lyon-Vaise. —Lieutel, de Dijon. — Mesnet, de Cinq-Mars. — Schneider-Nusperly (Suisse). — Arthus, de Domme. — Buffaud frères. de Lyon.

Coopérative. —Benjamin, chez M. Gérard, Vierzon.

MENTIONS HONORABLES

Cucherat, de Tournon. — Chirouze, de Tournon. — Frangin, de Lyon. —Dardenne-Couture, de Chimay. — Brisgant, de Cinq-Mars. — Sarrazin, de Palinges. — Lepetit, de Dijon. — Dubois-Gérard, de Sergine (Yonne). — Grandjean, de Lyon. — Berger, de Lyon. —L'Abbé Moulin, de St-Andéol-le-Château, près Givors. — Garnier, de Nyons. — Guttin, de Romans. — Girardin, d'Etampes. —Aurange, de Privas. — J. Gérard. —Constantin, de Bruxelles. —Charbonnier, de Lyon. — Dassonville, de Namur (Belgique). — Cortial-Vasseyre, de St-Paulien. — Chambard, de Villeurbanne. — Moncel, de Charbonnières (Rhône). —Chapperon, de Communey (Isère). — Nicolas. — Luizet, d'Ecully (Rhône).

SECTION XX

Industrie des Tissus

CLASSE 44e
Matériel et procédés de l'industrie des tissus (soie non comprise), du filage et de la corderie, du tissage, etc.

COMPOSITION DU JURY

Président.
BURDET................ Lyon.
Secrétaire.
COINT-BAVAROT........ Lyon.

Membres.
AUDIBERT.
SOUTON.

NOMS DES RÉCOMPENSÉS

MÉDAILLES D'ARGENT

Martinot, de Sédan. — Sthelin, de Thann. — Carue.

MÉDAILLES DE BRONZE

Mage aîné, de Lyon. — Hortmans, de Liége. — Bailly, de Pont-de l'Arche. — Repelin Corréard.

MENTIONS HONORABLES

Dupont Hénos. — Le marquis de Berthier.

SECTION XXI

Machines à coudre

<table>
<tr>
<td>

CLASSE 45ᵉ
Matériel et procédés de la couture et de la confection des vêtements. — Machines

</td>
<td>

à coudre, à piquer, à ourler, à broder ou à découper les étoffes et les cuirs, machines à clouer, à visser les chaussures.

</td>
</tr>
</table>

COMPOSITION DU JURY

Président.	*Membres.*
CAUSSADE............ Paris.	PINET .... Paris.
Secrétaire.	BURDET................. Lyon.
De MARNYHAC....... Londres.	

Si l'Exposition a possédé certaines parties faibles dans ses détails, si quelques galeries n'étaient pas entièrement garnies, et si dans quelques endroits les arrangements ne se trouvaient pas toujours disposés avec un goût irréprochable, il n'en est pas moins incontestable que, dans son ensemble, l'œuvre était admirable et que certaines industries surtout s'y trouvaient représentées d'une façon absolument complète.

Qui n'a admiré, par exemple, la partie réservée aux machines à coudre? Il semble que jamais on ne pourra obtenir, dans aucune exposition, un résultat plus complet, et je n'ai pas besoin de dire que jamais aussi, pas plus à Londres qu'à Paris, on n'avait vu ainsi réunis, tous les produits de cette industrie si variée dans ses applications.

Pour avoir voulu être complète dans ce qu'il y a de plus absolu, il en a même surgi une petite querelle de *couturière*, entre deux nationalités également jalouses d'avoir donné le jour à l'homme qui, le premier, inventa le systême de la machine à coudre. Mais, si vous le permettez, nous n'entrerons pas dans la discussion, si ce n'est pour rendre hommage, aussi bien à cet américain intelligent et chercheur infatigable qui se nomme Elias Howe, qu'à ce modeste Thimonnier qui, chercheur lui aussi, mais malheureux et méconnu, n'a pu, de son vivant, être estimé à la hauteur de son mérite et à qui cependant le jury a tenu de rendre un hommage éclatant.

Nous le répétons, cette exposition de machines était disposée admirablement; tous les systèmes s'y trouvaient représentés et il est bien difficile de ne pas donner à chacun personnellement les éloges qu'il mérite. Mais nous devons nous borner et nous signalerons seulement à l'attention d'une façon plus spéciale, les quelques maisons dont les produits nous ont frappé davantage.

Élias HOWE — PARIS

G^D DIPLÔME D'HONNEUR

COMP^{ie} AMÉRICAINE

DE MACHINES A COUDRE

Les gens *prétentieux, incapables* mais... *poseurs* se plaisent à répéter à chaque instant cette phrase consacrée :

« Les Américains sont les premiers *puffistes* du monde : ils
« savent si bien se servir de la réclame qu'ils arrivent à vendre
« comme délicieux ses produits, sinon toujours exécrables, du
« moins ordinaires et même inférieurs. »

Cela dit, on se paie un petit éreintement à l'adresse de telle ou telle maison. Aucun n'est garanti contre ces maudites langues.

Aussi pour la Compagnie Howe éviterons-nous de lui rendre un mauvais service, ce que nous serions désolés de faire. Point de détails, intéressants sans doute, mais oisifs.

Nous nous retrancherons simplement, derrière la décision même du jury qui en dit plus haut que nul ne saurait le faire :

Seul diplôme d'honneur !

Ensuite, nous donnerons le type de la vraie machine Elias Howe afin que l'acheteur qui veut acquérir le modèle exclusif à cette maison, la connaisse bien.

Enfin, la marque de fabrique que doit porter chacune de ces machines ; au point de vue pratique, ces trois renseignements nous paraissent seuls *utiles* à signaler, et on voit que l'on ne saurait le dire plus simplement.

Au point de vue artistique, qu'on nous permette seulement de féliciter le goût exquis qu'avait mis

M. Ingold, le représentant de cette maison à Lyon, dans l'arrangement de l'exhibition des machines à coudre.

Nous donnons ce trophée en illustration au commencement de notre ouvrage. Jamais l'on n'avait songé à disposer ainsi dans une exposition des machines à coudre, et bien certainement ce mode fera école. Nous joignons encore une *vue* de l'usine principale de la Compagnie Howe à Bridgeport ; on devine dans ces immenses constructions un monde de travailleurs.

Décidément la Compagnie Howe est trop au-dessus des cancans pour même avoir à s'en préoccuper !

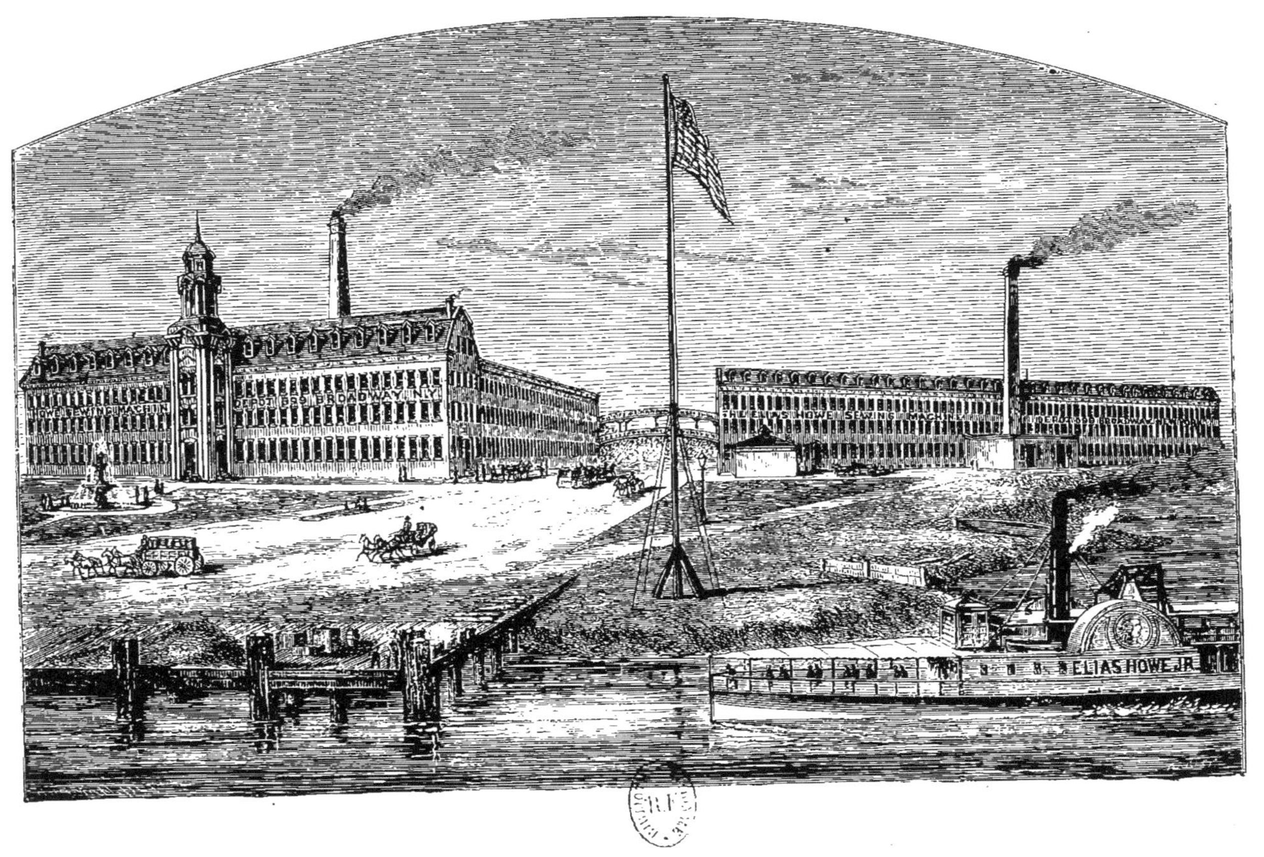
HOWE SEWING MACHINE
DEPOT 699 BROADWAY N.Y.
THE ELIAS HOWE SEWING MACHINE
ELIAS HOWE JR

THE SINGER MANUFACTURING AND C°

Le nom seul de la Compagnie SINGER pourrait suffire, sans commentaires; car il n'est pas un coin du monde habité, depuis les confins les plus éloignés de la Laponie, jusqu'à la pointe extrême de la Terre-de-Feu ou de l'île de Ceylan, où l'on ne puisse rencontrer la machine Singer, douce et docile compagne de quelque ouvrière à la peau blanche,

ou rouge, ou noire, ou jaune.

A cette heure, plus de onze cent mille machines Singer travaillent dans le monde entier; le chiffre de vente de la Compagnie, dans la seule année 1872, a dépassé 230,000

machines. Qu'on nous permette, pour rendre ces chiffres sensibles,

d'emprunter à un publiciste Anglais (*North Herald*, février 1872) les images suivantes :

« Supposons, dit-il, la machine de famille, la plus petite de celles de la Cie Singer; eh bien ! 230,000 de ces machines pèsent

7,200 tonnes (plus de sept millions de kilogrammes). Supposons les mêmes machines, placées à terre l'une contre l'autre, sur une seule ligne, elles formeraient une longueur de 150 kilomètres (distance de Lyon à Beaune, ou de Paris à Auxerre). »

Supposons, ajouterons-nous, toutes les machines fabriquées jusqu'à ce jour par la Compagnie, superposées et formant une seule colonne ; cette colonne dépasserait 800,000 mètres (deux cents fois la hauteur du Mont-Blanc).

A l'Exposition de Lyon, la Compagnie Singer, à peine débarquée en France, a occupé une place d'honneur. Aucune dame n'a dépassé son riche pavillon, sans jeter un regard d'envie sur les travaux splendides qui y étaient étalés ; aucun mécanicien ne s'est lassé d'y contempler le travail prodigieux de la machine à boutonnières ; le promeneur le plus distrait a été frappé et touché à la fois du spectacle si instructif de la jeune fille aveugle travaillant à la machine Singer. Il nous revient en mémoire une petite scène dont nous fûmes témoins, au jour de l'inauguration. Lorsque M. Victor Lefranc, dans la rapide visite qu'il fit aux vitrines, arriva à la section des machines à coudre, il marcha droit au pavillon de la Cie Singer; le ministre s'arrêta silencieux et attendri devant la pauvre et douce enfant. — « Monsieur le Ministre, lui dit alors une jeune mécanicienne, visiblement troublée par cette illustre présence, voici une jeune aveugle qui, malgré son infirmité, travaille à la machine à coudre. » — J'ai de bonnes raisons pour m'intéresser aux jeunes aveugles, murmura mélancoliquement l'homme d'Etat qui, chacun le sait, a le malheur de ne posséder qu'un œil.

Il ne nous appartient pas d'exprimer une opinion sur les machines à coudre de la Cie Singer, nous ne serions que l'écho affaibli des millions de personnes qui la célèbrent chaque jour par leur travail. Mais nous ne pouvons nous dispenser, à une époque où la question sociale inquiète tous les esprits, et où le soin des

classes laborieuses devient la condition première de toute
solution politique, de remercier la Cie Singer pour le service
éminent qu'elle a rendu aux ouvrières économes et méritantes. Ce
système de location, qu'elle a créé avec un si grand succès en
Angleterre et en France, n'est pas seulement une découverte
ingénieuse, c'est par dessus tout une grande et utile action.

BRADBURY & Cie — OLDHAM (ANGLETERRE)

MÉDAILLE D'OR

Quelque temps avant la clôture de l'Exposition, M. Mocket,
représentant de la maison Bradbury, nous pria de consacrer quelques instants à visiter son exposition. Nous avions l'avantage de
connaître M. Mocket et lui avions promis plusieurs fois notre
visite. Nous gravîmes donc la marche, moelleusement tapissée,
qui donnait accès dans son exposition.

Nous ne savons si l'effet à produire avait été étudié, mais, en
tout cas, nous constatons que nous avons été surpris de voir ces
machines fonctionner; la machine appelée *Belgravia,* par exemple,
fait, en outre de tous les ouvrages ordinaires, une broderie de
huit couleurs à la fois. Cette machine, à elle seule, produit le
résultat de quatre machines différentes. C'est inouï! comme il
doit être facile d'être paresseux avec cet appareil, pour qui se
contente de faire le travail *ordinaire* avec une telle couseuse.

Plus loin, nous voyons un *Tailleur pratique.* Cette machine a
double griffe, dessous et dessus, et peut coudre deux morceaux
d'étoffe d'une façon égale. On peut à volonté froncer un des deux
morceaux. A côté, la machine *polytype* ou *élastique,* spécialement
inventée pour la cordonnerie. Mue à bras par un entraînement
venant d'en haut, elle peut, en outre, renouveler les élastiques
dans les vieilles bottines. Nous ne parlons pas des machines ordi
naires qui pullulent. Quand on a créé les trois machines que

nous venons de nommer, on peut très-bien s'appliquer le dicton, vrai en cette circonstance : *Qui peut le plus, peut le moins.*

WHEELER & WILSON  **WHEELER & WILSON**

Machines à vapeur américaines   Machines à vapeur américaines

SEELING — *91, rue de l'Hôtel-de-Ville* — LYON

Ne laissons pas inaperçue la belle installation des machines Wheeler et Wilson, si entourée et si admirée pendant toute l'Exposition.

Ces machines sont les plus douces, les plus simples, les plus rapides et les plus complètes parmi les machines à navette.

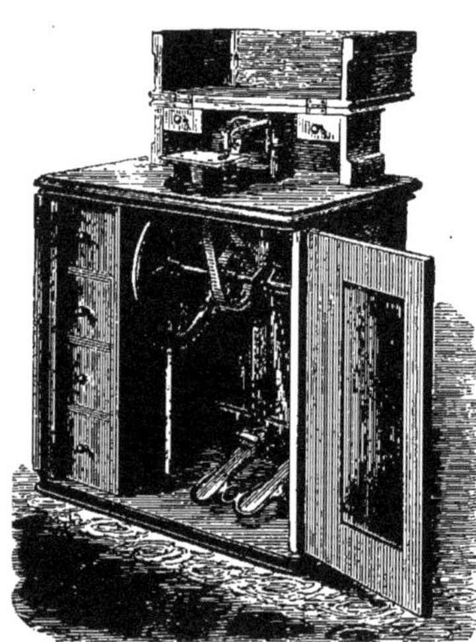

Le jury de 1867 a dit d'elles : « Qu'il considère la machine Whee ler et Wilson comme *la plus simple*; elle est construite suivant les règles de la bonne mécanique et *dans les meilleures conditions.*

« .... Elles « fonctionnent *sans vibration et sans bruit.* Il faut, du reste, « que les fabricants soient bien sûrs de l'excellence de leurs « produits, puisqu'ils garantissent leurs machines pendant cinq « ans, non-seulement contre tout vice de construction, mais « encore contre l'usure et tous frais de réparations. » Ce rapport est, on le voit bien, à l'honneur d'une telle maison.

Toutes les machines appelées ''*Silencieuses*'' ne sont que des imitations de la machine W et W.

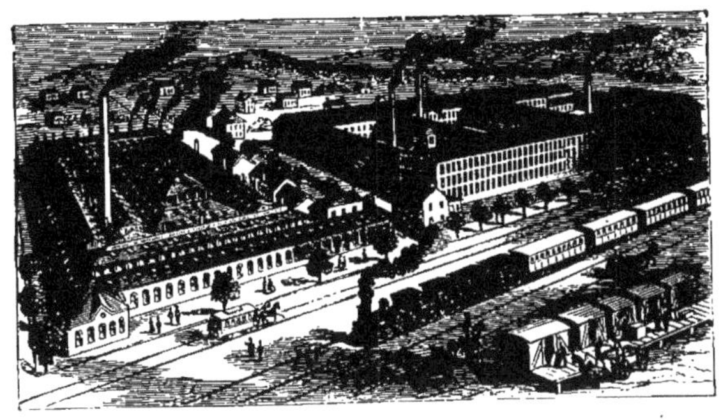

La maison Wheeler et Wilson n'a pas concouru à l'Exposition de Lyon.

BAYLIS and SONS — REDDISCH (Angleterre).

MÉDAILLE DE BRONZE

Tout le monde a acheté, à l'Exposition de Lyon, une de ces gracieuses boîtes de formes différentes aux dessins aussi gracieux que variés, qui contenaient les aiguilles Baylis et Sons.

C'était un souvenir bon marché à apporter à une ménagère, un cadeau gracieux à faire à une jeune fille, aussi les paysans comme les étrangers accourus à l'Exposition se sont faits volontiers les tributaires de MM. Baylis et Sons.

D'ailleurs, la qualité hors ligne de ces aiguilles n'a pas tardé à être démontrée, et aujourd'hui ce produit s'est implanté à Lyon où il jouit d'une vogue complète. Il est un des seuls qui, vendus à l'Exposition, lui ait survécu et que l'on trouve aujourd'hui dans tous les magasins de la ville.

Honneur, en conséquence, aux fabricants anglais qui ont su mettre dans une enveloppe aussi attrayante qu'industrieuse, un produit utile et bon.

THIMONNIER — *Inventeur de la machine à coudre* — LYONNAIS

DIPLÔME D'HONNEUR

Nous ne devons pas terminer ce chapitre, où il est question d'une invention de ce siècle, qui a rendu d'aussi importants services, sans parler d'une gloire lyonnaise jusqu'à ce jour aussi inconnue que fut humble celui qui la mérita.

Nous avons nommé Thimonnier qui, longtemps avant Elias Howe, fabriqua une machine à coudre. Ses moyens trop limités, et la routine dans laquelle vit, et dans laquelle vivra bien des années encore notre beau pays, l'a empêché de la produire.

Thimonnier a obtenu du jury de l'Exposition de Lyon, un diplôme d'honneur spécial, dont nous reproduisons le texte :

« La Société des sciences industrielles (Lyon) a ajouté à l'intérêt offert déjà par cette belle galerie, en exposant les machines inventées par Thimonnier. Ces précieux appareils, premier germe d'une innovation qui devait jouer un rôle si important dans l'industrie de la couture, appartiennent à l'histoire du travail et se trouveraient mieux à leur place dans la section de l'enseignement ; néanmoins, le jury se félicite d'avoir trouvé l'occasion de rendre hommage à une gloire aussi grande que modeste et de reconnaître que Thimonnier fut le premier à coudre des vêtements au point de chaînette, en adaptant un crochet vertical à une table horizontale.

« Le jury demande qu'il soit spécialement créé un *grand diplôme d'honneur* en faveur du nom de Thimonnier et décerné à sa mémoire.

« Signé : J. Caussade, Burdet, J. de Marnyhac, F. Pinet. »

La gloire de Thimonnier n'ôte rien à celle d'Elias Howe, inventeur aussi, mais possesseur de moyens d'action plus considérables.

DIPLOME D'HONNEUR

Elias Howe.

MÉDAILLES D'OR

The Singer manufacturing and C°. — Constant Peugeot, d'Audincourt. — Bradbury et C°, d'Oldham. — Marc Klotz, de Paris.

Rappel. — Pollack, Schmidt et C°, de Paris.

MÉDAILLES D'ARGENT

Heurékssen, de Copenhague. — Neveux frères, de Paris. — Pusin, de Condrieu. — Milward, and Sons (Angleterre). — Société générale des machines à coudre, de Paris. — Turner, de Birmingham. — Nardy, de Marseille.

Coopérative. — Ahne, maison Peugeot, de Lyon. — Sugden Robert, chez Bradbury. — Woodruf (maison Singer). — Rousset (maison Elias Howe). — Costal (maison Peugeot). — Pouillieu (maison Pollack). — Guyot (maison Alminana). — Anderson (maison Singer).

MÉDAILLES DE BRONZE

Jugla, de Paris. — Alminana et Sarkissian. — Dally, de Lyon. — Shilingford, de Londres. — Cabourg, de Paris. — Woodfield (Angleterre). — Newton-Wilson, de Londres. — Baylis et Sons, de Reddisch. — Guillot Sylvestre, de Romans (Drôme). — Mays (Angleterre). — Alwood (Angleterre.) — Avery et Sons. — Train, de Paris. — Rallitte, de Roanne.

MENTIONS HONORABLES

Sabot, de Saint-Étienne. — Bost, de Lyon. — Giessner, de Lyon. — Kientz (Isère) — Millward.

SECTION XXII

Génie civil

CLASSE 46ᵉ

Matériel et procédés de génie civil des travaux publics et d'architecture. — Matériaux de construction. — Matériel des travaux de terrassement, serrurerie fine, matériel et engins de travaux de fondation, matériel et appareils servant aux distributions d'eau et de gaz. — Coffres-forts. — Modèles, plans, dessins des travaux publics ou particuliers, machines et procédés de la construction des objets de mobilier et d'habitation. — Machines à débiter, à découper, à chantourner les bois, à faire les moulures, les parquets et les meubles, à scier, à polir, les pièces dures, les marbres et les matières employées dans la construction, l'ameublement ou l'ornementation des habitations, à estamper, à ambourbir.

Plans types ou spécimens de cités ouvrières, ou d'habitations, proposés pour les ouvriers et caractérisés par le bon marché unis aux conditions d'hygiène et de bien-être.

COMPOSITION DU JURY

Président.

AYNARD .... Lyon.

Secrétaire.

GOBAIN .... Lyon.

Membres.

BELLEMAIN .... Lyon.
BERNARD.............. Lyon.
BONNET-FICHET.......... Paris.
BRESSON............... Lyon.
DESJARDINS .... Lyon.

COIGNET FILS — PARIS ET LYON

DIPLÔME D'HONNEUR

Nous n'entendons en aucune façon faire une étude des produits exposés par cette maison. Devant la multiplicité des découvertes ou des applications de MM. COIGNET, nous restons émerveillés; mais, à notre honte, nous reconnaissons que, pour les apprécier comme elles le méritent, nous serions au-dessous d'une telle tâche.

Qu'on nous permette seulement de nous servir de notre mémoire et de citer, par ordre de date, les travaux de ces industriels, qui forment les plus beaux états de service que nous connaissions.

En 1818. — Fondation de la maison, par M. A. DUPASQUIER. — Nouvelle fabrication de la Gélatine.

1822. — Société DUPASQUIER et COIGNET. — Colle forte.

1823. — Noir animal.

1834. — Ammoniaque liquide.

1837. — Phosphore.

1838. — Invention du four à flamme renversée.

1838-1846. — Perfectionnements. — Colles fortes et Gélatines.

1846. — Mort de Coignet Père. — François s'associe avec
     ses frères Stéphane et Louis Coignet.

1851. — Création, à Paris, de l'Usine Saint-Denis, par
     François Coignet. — Première application du
     mortier de cendres de houille.

1852. — Calorifère à flamme renversée.

1854. — Bétons agglomérés inventés par François.

1855. — La maison Coignet reçoit une médaille d'argent et
     une médaille de bronze.

1856. — Phosphore amorphe.

1857. — Allumettes hygiéniques de santé au phosphore
     amorphe.

1857-1862. — La maison reçoit des médailles d'or, d'argent et
     des diplômes, dans diverses Expositions.

1861. — Fondation de la Société François Coignet, ses
     Frères et Cie, pour l'exploitation des Bétons
     agglomérés.

1862. — Quatre prix à l'Exposition de Londres.

1865. — Silos en Bétons, pour la conservation des blés.

1868. — Aqueduc de la Vanne (60 kilom. de longueur).

1869-1870. — Chaux hydraulique, lourde et légère. — Ciment
     lourd. — Dans l'Usine à chaux de Scilley, à
     Clairvaux (Aube).

Enfin, en 1872, *Engrais torrifiés.* — Nouveau produit présenté
à l'Exposition de Lyon.

M. François Coignet reçoit la décoration de la Légion -
d'Honneur !

CHAMEROY — *rue de Constantinople, 31* — PARIS

MÉDAILLE D'OR

On sait de quelle importance étaient, pour l'Exposition, les eaux
et le gaz et les installations qu'ont nécessitées leur établissement.

C'est M. CHAMEROY fils, de Paris, qui a bien voulu fournir, à cet effet, les conduits nécessaires, et les personnes qui ont vu l'Exposition se font facilement une idée de l'importance qu'a dû avoir cette fourniture.

Le palais, en effet, avait 1200 mètres de longueur, et tout le long devaient courir l'eau et le gaz. Le gaz, en outre, devait être fourni à tous les becs que l'administration a dû installer dans le parc pour l'éclairer, c'est-à-dire que les conduits ont dû le sillonner dans toutes les directions.

M. RYLSKI, l'ingénieur en chef de l'Exposition, qui a installé un service, n'a jamais eu qu'à se louer du fonctionnement des produits fournis par M. CHAMEROY.

M. CHAMEROY est, d'ailleurs, le fournisseur de la marine et de la Compagnie parisienne du gaz; il a eu le premier prix Monthyon en 1845, et de nombreuses médailles à différentes expositions.

Sa fabrication brevetée de tuyaux en tôle plombée et bitumée à joints précis pour conduits d'eau, gaz et vapeur, est éprouvée et reconnue supérieure.

AVRIL — MONTCHANIN

MÉDAILLE D'OR

L'Etablissement dont nous nous occupons est sans rival en Europe pour la fabrication des tuiles. Sa production annuelle est de *20 millions de tuiles, carreaux briques!*

Qualité supérieure de l'argile employée; Perfection des moyens de fabrication, de l'emboîtement et des modèles; Herméticité, Régularité, Etanchéité, Couleur corail toujours nette et vive, Faible pente, Légèreté de la charpente, de la maçonnerie, Réduction de la surface à couvrir : Tels sont les avantages qui caractérisent la *Tuile de Montchanin,* justifient son succès sans cesse croissant, et en font la Couverture élégante, confortable et économique par excellence.

CAVELLIER — *10, rue d'Algérie, 10* — LYON
MÉDAILLE D'ARGENT

L'entourage de croix en fer forgé exposé par M. Cavellier, représentant à Lyon de la maison Fichet, a été très remarqué.

Ce spécimen de travail en fer forgé, destiné à la tombe d'un officier et représentant dans ses dessins les emblèmes militaires, est réellement merveilleux et artistique autant qu'il est possible.

M. Cavellier a prouvé que l'art de la serrurerie, si étendu au moyen-âge, existait toujours et que l'on peut exécuter encore aujourd'hui, avec le fer forgé seul, les plus remarquables travaux.

NOMS DES RÉCOMPENSÉS

DIPLOMES D'HONNEUR

A. Savy, de Paris.—Coignet fils, de Paris et de Lyon.

MÉDAILLES D'OR

Traverse, de Lyon. — Chameroy fils, de Paris. — Mora, de Lyon.— Boch frères, de Maubeuge. — Avril, de Montchanin. — Tasson, de Paris. — Adeline , de Paris. — Mines.

MÉDAILLES D'ARGENT

Joret et Cᵢᵉ. — Sallesse. — Haffner. — Dolune et Cᵢᵉ. — Delong et Cᵢᵉ. — Boulanger. — Pont-Ollion. — Chrétien. — Jomain et Sarton. —Lauzun.— Vaillant, Ferté et Laour. — Nicolas. — Selva père et fils. —Blumer Rabatel. —Cavellier.— Duret. — Euler. — Clément. — Tranchant. — Carvin.

MÉDAILLES DE BRONZE

Defontaine. —Perrusson. —Fayard, Giraud.—L'Association générale des ouvriers marbriers. —Aurran. — Bogey et Boige. — Chollet.— Boivin. —Corcelet Jouguet. — Magaud Charf. — Debernnardy. — Zeller frères. —Bonhomme. —Saunier. — Soullier et Brunot. —Goudonin. — Simons et Cᵢᵉ. — Ménard, Letacq. —Desfeux. — Anderson. — Augert et Rolf.— Letacq. — Chosson.

MENTIONS HONORABLES

Le bataillon des sapeurs-pompiers de Lyon, pour l'importation de l'échelle de sauvetage inventée par M. Porto Paolo, de Milan. —Branchu. — Bocquet. — Billet et Cᵢᵉ. — Dumont. — Challier. — Viossat. — Fournier frères. — Berger. —Mazzioli et del Turco. —Bontoux. —Eterlin. —Buisson. —Bonnet. —Lespinasse. —Chatel. — Demange. —Fourgeau. — Ferrand. —Gondran. —Gautier. — Humbert et Noel. — Assereto. —Drevet et Christin. — Wingerter. —La compagnie des forges de Montataire. —Serpolet.

SECTION XXIII

Matériel pour la Papeterie et l'Imprimerie.
Travaux manuels

CLASSE 47ᵉ

Matériel et procédés de la papeterie, des teintures et des impressions. — Matériel d'impression de papiers peints et des tissus, du blanchissement, de la teinture et de l'apprêt des papiers et des tissus, de la fabrication du papier à l'étuve et à la machine. — Appareils pour gaufrer, régler, glacer, moirer, découper, rogner, timbrer les papiers. — Matériel, appareils et produits des fonderies en caractères, clichés. — Machines et appareils employés dans la typographie, la stéréotypie, la galvanoplastie, l'impression en taille douce, l'autographie, la lithographie, la chaléographie, la paniconographie, la chromolithographie, etc.

CLASSE 48ᵉ

Produits de toutes sortes fabriqués sur place par des ouvriers chefs de métiers travaillant à leur propre compte, soit seuls, soit avec le concours de leur famille ou d'apprentis. — Instruments et procédés fonctionnant sous les yeux du public, et qui sont plus spécialement adaptés aux convenances du travail exécuté en famille au foyer domestique. — Travaux manuels où se manifestent, avec un caractère particulier d'excellence, la dextérité, l'intelligence ou le goût de l'ouvrier.

COMPOSITION DU JURY

Président.
SÉGUIN.

Membres.
KLEBER................ Rives.

VERONNET .... Lyon.
GANTILLON .... Lyon.
MARNAS .... Lyon.

NOMS DES RÉCOMPENSÉS

MÉDAILLES D'OR

Jouffray ainé et fils, de Vienne. — Legat, de Paris. — Magnand, de Paris. — Coopers Molard, de Paris.

MÉDAILLES D'ARGENT

Orioli-Escoffier. — Duvergier, de Lyon. — Gabert frères. — Ducommun et Cⁱᵉ, de Mulhouse. — Brisset. — Balech. — Binet. — Schmautz. — Buffaud.

MÉDAILLES DE BRONZE

Poirier. — Vincent. — Claris père et fils. — Routier-Peignot. — Cayssac.

MENTIONS HONORABLES

J. Decoudun et Cⁱᵉ. — Charrier et Cⁱᵉ. — Kosmann. — Delacroix.

SECTION XXIV

Matériel de locomotion

CLASSE 49^e
Modèles divers de locomotion par terre ou par eau. — Matériel des chemins de fer, dessins et spécimens, carosserie et charronnage, bourrellerie et sellerie. — Matériel de la navigation et du sauvetage. — Navigation de plaisance, aérostats, etc., etc.

COMPOSITION DU JURY

Président.
BANIÉ.................. Paris.

Secrétaire.
CHARCOT.............. Paris.

Membres.
EHRLER............... Paris.
GIBON................ Paris.
PERRACHON........... Paris.
COLLOMB............. Lyon.
MANGINI............. Lyon.

Annexe (Navigation)

Président.
COQUEREL.............. Lyon.
Membres.
GUILLERME............ Lyon.
MONTAGNON........... Lyon.
CHARVET.............. Lyon.
PAULAND............. Lyon.

MILLION-GUIET — *Avenue Montaigne* — PARIS

CARROSSERIE DE LUXE — DIPLÔME D'HONNEUR

Je me suis rendu il y a 15 jours chez M. Million-Guiet. Comme je ne lui ai pas dit quel était le vrai but de ma visite, et que j'avais pris un air aussi gentleman que possible, ce Monsieur s'est mépris sur mes intentions et m'a montré en détail tous ses magasins, sans doute dans l'espoir que j'y trouverais un type de voitures de mon goût. Bien entendu j'ai fait le difficile et je n'ai rien découvert à ma convenance. Il y aurait eu cependant dans ses immenses ateliers bien des voitures qui m'auraient fait heureux, si, bien entendu, M. Million-Guiet eût voulu me fournir avec les chevaux, le cocher, la remise et une fortune à l'avenant. Le croiriez-vous, chers lecteurs, il n'en a rien fait. Je veux néanmoins lui rendre le bien pour le mal, et vous dire que nulle part vous ne trouverez un carrossier qui *habille* un monde de princes et d'ambassadeurs plus célèbres par ses équipages.

EHRLER — *Avenue Montaigne* — PARIS
MEMBRE DU JURY

Mon collaborateur Ernest Fontès est allé visiter à Paris les ateliers de M. Ehrler. Il me dit qu'ils sont situés rue de Ponthieu, au numéro 56. Je ne vois rien à cela d'étonnant, si ce n'est que c'est ce quartier qu'habitent en général les carrossiers du High-Life. Ce qui me flatte davantage, et qui fera sans doute plus de plaisir à M. EHRLER, c'est qu'il m'a assuré qu'il attendait les résultats d'un grand journal qu'il va publier pendant l'Exposition de Vienne, pour acheter, avec ses bénéfices, un petit coupé bleu, un landau jaune et une calèche huit-ressorts grandiose, dont il veut faire hommage à Madame Fontès qui, paraît-il, est difficile.

Je vois que mon camarade ne se mouche point du pied, quand il s'agit de peupler les remises de ses châteaux en Espagne.

FAURAX frères — LYON
MÉDAILLE D'OR

MM. FAURAX frères, les premiers carrossiers de Lyon, ont exposé six voitures. Nous allons les passer en revue, et je vous assure qu'elles en valent la peine.

Voici d'abord un très-joli coupé, merveille de légèreté, qui est vraiment la voiture d'une femme du monde. La caisse et le train sont noir d'ivoire rechampi paille, l'intérieur est doublé en satin noir. Tout à côté, nous remarquons un délicieux *duc,* aussi élégant que n'importe quelle voiture parisienne, et un confortable omnibus de campagne à six places, avec siége et impériale; c'est une fort belle voiture qui peut porter douze personnes au moins, construite sur le genre anglais.

Pour qu'on puisse apprécier la solidité de la structure et l'élégance des formes, MM. FAURAX ont exposé un phaëton à huit ressorts, en blanc, c'est-à-dire sans peinture. Ce phaéton permet de juger les qualités de la forme et du charronnage. Cette voiture est d'un fini remarquable; les pièces de forge y sont merveilleusement traitées. Nous avons remarqué pour la première fois des *jantes* de roues d'une seule pièce.

Mais le chef-d'œuvre de MM. FAURAX c'est, selon nous, leur splendide landau à huit ressorts; il est peint et doublé en marron, ton sur ton, à train noir; c'est un équipage d'un grand style et d'une rare distinction. Il est fait pour des gens *chic,* selon la théorie de Morel, le carrossier de Paris, qui prétend que chaque individualité veut un type de voiture qui se modifie selon les personnes, et qui, avant d'accepter une commande, vous inspecte des pieds à la tête. Il appelle cela : *prendre votre mesure,* et, ma foi, il n'a pas tort, à mon avis.

La beauté de l'exposition faite par MM. FAURAX nous a engagé à aller visiter ses ateliers qui sont situés à quelques pas de l'Exposition.

Ces ateliers sont immenses et forment toute une île. Au rez-de-chaussée est la fabrication, à gauche les forges et les machines, à droite la menuiserie et le charronnage.

Au premier, sont d'immenses galeries qui font tout le tour du rez-de-chaussée qu'elles dominent.

Ces galeries servent de magasins à la maison FAURAX, et contiennent plus de 200 voitures, qu'un treuil à vapeur, d'un système nouveau, fait descendre ou monter, suivant les besoins.

Dans les ateliers, on se sert d'un outillage mécanique et à vapeur d'un genre nouveau : les principaux outils-machines étant de l'invention de MM. FAURAX.

Il est réellement curieux, je vous assure, de visiter cet atelier modèle, où l'on voit fabriquer toutes les pièces de la voiture jusqu'aux moindres détails (et l'on sait s'il y en a), et le nombre de genres d'ouvriers différents dont doit se servir un carrossier, depuis les lanternes de la voiture qu'il construit, jusqu'aux essieux, depuis la capote en cuir, jusqu'à la menuiserie et au charronnage.

On comprend, en présence de ces ateliers, ce que peut produire la maison FAURAX, et on n'est plus étonné de voir qu'un carrossier lyonnais peut tenir tête et faire une concurrence redoutable aux carrosseries anglaise et parisienne. D'ailleurs, avec l'élégance et la solidité qui sont égales chez MM. FAURAX, on trouve le bon marché, rare chez ses concurrents anglais ou parisiens.

RIEGEL — *16, avenue d'Eylau* — PARIS

MÉDAILLE D'ARGENT

RIÉGEL, habite à Paris le quartier ou l'on ne trouve que les carrossiers du grand monde. Sa fabrication capitale consiste en voitures de luxe, de gala même, et il fait les landaus d'une façon remarquable. Mais il m'a semblé voir aussi à l'Exposition des équipages plus modestes, et ce serait être bien mauvais chroniqueur que de laisser supposer que M. RIÉGEL, ne fabrique absolument que pour les millionnaires. On peut, au contraire, trouver chez lui de fort jolies voitures à des prix abordables ; seulement comme « qui peut le plus peut le moins, » elles ont l'avantage d'être traitées par un homme qui, habitué à l'élégant et à l'excellent, ne sait produire que de l'élégant et de l'excellent. Le luxe seul fait la différence des prix.

PERROUSSET ET SAMUEL — PARIS

MÉDAILLE DE BRONZE

Nous voici aux voitures exposées par MM. Perrousset et Samuel, de Paris. Ce n'est plus la calèche élégante faite pour rouler dans les allées sablées du bois de Boulogne ou du parc de la Tête d'Or, avec une charge légère de femmes charmantes émergeant des flots de soie ou de dentelles ; c'est l'équipage véritablement utile, qui peut transporter à des distances considérables un poids fort lourd, grâce à la force et à l'élasticité des ressorts. L'acier plie sans rompre, se tend ou se détend, selon que la charge de la voiture est plus ou moins grande. Il faut en effet aux industriels parisiens, parfumeurs, marchands de nouveautés, distillateurs, etc., des véhicules appropriés à leur genre de commerce, assez luxueux pour attirer l'attention du public, et assez solides pour supporter de longs trajets à travers les rues des grandes villes.

MM. Perrousset et Samuel ont résolu ce problème, et les différents modèles sortis de leurs ateliers, qui se sont trouvés à l'Exposition, prouvent que la faveur dont ils jouissent n'est point une question de réclame ou de camaraderie, mais bien le résultat d'un travail sérieux, accompli sans bruit, sans qu'aucun journal, à sa quatrième page, en ait fait ressortir tous les avantages,

MM. Perrousset et Samuel, en s'occupant de la spécialité qu'ils avaient adoptée pour Paris, avaient songé à créer pour la campagne un genre de voitures qui pût, grâce à sa légèreté et à la solidité de sa construction, satisfaire aux justes exigences des cultivateurs et aux cahots et aux secousses des chemins vicinaux, malheureusement pour la plupart fort mal entretenus, remplis d'ornières et de fondrières. Encore aujourd'hui, dans presque tous les villages de France, on ne voit que des équipages d'un poids énorme, grossièrement fabriqués et qu'un seul cheval a beaucoup de peine à traîner.

Cette difficulté est pour beaucoup dans la négligence que l'on apporte au transport des engrais, et nous pourrions même dire que ce qu'on appelle négligence n'est souvent qu'une impossibilité matérielle, pour peu que le pays soit montueux. C'est donc un service immense rendu à l'agriculture de lui procurer, à un bon marché relatif, des chariots, des tombereaux tellement légers que, vides, un homme les manie facilement et, chargés, un cheval les enlève sans difficulté.

En France, où la propriété est excessivement divisée, le nombre des animaux de trait est forcément limité : beaucoup de cultivateurs ne possèdent qu'un seul cheval, ceux qui ont deux, trois ou quatre chevaux se comptent; il fallait donc faire, pour les cultivateurs, des véhicules solides et légers; à ces qualités, MM. Perrousset et Samuel ont ajouté le bon marché, ce qui ne gâte jamais rien. Ils ont, dans leur genre, leur place marquée à côté des fabricants de faucheuses, de faneuses, de charrues qui fonctionnent si bien sur les terres de nos petits propriétaires français.

L. SAVIGNON — *rue Saint-Joseph, 4* — LYON
MÉDAILLE DE BRONZE

Nous nous arrêtons dans notre compte-rendu des voitures à l'Exposition, pour parler des objets de fabrication spéciale qui sont indispensables pour donner aux voitures le dernier fini qui contribue tant à leur élégance.

Nous remarquons la vitrine de M. Savignon, maison fondée en 1855, pour la fabrication des lanternes et plaqué pour équipage. Le genre de fabrication et les avantages pratiques que présente cette maison, nous l'ont fait recommander par les principaux carrossiers de Lyon, qui sont très-satisfaits d'avoir sous leurs mains une maison qui peut leur fabriquer tous les détails que comporte la perfection de l'équipage, depuis la lanterne ordinaire jusqu'au modèle le plus riche, les glaces unies, glaces biseautées, glaces cintrées, tout le plaqué, telles que poignées, frettes, baguettes, les ivoires, les chiffres et armoiries en métal et gravés sur glace et autres menus détails.

L'exposition de M. Savignon se termine par une belle série de réflecteurs de tous les modèles et de toutes les dimensions, et par un magnifique réflecteur à rayons solaires servant à donner une clarté pure et nette dans les appartements les plus sombres.

MARCK (Antoine) — *rue Montesquieu, 17* — LYON

MÉDAILLE DE BRONZE

M. Marck (Antoine) avait fait une fort belle exposition d'essieux. On ne pouvait s'empêcher d'admirer sur des gradins originalement disposés, d'énormes essieux admirablement forgés.

M. Marck (Antoine) a dû être étonné, comme nous, de n'avoir vu décerner qu'une médaille de bronze à son exposition.

VACHER — LYON

MÉDAILLE D'ARGENT

M. Vacher, fermier du lac de la Tête-d'Or, a exposé plusieurs canots de formes les plus gracieuses.

Son exhibition frappait les yeux par son agencement original.

Il est malheureux que M. Vacher ait été le seul exposant de ce

genre. Il méritait réellement d'avoir des concurrents et des con
currents sérieux.

La grâce et la solidité des bateaux de plaisance qu'il a exposés
nous semblent indiscutables, et nous devons un juste tribut d'éloges
à celui qui fait vivre à Lyon le plaisir du canotage et qui donne
sur le lac dont il est le fermier des fêtes nautiques, de jour et de
nuit, du plus charmant effet.

Nous savons que M. VACHER désire faire l'année prochaine, à
Lyon, une exposition plus complète que cette année, et nous lui
souhaitons d'y trouver des rivaux, fussent-ils de Chatou-les-Canots
et de Bougival ; il est capable de les *enfoncer*.

NOMS DES RÉCOMPENSÉS

DIPLOMES D'HONNEUR

Million-Guiet, de Paris. — Blin de St-Armand, de Vienne.

MÉDAILLES D'OR

Faurax frères, de Lyon.—Robergeot et Tollet, de Lyon. — Adeline de Paris.

MÉDAILLES D'ARGENT

Desouches, de Paris. — Riégel, de Paris. —Rétif, de Sancoins. — Mouterde fils de Lyon. — Vacher, de Lyon.

Rappel.—Colas, de Courbevoie. —Rabourdin, de Paris. — Vidard, de Paris.

MÉDAILLES DE BRONZE

Dubosq, de Bordeaux.— Roesh, de Lyon. —Perrousset, de Paris.—Guerrain, de Grenoble. — Michaux, de Paris.— Corcelet.—Bernard et Jenguet de Lyon.— Anthony, de Paris.—Savignou, de Lyon. —Massin, de Vienne (Isère).—Marck Antoine, de Lyon.—Pétillat, de Cussel. — Perrot, à Vienne (Isère).

MENTIONS HONORABLES

Perrigaux, de Lyon. — Valette père et fils, d'Annonay. — Camus, de Paris. — Labbé, de Bourges. — Jacquier, de Paris. Guérin Mallen, de Lyon. — Gaisseler. — Longuet, de Paris. —Meynier, de Lyon.

Coopérative. — Albiges (Jean-Louis), contre-maître, et Louis Alexandre, menuisier, de la maison Million-Guiet de Paris. —Hudry (Paul), forgeron. —Morel (Jean), menuisier, — Raize, sellier, — Chanat (Pierre), ferreur,— Jarricot, peintre : de la maison Faurax frères, de Lyon. — Thomassin, charron, — Fournier, peintre, — Durut, sellier, — Chamoieton : de la maison Roberjot et Tollet, de Lyon.

SECTION XXV

Armes

Nous ne croyons pas que l'étranger ait jamais pu, en entrant dans la 4e galerie, se faire une idée bien exacte de l'armement de la France. Cette partie de l'Exposition n'est, en effet, aucunement destinée à montrer les perfectionnements que l'on a pu apporter depuis la dernière guerre, soit dans notre artillerie, soit dans nos différentes armes: le gouvernement n'avait ni le devoir, ni le droit de révéler les travaux considérables qui ont été faits sur cette matière. Les pièces de canon qui s'y trouvent, appartiennent en général à l'industrie privée. Ces modèles ont servi en 1870. Mais, en général, ces types seront abandonnés. Les trophées de canons sont uniquement destinés à l'ornementation de cette partie de la galerie n° 4, comme ceux très-bien faits, du reste, qui ont été placés contre les murs.

Nous n'insistons donc pas sur la valeur des armes exposées, qui, pour nous, n'ont été envoyées par l'arsenal que pour combler un vide, et faire un contraste saillant avec la belle exposition qui se trouve à côté d'elle, et sur laquelle nous nous appesantirons davantage.

Quant aux armes de luxe exposées à côté des armes de guerre, elles n'ont pas brillé par le nombre.

Il va s'en dire que c'est St-Étienne surtout, St-Étienne presque exclusivement, qui s'est trouvé représenté.

Nous voyons parmi les récompensés des noms d'armuriers très-connus de cette ville, tels que ceux de MM. Pont de vaux, Ba dinant frères, Javelle, Mazaud, Rivollier, Fauvielle, Ronchad, Escoffier, Rivoire, Berger, etc.

Nous trouvons aussi celui de M. Galland, de Paris.

Nous n'avons rien à dire sur ces maisons. On sait quelle est leur importance et on connaît l'excellence des produits qui en sortent. On sait aussi que nos récents revers n'ont point été causés par l'infériorité de notre armement, et que tous les armuriers français ont rivalisé de zèle pour venir au secours de la défense nationale.

NOMS DES RÉCOMPENSÉS

DIPLOMES D'HONNEUR

Pontdevaux, de St-Étienne. — Galland, de Paris.

MÉDAILLES D'OR

Badinant frères, de St-Étienne. — Javelle Magand, de St-Étienne.

Rappels. — Rivollier, Bouniand et Blanc, de St-Étienne. — Fouvielle, de St-Étienne. — Ronchard, de St-Étienne.

MÉDAILLES D'ARGENT

Escoffier, de St-Étienne. — Martinier, de St-Étienne. — Berger, de St-Étienne. — Rivoire, de St-Étienne. — Badier, de Tours. — Clair, de St-Étienne. — Ronchard, de St-Étienne. — Mme Mouchet, de Lyon.

MÉDAILLES DE BRONZE

Jarre. — William Soper. — Coutelle, à Berne. — Fayart. — Granjon. — Bonavion. — Lathoud. — Serrin, à Paris. — Balp.

MENTIONS HONORABLES

Gouillou. — Hurtu et Hautin. — Salles (Édouard). — Garnier. — Magnin-Berthéas. — Aurouze. — Adeline. — Nolot.

GROUPE V

Produits bruts et ouvrés des Industries extractives

CHAPITRE VII

SECTION XXVI

Produits chimiques

CLASSE 52^e

Produits chimiques et pharmaceutiques. — Acides, alcalis, sels de toutes sortes, produits divers des industries chimiques.— Matières premières et dérivées. — Produits de l'industrie du caoutchouc et de la gutta-percha, cires, résines, amadou, substances tinctoriales et couleurs. — Engrais et procédés chimiques de l'agriculture. — Eaux minérales et eaux gazeuses naturelles et artificielles. — Produits pharmaceutiques, médicaments simples et composés. — Tabacs en feuilles ou fabriqués.

COMPOSITION DU JURY

Président.
GLÉNARD.............. Lyon.

Vice-Président.
LOIR................... Lyon.

Secrétaire.
RANGOD-PECHINEY .... Lyon.

Membres.
SCHEURER-KESTNER... Thann.
.MARNAS J.-A.......... Lyon.

CHEVALIER-ESCOT ...... Lyon.
P. CHEVALIER.......... Lyon.
E. CHEVALIER.......... Lyon.
CASTHELAZ............. Lyon.
TISSIER Aîné........... Lyon.
GUIMET................ Lyon.
ROCHRIG .... Lyon.
CARTAZ................ Lyon.
CROLAS................ Lyon.
TISSIER Fils........... Lyon.

La galerie réservée aux produits chimiques était admirablement disposée et ces produits avaient été rangés avec beaucoup d'intelligence et de goût par M. Saffrey, l'organisateur de cette section.

Les exposants étaient fort nombreux, et le Jury a dû certainement être fort embarrassé pour décerner les récompenses, tant il y avait de produits méritants et remarquables.

E. COEZ et Cie — *31, rue du Port* — St-DENIS (Seine)

Laques et extraits de matières colorantes

DIPLÔME D'HONNEUR

Les laques et extraits de bois, propres à la teinture et à l'impression des tissus, tiennent toujours une grande place dans l'industrie, malgré les nouvelles couleurs minérales que la chimie moderne leur a données pour rivales. Leurs nuances sont encore demeurées les plus solides, et dans beaucoup de cas aussi les plus vives et les plus pures. M. E. Coëz, manufacturier à Saint-Denis, peut d'ailleurs hautement revendiquer l'honneur d'avoir maintenu cette fabrication à son rang élevé, en lui donnant, depuis une quinzaine d'années, par les ingénieux procédés qu'il y a introduits, une nouvelle et progressive impulsion.

La maison E. Coëz et Cie est d'ailleurs hautement connue, et elle devait attendre avec assurance le diplôme d'honneur qui lui a été décerné.

RIGOLLOT — *26, rue Vieille-du-Temple* — PARIS

MÉDAILLE D'OR

M. Rigollot n'a pas besoin que nous expliquions ce que sont ses produits. Quel est celui de nos lecteurs qui n'en a éprouvé l'efficacité. La collection des certificats de Docteurs que possède M. Rigollot est telle, que nous en déduisons sans peine que pas un d'entre les célèbres professeurs n'a voulu rester en arrière pour décerner à M. RIGOLLOT les éloges que méritait son innovation.

En effet, M. RIGOLLOT, par son système de sinapismes en feuilles, a supprimé tous les inconvénients attachés à la farine de moutarde en cataplasme.

Plus de ces opérations multiples, désagréables et dispendieuses que nécessitait l'application d'un sinapisme par la méthode

FABRICATION DU PAPIER RIGOLLOT

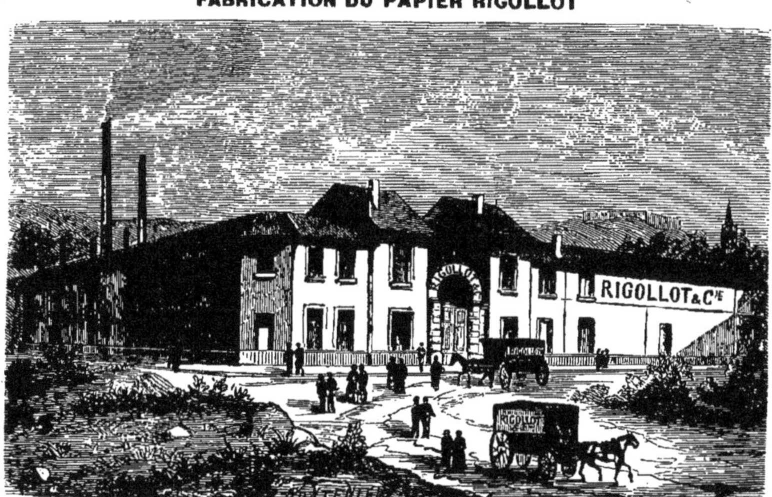

Vue générale de la fabrique du papier Rigollot, à Fontenay-sous-Bois.
MAISON D'EXPÉDITION, 26, RUE VIEILLE-DU-TEMPLE.

ancienne. On sait qu'il suffit de mouiller une de ses feuilles et de l'appliquer ensuite sur la partie malade.

En sus des certificats si importants dont nous parlons, nous croyons devoir joindre les récompenses antérieures reçues par M. RIGOLLOT :

Médaille de bronze à l'Exposition universelle de Paris, 1865.

Médaille de bronze à l'Exposition de Trieste, 1871.

Médaille d'argent à l'Exposition du Hâvre, 1868.

Médaille d'argent à l'Exposition de Paris, 1872.

JOSÉ RANG — *39, rue d'Anderlecht* — BRUXELLES

MÉDAILLE D'ARGENT

Parmi les cigares de la Havane, jouissant d'une vogue justement méritée, et qui ont obtenu un légitime succès à l'Exposition de Lyon, nous devons citer, en première ligne, les produits de José Rang et Cie, dont la maison centrale est située 39, rue d'Anderlecht, à Bruxelles.

Une médaille d'argent (1er prix, pour la classe des cigares, a été décernée à la maison José Rang et Cie qui a exposé pour la première fois ses produits. Heureux débuts que bien des fabricants envient!

M. José Rang, dont l'expérience en matière de fabrication est connue, est parvenu à perfectionner au suprême degré la confection du véritable cigare *Vuelta de la Abajo*; aussi ses produits sont-ils recherchés par les vrais amateurs. Nous ne regrettons qu'une chose, dans l'intérêt privé, c'est que plusieurs gouvernements s'emparent de la grande partie de sa production, et que les élus qui peuvent en obtenir soient rares: il faut s'inscrire trois et quatre mois à l'avance avant d'être servis... Mais on ne perd pas pour attendre.

Avis aux gourmets auxquels nous recommandons les splendides cigares de José Rang et Cie.

SAURET — *70, cours Lafayette* — LYON

HUILE DE SAINDOUX — MÉDAILLE D'ARGENT

Cette huile paraît supérieure à celles exposées par tous les concurrents de la maison Sauret. La pratique a démontré en outre cette supériorité.

Parfaitement neutre, elle n'oxide pas les métaux; exempte de

mucilage, elle ne forme pas de cambouis ; supportant une température de 300 degrés sans s'altérer, elle est d'une économie incontestable.

Son emploi, depuis la machine à coudre, broches, essieux à
patente, crapaudines, glissières et tous les organes de machines
à vapeur jusqu'au plus gros mouvement, ne laisse rien à désirer
et place ce produit au-dessus de toutes les huiles connues.

M. Sauret a été le fournisseur de l'administration de l'Exposition, et nous regrettons vivement que l'huile qu'il a exposée, dont
les ingénieurs et les mécaniciens les plus compétents nous ont
démontré les mérites, n'ait obtenu qu'une médaille d'argent.

Nous espérons pour M. Sauret qu'il lui sera rendu l'année
prochaine meilleure justice.

J. SŒHNÉE frères — *10, rue des Filles-du-Calvaire* — PARIS

VERNIS — MÉDAILLE D'ARGENT

La Maison Sœhnée frères, fondée en 1829, créatrice de l'industrie des vernis à l'alcool, est la seule qui ait obtenu *les
premières médailles aux Expositions Universelles.* Ses vernis
jouissent d'une grande réputation qu'ils doivent à leur solidité, à
leur dureté et à leur éclat.

Des améliorations constantes dans la fabrication, permettent
de les tenir à un prix modéré.

Ed. LEFÈVRE — *115, rue d'Aboukir* — PARIS

VERNIS ET COULEURS — MÉDAILLE D'ARGENT

Il y a trente ans que cette maison existe. Elle s'est adonnée
à la spécialité des vernis et des couleurs. Cela représente, sans
qu'on s'en doute peut-être, en général, une branche très-impor-
tante d'industrie, et nécessite de grands ateliers et un personnel

nombreux. M. Lefèvre, qui fait une concurrence sérieuse à la marque SPONER, a sa fabrique de couleurs à *Montreuil*, près Vincennes. Ses vernis, qui sont fort recherchés, se préparent à *Levallois*.

DE CARTIER — *à Anderghem* — BELGIQUE
MÉDAILLE D'ARGENT

La fabrique de minium de fer et de blanc de céruse d'Ander ghem, près de Bruxelles, est depuis longtemps avantageusement connue. Elle a obtenu trente cinq médailles ou mentions honorables dans les Expositions où elle a figuré, et cette année, outre la médaille d'argent qui lui été accordée à Lyon, elle a reçu le grand diplôme d'honneur à l'Exposition, d'économie domestique de Paris et une médaille d'argent à l'Exposition polytechnique internationale de Moscou.

Le minium de fer d'Auderghem remplace avec avantage le minium de plomb et les autres couleurs et enduits pour la préservation du fer et du bois. Il est employé avec le plus grand succès par presque toutes les compagnies de chemins de fer et de navigation à vapeur, constructions, etc.

Le mastic au minium de fer d'Anderghem est excellent par sa solidité et sa grande économie.

La céruse, fabriquée d'après les meilleurs procédés, est remarquable par sa pureté, sa finesse et sa blancheur.

H. DE RICQLÈS et Cie — *Cours d'Herbouville, 9* — LYON
MÉDAILLE DE BRONZE

Nous voici devant le produit si connu sous le nom d'ALCOOL DE MENTHE DE RICQLÈS. Il existe depuis 35 ans, et son usage se généralise de plus en plus.

On sait que cet alcoolat agit puissamment sur la circulation du sang, sur les voies digestives et sur les fonctions du système nerveux. Il facilite les digestions, détruit les troubles gastriques, les maux de tête, et calme généralement toutes les affections nerveuses. Il est précieux contre les refroidissements; de plus, c'est un anti-épidémique souverain, et on l'emploie avec succès contre le mal de mer.

Il est d'un usage général pour les soins de la toilette, attendu qu'il rafraîchit l'haleine, parfume la bouche, conserve la blancheur des dents et raffermit les gencives.

Enfin, en en versant une goutte ou deux sur un morceau de sucre, on obtient à l'instant la plus agréable PASTILLE DE MENTHE.

Si nous sommes entrés dans des détails à propos de l'ALCOOL DE MENTHE DE RICQLÈS, et s'il nous paraît utile de préciser les avantages de cette préparation, c'est que nous ne saurions trop en faire l'éloge et que, personnellement, par l'usage constant que nous en faisons, nous ne saurions en dire trop de bien.

Nous regrettons que le jury ne se soit pas montré plus généreux, vu les services importants que ce produit a rendus à la société depuis un si grand nombre d'années.

VICTOR CLOLUS — *9, Grande-Rue* — SAINT-MANDÉ (Seine)
Ancienne Maison Freppel
MÉDAILLE DE BRONZE

Les produits exposés sont des parements et ensimages à base de glycérine, ainsi que des glycérines épurées pour les apprêts et l'impression et pour la pharmacie. Autrefois, pour entretenir l'humidité des fils afin de les rendre moins cassants et plus faciles à tisser, les ouvriers travaillaient dans les caves; grâce à ces parements, ce travail souterrain est supprimé, car la glycérine absorbe l'humidité de l'air en toutes saisons et rend même les nuances plus vives. La glycérine blanche épurée dissout les couleurs, même les *anilines*, mieux que l'alcool; elle coûte moins cher et ne se volatilise pas. Elle dissout le noir de fumée et donne un noir *brillant* très-résistant.

HENRY VICAT — *rue Saint-Denis* — PARIS
POUDRE INSECTICIDE — MÉDAILLE DE BRONZE

La *Poudre insecticide* VICAT a obtenu les plus grandes récompenses (Mention honorable, Médaille de bronze et d'argent) aux Expositions universelles de 1855, 1862, 1867, 1868. — Une vaste usine à vapeur est installée à Paris, rue Jules-César, avec un outillage spécial, consacré à la fabrication de l'Insecticide, ainsi qu'aux appareils qui servent à l'employer.

La production des matières premières, l'application de procédés spéciaux et perfectionnés, sont depuis 20 ans l'unique occupation de M. VICAT : aussi ses produits sont-ils recherchés dans le monde entier, et son usine en livre annuellement à la consommation pour des sommes considérables.

H. STEPHENS — *171, Aldersgate-Street* — LONDRES
ENCRES — MÉDAILLE DE BRONZE

Ces encres possèdent toutes les meilleures qualités qui les rendent propres aux différents usages qu'on en exige pour la correspondance, dans les maisons de banque et de commerce.

Leurs qualités distinctives les font préférer à toutes les autres de manufactures diverses.

La grande renommée dont ces encres jouissent, par suite de leurs inaltérables qualités, depuis nombre d'années en Angleterre et dans les Etats-Unis d'Amérique, commence à se répandre rapidement, non-seulement en Europe, mais encore dans toutes les parties du globe: leur fluidité rendant leur usage possible sous tous les climats.

M. H. Stephens a exposé aussi des spécimens de ses teintures pour bois, qui ont obtenu les premières récompenses dans tous les concours où elles ont pris part. Elles sèchent rapidement, sans odeur désagréable ni malsaine, sont plus économiques, durent plus longtemps et, pour la beauté de l'effet, sont bien supérieures à la peinture.

C'est de ces « teintures pour bois » qu'on s'est exclusivement servi à l'Exposition de Paris 1867, pour les « Maisons Ouvrières » construites par l'ex-empereur.

SONNET — DIGES, près AUXERRE (Yonne)

FABRICANT D'OCRE — MÉDAILLE DE BRONZE

Les produits de M. Sonnet ont été très appréciés; ils rentrent dans la classe des produits chimiques, contiennent une quantité de 63 °/₀ d'oxide de fer et servent à toutes les peintures.

Les usines et les mines de cet industriel sont considérables et situées sur les communes de Parly, Diges, Pourrain, Toucy.

Inutile d'ajouter, ce nous semble, que ces produits s'emploient beaucoup à l'Etranger où ils sont très-recherchés.

NOMS DES RÉCOMPENSÉS

DIPLOMES D'HONNEUR

La compagnie des usines de St-Gobain, Cirey et Chauny. — Henry Merle, d'Alais. — Coignet, de Lyon. — La compagnie d'éclairage au gaz de Paris. — Poirrier, de St-Denis (Seine). — E. Coez et Cie, de St-Denis (Seine). — Compagnie Price, de Londres.

MÉDAILLES D'OR

Leperdriel, de Paris. — E. Packard, de Spwick. — Rigollot, de Paris. — Wiallon, de Lyon. — Carves et Cie, de St-Étienne. — Chatanay et Cie, de Lyon. — Desnoit et Cie, de Paris. — Chevet et Girard, de Paris. — Didot, de Paris. — L. Faure, de Lille. — Gerber Uhlmann, de Bâle (Suisse). — Girard et Delaire. — Société la Phenyline, de Paris. — Guinon fils et Cie, de Lyon. — Guinon jeune et Picard, de Lyon. — Meissonnier, de Paris. — Camus frères, de Paris. — J.-C. Gros, de Mulhouse. — Hottot et

Baudault, de Paris. — Koch et Cⁱᵉ, de Paris. — Meissonier, de Paris.

MÉDAILLES D'ARGENT

Vezu, de Lyon. — Viel, de Tours. — Anselme et Marassi, de Marigliano. — Antoine, de Paris. — Augas, Courtin, d'Orléans. — Berthoux et Cⁱᵉ, de Lyon. — Bidault et Cⁱᵉ, de Clermont-Ferrand. — Boin Imbert, de Lyon. — Société anonyme, de Buxière-la-Grue. — Chevallier, de Lyon. — Courtois et Cⁱᵉ, de Mulhouse. — Convert et Saulnier, de Lyon. — Daniel et Teissier, de Marseille. — Faussemagne, de Lyon. — Field, de Londres. — Groots frères, de Hollande. — Knapp, de Strasbourg. — Laugier, de Marseille. — Lefebvre, de Paris. — Lorillieux, de Paris. — Lutringer, de Lyon. — Mauders frères, de Londres. — Maunier frères, de Marseille. — Morel, de Marseille. — Orlando James, de Londres. — Piot et Cⁱᵉ, de Lyon. — Rang et Cⁱᵉ, de Bruxelles. — Renard, de Paris. — Jules Serin, de Paris. — Sirandré frères, de Dijon. — Soehné frères, de Paris. — Tinchaut, d'Anvers. — Tissot père et fils, d'Asnières. — Toiray Morin, de Paris. — Tronchet, de Marseille. — L. Venèque, de Paris. — Ranque, de Marseille. — Bourgeaud et Beslier, de Paris. — James and Sons, de Plymouth (Angleterre). — Baron de Cartier (Belgique). — Joffre. — Société anonyme de Croix, près Roubaix. — Dunod et Bougleux, de Paris. — Faure et Kessler, de Clermont. — Fayard, de Lyon. — Albespeyre, de Paris. — Gastoux, de Lyon. — Gerbay, de Roanne. — Gigodot et Laprevote, de Lyon. — Guichon, de Lyon. — Jallabert et Cⁱᵉ, de Lyon. — Laracine, de Lyon. — Michaux, de Bounières (Seine-et-Oise). — Dʳ Niepce, d'Allevard. — Fabrique de Paulille (Pyrénées-Orientales). — Phosphates du midi de St-Antonin (Tarn-et-Garonne). — Storck et Cⁱᵉ, de Paris. — Tancrède frères, de Paris. — Sauret, de Lyon.

MÉDAILLES DE BRONZE

Amenc, de Clermont-Ferrand. — Aroud, de Lyon. — Balois, de Dôle. — Baume, de Lucenay. — Bernard, de Paris. — Bouillon et Mayousse, de Lyon. — Bertrand, d'Annonay. — Chassaing-Guénon, de Paris. — Chomienne, de Lyon. — Clolus, de St-Mandé. — Crébely, de Rochefort. — E. Conti fils, de Livourne. — Desmales, de Lyon. — Martin Day, de Paris. — Dive, de Mont-de-Marsan. — Drouart, de Paris. — Fouchet, de Paris. — Fouque, de Nice. — Frossart de Payerne. — Gauthier, de Lyon. — Gerbaut frères, de Mulhouse. — Girardin, de Nancy. — Gorniot, de Paris. — Guelpa, de Belley. — Jaille, d'Agen. — Jamet, de St-Chamond — James et Sons, de Plymouth. — Journet, de Grasse. — Heller, de Genève. — Legros, d'Autun. — Leplat, de Serves. — Limousin, de Paris. — Martel, de Lyon. — Mazade et Dalloz, de Lyon. — Meynet, de Paris. — Adolphe Meyer, de Paris. — Olivier Fouque, de Marseille. — Joseph Olivieri, de Marseille. — Ozier, de Lyon. — Passavent et Sons (Angleterre). — Pecol, de St-Chamond. — Peillonex, de Chenebourg (Suisse). — Phalipau, de Paris. — Platel, de Lyon. — Prudon et Cⁱᵉ, d'Ivry. — Ranque, de Marseille. — Rendu, de Lyon. — Richard, de Marseille. — Ricqlès, de Lyon. — Sentend, de Lyon. — Sevin, de Paris. — Simon, de Lyon. — Schlumberger, de Bruxelles. — Sonnet, de Dige (Yonne). — Soulié-Comte, de St-Chamond. — Stephens, de Londres. — Théo Salzédo, d'Espagne. — Vincent, de Marseille. — Vellekens, d'Anvers. — Ulmars-Villette, de Lille. — Vicat, de Paris. — Pernet, de Lyon. — Marchal, de Besançon. — Henry, de Lyon. — Hemingway, de Bradford (Angleterre). — Joffre, de Lyon.

MENTIONS HONORABLES

Artige, d'Aubenas. — Asperti et Pasquali, de Chiasso. — Baron, de Marseille. — Boissi, de St-Denis. — Birr, de Strasbourg. — Blachet, de Bourg-de-Péage. — Boudin de Lyon. — Calvé, de Bordeaux. — Chapuis-Bertrand, de Dijon. — Courret, de Marseille. — Fallière, de Paris. — Farge, de Lyon. — Ferrand et Leca, de

Marseille. — Gereste, de Marseille. — Gérhard, de Paris. — Guyot, de Lyon. — Hickisson, de Londres. — Mme de la Houssaye, de St-Sébastien. — Jacqui, de Lyon. — Lambotte, de Cholkier (Belgique). — Langerin, de Périgueux. — Maniglier, de Vesoul. — Masson, de Lyon. — Mouraille-Pougnet, de Marseille. — Nielli, de Philippeville. — Patricot, de Lyon. — Pélissier-Sylvestre, d'Annonay. — Pellet, de Philippeville. — Plantié, de Bayonne. — Pujolle, de Castres. — Robelin, de Dijon. — Salomon Nathan, de Marseille. — Tourniaire, de Marseille. — Société des sources réunies de Saint-Galmier. — Établissement d'Uriage, de St-Ferréol. — Monnier, de Lyon. — Belon et Balme, de Marseille. — Joseph, de Lyon. — Boey, de Belgique.

SECTION XXVII

Cuirs et peaux

CLASSE 53^e

Cuirs et peaux. — Peaux vertes, peaux salées. — Cuirs tannés, corroyés, apprêtés ou teints, cuirs vernis, tiges et veaux cirés. — Maroquins et basane, peaux hongroyées, chamoisées, mégissées, apprêtées ou teintes. — Peaux préparées pour la ganterie. — Parchemins, articles de boyauderie. — Baudruche, nerfs de bœufs.

COMPOSITION DU JURY

Président.	*Membres.*
RICORD.............. PARIS.	GIRARD............. LYON.
Vice-Président.	KOCH (Sébastien)...... LYON.
MAUGÉ................ LYON.	PERROUD........... LYON.
Secrétaire.	ROUVEURE......... ANNONAY.
SOUVAIRAN. ANNEMASSE (H^{te}-Sav.)	C. VINCENT .... PARIS.

J. ALEGATIÈRE — LYON

DIPLOME D'HONNEUR

La maison ALEGATIÈRE, de Lyon, l'une des plus importantes tanneries de France, qui a obtenu une médaille d'argent à l'Exposition de 1867, a reçu, à l'Exposition de Lyon, la récompense qu'elle méritait à de si justes titres. Le jury lui a décerné un diplôme d'honneur. La tannerie modèle de M. ALEGATIÈRE FILS, située chemin Gorge-de-Loup, à Vaise, a la spécialité des cuirs lisses. Elle fait l'exportation sur une grande échelle.

AUTRAN FRÈRES — MARSEILLE

MÉDAILLE D'OR

L'importance de cette maison est toute dans les chiffres ci dessous qui ont leur éloquence.

Production : 1200 douzaines de peaux de chèvres par semaine. — Personnel : 200 ouvriers, hommes et femmes.

La consommation de ces produits se fait en grande quantité en France.

30,000 kilos de tan de chêne vert sont employés par semaine pour les travaux courants et pour les peaux, dites maroquins, tannées au sumac; la consommation est de 2,000 balles par an.

Le fini du travail se fait dans huit tanneries et deux moulins à eau que ces messieurs possèdent à Roquevaire, à 20 kilomètres de Marseille.

SATURNIN CHENAVAS — ANNONAY

MÉDAILLE D'ARGENT

Il est peu d'industries qui présentent une diversité plus grande

que l'industrie mégissière. La variété et le changement de conditions de cet ordre de travail ne permettent de suivre aucune
théorie.

Quoi qu'il en soit, la fabrication en mégisserie est bien supérieure à ce qu'elle était il y a dix années, et elle tend à s'améliorer
de jour en jour.

Nous avons vu la preuve de ce fait à l'Exposition lyonnaise, ou
la peausserie et la mégisserie étaient admirablement représentées,
et nous croyons devoir féliciter entre autres M. Saturnin CHENAVAS
d'une façon toute particulière, pour le progrès qu'il a fait faire
personnellement à cette industrie.

GOIFFON, DUC et Cie — LYON

MÉDAILLE D'ARGENT

L'usine de MM. GOIFFON, DUC et Cie est à Villeurbanne, leurs
magasins et comptoirs de vente sont rue Monsieur, 35.

Ces Messieurs pratiquent sur une grande échelle l'industrie
de la tannerie et des courroies, font le commerce des cuirs et
des peaux pour la France et l'Étranger.

SIMON ULLMO et Cie — LYON

MÉDAILLE D'ARGENT

MM. SIMON ULLMO et Cie font la tannerie et la courroierie. Ils
ont la spécialité de cuirs de veaux blancs et cirés pour l'exportation. Leurs ateliers sont situés rue de Vendôme, 153.

CALLAMARD & Cie — *rue des Trois-Pierres, 66* — LYON

MÉDAILLE DE BRONZE

M. CALLAMARD a exposé des maroquins pour chapeliers. C'est

la spécialité de cet industriel. Sa fabrication a un développement considérable, et ses produits ont été, à juste titre, appréciés par le jury.

AMSON — *46, rue Turbigo, 46* — PARIS
Maroquinerie de luxe et ordinaire. — Médaille de bronze

Encore une maison qui, dès à présent, songe à la revanche, à la revanche qu'on peut prendre, sans réformer notre armée, sans augmenter notre budget. En effet, l'Allemagne était une concurrente redoutable et supérieure jusqu'ici en travaux de maroquinerie. Il faut essayer de nous priver de ses produits ou de rendre les nôtres préférables. Dès 1848, M. Amson a songé à atteindre ce résultat; aujourd'hui il y est arrivé, et nous savons de source certaine qu'on lui a fait des offres excessivement sérieuses pour qu'il se rende en Allemagne y exploiter son industrie. Le refus le plus formel a été la première réponse; quant à la seconde, elle a été encore plus caractéristique. M. Amson a porté son chiffre d'affaires de 400,000 à 800,000 fr. Le nombre d'ouvriers et d'ouvrières a été doublé (minimum 200) et enfin, M. Amson s'est décidé à faire bénéficier son pays de ses produits, que jusque-là il livrait à l'exportation, ce qui obligeait les français à acheter, eux aussi, à l'étranger.

BRENOT — *place Bellecour* — LYON
COURROIES POUR USINES

La galerie des machines n'eût pas été complète si on n'avait trouvé dans les galeries suivantes, en même temps que les moteurs et les appareils de fabrication, ce qui sert en quelque sorte de trait d'union entre ces deux produits de l'art mécanique; nous voulons parler des courroies.

Et, en effet, l'industrie des cuirs s'est réellement distinguée, et, entre toutes les Expositions du même genre, celle de la maison L. Brenot était remarquable.

Il n'est pas de machine, il n'est pas de filature pour laquelle on ne puisse trouver toutes les courroies nécessaires dans l'Exposition de M. Brenot; et ses cuirs et ses courroies, d'une qualité supérieure et d'une fabrication exceptionnelle, ont fait l'admiration non-seulement des connaisseurs, mais encore des visiteurs inexpérimentés qui ne peuvent s'empêcher de s'arrêter devant d'aussi beaux produits.

RASSAT — *rue de l'Hôtel-de-Ville, 69* — LYON

MÉDAILLE DE BRONZE

Nous plaçons dans la section XXVIIme M. RASSAT qui a reçu une médaille de bronze dans la XVIIIme section. Cette erreur de notre part est d'autant plus excusable que les produits fabriqués par M. RASSAT se rattachent aussi bien aux cuirs qu'à la chaussure proprement dite.

M. RASSAT est, en effet, l'intermédiaire entre le bottier et le tanneur. Il prend le cuir tel qu'il sort de la tannerie, et le transforme en tiges de bottes qui sont après cela livrées au cordonnier qui en fait des chaussures.

La maison RASSAT est la seule de Lyon qui fasse exclusivement cet article. Sa fabrication de tiges piquées comporte tous les genres, depuis l'article le plus ordinaire jusqu'à l'article pour femmes, le plus élégant et le plus fou qui suit la mode dans tous ses caprices.

La maison RASSAT est recommandable à tous égards, autant pour l'importance de sa fabrication, que pour sa qualité de ses produits. M. RASSAT a d'autant plus de mérite, qu'il est le seul Lyonnais de son industrie, et qu'il fabrique sur place cette importante section de la chaussure, que tous les bottiers de Lyon seraient obligés, sans lui, de faire venir du dehors.

NOMS DES RÉCOMPENSÉS

DIPLOMES D'HONNEUR

Allégatière, de Lyon. — Houette et Cie de Paris. — Soyer, de Paris. — Sueur et fils, de Paris. — Fortier-Beaulieu, de Paris. — Lesaulnier, de Paris. — Julien, de Marseille.

MÉDAILLES D'OR

Henry, de Coulommiers. — Brunel Jaccaz et Denant, de Paris. — Ditty Collet, de Lyon. — Autran frères, de Marseille. — Duffort, de Paris.

MÉDAILLES D'ARGENT

Bizouard-Grosbois, de Semur. — Briot frères, de Saint-Hyppolite. — Glavé Bertrand, de Coulommiers. — Dorgé-Heuzé, de Coulommiers — Pichenot frères, de Saulieu. — Pitout frères, de Lyon. — Piret Panchet, de Namur. — Robelin, de Lonjumeaux. — Roux fils, de Vitry-sur-Seine. — Godart et Dubé, de Chaumont. — Lombard, de Marseille. — Veuve Courtois, de Paris. — René Pillait, de Paris. — Bal et fils, de Chambéry. — Beloin (Clément), d'Anger. — Cauvin-Varin, de Paris. — Chaulfe et Lecerf, de Paris. — Goiffon, Duc et Cie, de Paris.—Rosier, de Lyon, Sendret fils, de Metz. — Simon Ulmo, de Lyon. — Roque, de Montpellier. — J. Boisserand, de Dijon. — Cyprien Rochier, de Lyon. — Dailly, de Lyon.—Gouraud père et Imbert, de Lyon. — Chapuis, d'Annonay. — Chenevas, d'Annonay. — Garnier, de Paris. — Marchand, de Paris. — Veuve Chapot et fils, de Chambéry. — Berthaud, d'Issoudun. — Choureaux, de Paris. — Lutz, de Paris. — Poirier, de Paris. — Parent, de Givet, — Guérin de la Roche, de Paris.

MÉDAILLES DE BRONZE

Fanet, de Lons-le-Saulnier.—Frileux, de Villeneuve. — Bocciardo, de Gênes. — Gérard frères, de Nancy.—Lebrun, de Châteaudon. — Marandon, d'Argenton.—Trachsel, de Meudon. — Thierry, de Luxeuil. — Sorrel, de Moulins.—Zimmerman, de Lyon. — Desoudun et Perrier, de Foudon. —Déon, fils, de Sens. — Veuve Dougé et Levistre, de Dijon. — Garde, d'Avignon. — Lacollonge, de Lyon. — Lefebvre et Debonte, de Paris. — Meysonnier, d'Annonay.—Michel et Vieil, de Carpentras. —Silvain, de Marseille.—Desbenoit, de Roanne. — Goubert de Lyon. — Victor Masson fils, de Chambéry.—Robelin, de Toissey.—Trouttet et Thévenet, de Lyon. — Allard, de Marseille.—Broquier, de Marseille. — Renaud Chareaux, de Nancy. — Chevaillier, de Paris. — Conferon, de Paris. — Vetter père et fils, de Lyon. — Robert Labarthe, de Paris. — Guibaud fils, de Pézenas. — Burc, de Paris. — Callamard, de Lyon. — Peigne et Chouppe, de Paris. — Bastie et Cie, de Toulon.—Dorel, de Grenoble.—Pinède, de Bayonne. — Bouvier-Grenier, de Maringue. — Poireaux, de Lyon. — Bel, d'Autun. — Dismurger, de Lyon. — Rouillier, de Paris. — Pajaud, d'Argentan. — Chantrain, de Bruxelles.

MENTIONS HONORABLES

Armand, d'Ivry-la-Bataille. — Garnier, de Quissac. — Parayre et Coste, de Ceret. — Brenot, de Lyon. — Capblevilla-Ramon, d'Avignon. — Crepu, de Lyon. — Massoutier, de Grauthet.— A. Nugue, de Lyon. — Canet, de Lyon. — — Dechosal, d'Annecy. — Dupoizat, de Lyon. — Tholon, de Lyon. — Favre, de Lyon. — Hesse, de Lyon. — Bachet d'Annecy. — Orsolle, de Lyon. — Garnier frères, de Gondrecourt. — Philibert et Levet, de Lyon.

GROUPE VI

Alimentation

CHAPITRE VIII

SECTION XXVIII

Pâtes alimentaires

CLASSE 54e

Céréales et autres produits comestibles avec leurs dérivés. — Froment, seigle, orge, riz, maïs, millet et autres céréales.— Grains mondés et gruaux ; fécules diverses. — Produits farineux, mixtes.—Pâtes d'Italie, vermicelle, macaronis. — Préparations alimentaires propres à remplacer le pain. — Produits divers de la boulangerie et de la pâtisserie.

COMPOSITION DU JURY

Président.

Baron THENARD.... Paris.

Secrétaire.

BRUNET............ Marseille.

Membres.

BARRAL .... Paris.
JOURDAN.......... Lyon.

DELOCRE............. Lyon.
GAUTHERIN.......... Lyon.
FAVRET .... Lyon.
GRANDVOINET....... Grignion.
Vte DE St-TRIVIER .... Paris.
DENIS .... Lyon.
ESTIENNE .... Lyon.
Dr L. DE MARTIN ..... Lyon.

VEUVE MAGNIN & FILS — CLERMONT-FERRAND

PATES ALIMENTAIRES

La maison MAGNIN a régénéré, et, pour ainsi dire, créé en

France la fabrication des Pâtes alimentaires; c'est à elle qu'on doit le développement si considérable et le degré de perfection qu'a atteint cette importante industrie. .

M. Magnin, père, fonda à Clermont-Ferrand, vers 1830, sa première fabrique de Pâtes. Il existait alors, en France, à peine une dizaine de fabricants, dont l'infériorité et l'insuffisance des produits ne pouvaient lutter contre l'importation italienne.

Sous la vigoureuse impulsion donnée par M. Magnin, l'industrie des Pâtes alimentaires fit des progrès rapides. On compte maintenant, autour de Clermont-Ferrand, 100 fabricants qui mettent en œuvre plus de 800,000 hectolitres de froment de Limagne.

La maison Magnin est hors concours de droit. Son fondateur a été décoré de la Légion d'honneur pour ses Pâtes, les plus belles du monde. Elle a obtenu à Paris 1867 une médaille d'or, à Paris et au Hâvre 1868 deux diplômes d'honneur, a été mise hors concours en 1870. Aux expositions de Paris et de Londres elle a une obtenu une médaille d'honneur pour ses produits supérieurs à tous ceux exposés. (Les Pâtes de M. Magnin sont supérieures aux célèbres Pâtes d'Italie. *(Rapports des Jurys internationaux).*

Exposition collective des Pâtes alimentaires lyonnaises

DIPLÔMES D'HONNEUR — MÉDAILLES D'OR

décernés par les agriculteurs de France

L'exposition collective des fabricants de pâtes alimentaires de Lyon comprend les produits des six grandes usines suivantes: Hartaut-Ghiglione, Marge fils, Rivoire et Carret, Renaud frères, Bertrand et Cie, Joseph Brun et Cie, qui occupent en moyenne 750 ouvriers ou ouvrières, non compris les nombreux employés ou voyageurs, et fabriquent journellement de 23 à 25,000 kilogrammes. Il serait difficile de trouver en Europe une fabrication similaire de cette importance; leurs produits s'exportent sur tout le globe et sont connus à New-York, Lima, Londres, Pékin, Hong-Kong.

L'Italie a eu longtemps le monopole des Pâtes alimentaires; mais aujourd'hui ces produits, devenus indispensables, Lyon les a importés en France, et ils sont fabriqués partout, et la France est devenue la supérieure de sa voisine sur ce point.

Les Pâtes, fabriquées avec la plus pure essence des blés durs glacés, contiennent une proportion très-forte de matière nutritive ; aussi les personnes bien portantes, comme celles qui ont un estomac délicat, le malade riche étendu sur des coussins moëlleux, le pauvre couché sur un lit d'hôpital, consomment des Pâtes alimentaires.

Les grands industriels dont nous venons de citer les noms ont compris les avantages que leur offrait la situation de la ville de Lyon, bâtie au confluent de deux grands cours d'eau, communiquant par le Rhône avec la Méditerranée, par la Saône avec l'intérieur de la France; par le canal Saint-Louis, les grands navires pourront remonter jusqu'à Arles, et verser leur fret sur les bateaux à vapeur du Rhône. Ce fret est très-considérable, attendu que la fabrication lyonnaise emploie concurremment les blés durs glacés de Taganrog, port de la Russie sur la mer d'Azow, et ceux d'Algérie.

Les pâtes lyonnaises sont supérieures aux produits similaires de Paris, de Toulouse et de Marseille; elles doivent leurs qualités à l'énergie des industriels, qui ont eu à lutter contre les fantaisies de l'*échelle mobile*. Ce genre d'impôt frappait d'un droit élevé les blés durs qui arrivaient de Russie, tandis que les pâtes italiennes entraient à peu près librement en France et faisaient à l'industrie nationale une concurrence désastreuse. Les usiniers français réclamèrent: leurs voix furent entendues;on admit librement à la mouture les blés durs exotiques, et on frappa d'un droit les produits étrangers. Cette double mesure rendit à Lyon ses avantages en permettant aux fabricants d'approvisionner régulièrement leurs usines. En peu de temps les produits de la vermicellerie triplèrent, et les pâtes italiennes furent à peu près exclues du marché français.

Les blés durs d'Afrique et de Russie, d'après les différentes analyses faites en diverses circonstances, ne s'écartent pas sensiblement l'un de l'autre comme appréciation chimique et ont acquis, comme qualité, une supériorité incontestable sur tous les autres blés.

En 1851, l'Algérie n'exportait presque pas de blé dur; pendant la période décennale suivante, l'exportation annuelle, pour Marseille, atteignit 840,000 kilogrammes, et le prix de 6 francs s'éleva à 20 francs.

Lyon peut revendiquer une large part dans ce beau résultat; car ce sont ses fabricants qui, les premiers, ont su exploiter les excellentes qualités des semoules des blés algériens. On pourrait nous dire qu'ils y ont trouvé leur profit: cela nous paraît assez juste; mais ce qu'il serait impossible de contester, c'est le service immense rendu par eux à la production algérienne, et par suite à la France.

C'est M. Joseph Brun, l'un des coopérateurs les plus actifs de l'exposition de 1872, l'un des fabricants de pâtes alimentaires qui s'est chargé de l'installation de l'exposition collective de ses confrères lyonnais. Il a montré dans cette œuvre un goût digne des plus grands éloges.

Sa maison qui partage avec ses confrères de la ville le diplôme d'honneur décerné par le jury et la médaille d'or donnée par la société des agriculteurs de France, avait déjà obtenu d'autres récompenses, notamment en 1869 une médaille d'argent à Amsterdam.

GROULT — *12, rue Sainte-Apolline* — PARIS
PATES ALIMENTAIRES — DIPLÔME D'HONNEUR

Nous nous sommes rendus au siége de la maison Groult pour
y prendre quelques renseignements que nous eussions été heureux
de donner dans cet ouvrage. Nous en sommes ressortis avec
l'intention formelle de n'en donner aucun, tellement nous avons
été convaincus que, pour entrer dans les mille détails d'une fabrication si colossale, il nous faudrait le volume entier, faute de
quoi nous nous exposerions a être inexacts ou injustes. — La
Maison GROULT est la Maison GROULT, et voilà tout.

RANIXE Fils — Chamalières, près CLERMONT-FERRAND
PATES ALIMENTAIRES — MÉDAILLE D'ARGENT

La maison RANIXE, qui date de plus de quarante ans, a
été créée par M. RANIXE père, d'origine italienne, qui, en venant
fonder un grand établissement en France, s'est attaché d'une manière toute spéciale à la fabrication de la semoule, du vermicelle
et du macaroni.

Aussi, les moyens de fabrication qui lui étaient particuliers,
valurent-ils bien vite à sa maison une vogue qui s'est toujours
maintenue, et ses produits furent-ils recherchés entre tous, sur
tous les grands marchés de France et de l'Etranger.

Son fils, le continuateur de la maison, a apporté à cette industrie de nouveaux éléments de perfectionnement, afin d'en vulgariser l'emploi.

Malgré la crise commerciale que traverse notre pays, il n'a
jamais arrêté son usine, il a toujours gardé le même nombre
d'ouvriers.

M. RANIXE fils, lors de l'Exposition universelle de Londres, a

obtenu la juste récompense de ses constants efforts, et une mé
daille lui fut décernée par le Jury de sa classe. Il en a reçu une
deuxième à Clermont-Ferrand en 1863.

Félix POTIN — *103, Boulevard Sébastopol, 103* — PARIS
DENRÉES COLONIALES, ALIMENTATION — MÉDAILLE D'ARGENT

Pendant le siège de Paris, au moment où l'alimentation était
réduite aux abois, on a injustement accusé M. Félix POTIN d'être
possesseur de toutes sortes de produits alimentaires, et le mot
accapareur fut lancé contre lui. Peu s'en fallut qu'on ne fît un
bien mauvais parti à ses magasins. La population presque affamée
de Paris faisait preuve, dans cette circonstance, d'une aveugle
méchanceté ; mais si elle s'adressait à M. Potin, c'est que
l'importance de ses docks, si connus et généralement si bien
approvisionnées, donnait une apparence de vérité aux supposi-
tions. Encore une fois, c'était faux, et on s'en aperçut bien vite ;
mais depuis, et actuellement surtout, quelle razzia fructueuse on
ferait dans ses nombreux dépôts que l'on aperçoit dans tous les
quartiers de la capitale, et où se trouvent accumulés tous les
produits d'alimentation.

M. POTIN a ses usines rue de l'Ourcq (Villette) et à l'île d'Yeu,
où il emploie, au *minimum,* 200 ouvriers et ouvrières, et, à
l'époque de la fabrication des conserves, de 400 à 500.

ROUSSET — *Rue de Lyon* — LYON
MÉDAILLE D'ARGENT

Le *Manioc* exposé par M. ROUSSET est un aliment très-utile,
très-bon et qui peut rendre de grands services. Il a pour base
l'extrait de viande concentré, contient des légumes et étant sec et
en poudre, il peut se conserver très longtemps sans exiger de

précautions sérieuses. — Le potage qu'il produit a parfaitement le goût du tapioca.

NOMS DES RÉCOMPENSÉS

DIPLOMES D'HONNEUR

La société des fabricants de pâtes alimentaires de Lyon. — Groult-Camille, de Paris. — Kœchlin E. F., de Mulhouse.

MÉDAILLES D'OR

Mistral, de Saint-Rémy. — Trébucien frères, de Paris.

MÉDAILLES D'ARGENT

Aubert, d'Aix. — Moïse, de Marseille. — Ranixe, de Clermont-Ferrand. — Laszlo, de Hongrie. — Taupenot, de Chalon-sur-Saône. — Thozet, A., de Paris. — Frey Witz, de Mulhouse. — Ambroziani d'Oulx (Italie). — Mauprivez, de Paris. — Ernest Barbot, de Larochelle. — Félix Potin, de Paris. — Rouvier, de Marseille. — Rousset, de Lyon.

MÉDAILLES DE BRONZE

Jouve, J.-B., de Marseille. — Hestor Bassot, de Dijon. — Philippe Jeannot, de Saint-Jean-de-Losne. — Léonard Savard, de Paris. — Cavagé, H. et Cie de Crépiac. —Delcros, de Brives (H^{te}-Loire).— Auguste Coueste, d'Aix. — Marcou, de Toulouse. — Laporte neveu, de Toulouse. — Michallet, de Lyon. — Maria et Cie, de Paris.— Clerc, de Lyon. — Crucer, de Lorient. — Adolphe Rousset, de Valréas (Vaucluse). — Dumoutier, de Claville. — Robillard, d'Heursie. — L. Abadie, de Beaumont. — Vincent Abauzit, d'Uzès (Gard). — Raynbird-Coldecot-Bautré-Douling (Angleterre). — Th. de Bauër, de Konigsfeld. — Spont de Paris.

MENTIONS HONORABLES

Chabod, de Lyon. — Palumbo Mathéo, de Salerne.

SECTIONS XXIX ET XXX

Corps gras alimentaires

CLASSE 55^e
Corps gras alimentaires.—Graisse, huile, laitage, beurre, fromage, œufs de toutes sortes.

CLASSE 56e

Viandes et poissons. Viande fraîche, salée, conservée, tablettes de viande, volaille, gibier.—Poissons frais, salés, conservés dans l'huile ; crustacés et coquillages.

CLASSE 57e

Légumes et fruits. — Tubercules, légumes farineux secs, légumes verts à cuire, légumes et racines, légumes. épices, cucurbitacés, produits des cueillettes, conserves diverses de légumes, fourrages conservés, fruits frais, fruits secs et préparés, fruits conservés sans le concours du sucre.

COMPOSITION DU JURY

Président.

DUFIER .... Lyon.

Membres.

THÉRON (Louis)......... Lyon.

Cap. BESSON .... Lyon.

WATTEBLED .... Lyon.

BENIER-PIQUANT........ Lyon.

BONNET .... Lyon.

————

WATTEBLED — *41, rue de la Bourse* — LYON

MEMBRE DU JURY

Au nombre des membres du jury de la XXIXe section, se trouvait naturellement de droit, le *Vatel lyonnais*, M. WATTEBLED.

M. WATTEBLED est à Lyon ce que MM. POTEL et CHABOD, ou M. CHEVET sont à Paris, et sa réputation est aussi grande et aussi méritée que celle de ces illustres marchands de comestibles à Paris. Il est l'inventeur d'un procédé perfectionné pour l'expédition du poisson par les plus grandes chaleurs.

On trouve chez lui les produits les plus alléchants et les plus rares qu'un gourmet puisse imaginer. C'est lui, d'ailleurs, qui fait tous les dîners de gala qui se servent à Lyon.

Il avait installé à l'Exposition un magnifique restaurant, qui a joui, tant qu'elle a duré, de la plus grande vogue.

Nous avons assisté à plusieurs banquets qui y ont été donnés, notamment au grand banquet d'inauguration, et nous avons été émerveillés qu'on puisse improviser un dîner aussi considérable, composé de mets aussi bien choisis, aussi nombreux et aussi succulents.

SOCIÉTÉ DES CAVES RÉUNIES DE ROQUEFORT (Aveyron)

Maison fondée par les Propriétaires des meilleures caves pour la préparation des excellents fromages de Roquefort, à laquelle de récentes adhésions, et l'achat des meilleures provenances, ont donné une importance exceptionnelle.

CRÉDIT AGRICOLE ET FABRICATION DE 2,000,000 KILOG. DE FROMAGES

DONT LA RENOMMÉE EST UNIVERSELLE — HORS CONCOURS

La Société des Caves réunies, désireuse de contribuer, dans la mesure de ses moyens, à l'Exposition Universelle de Lyon, a exposé ses excellents produits aux yeux et au palais des gourmets du monde entier qui, comme à l'Exposition universelle de Paris, en 1867, ont reconnu encore une fois de plus leur supériorité de goût et de qualité sur tous les autres fromages.

COMPAGNIE LIEBIG — LONDRES

EXTRAIT DE VIANDE — HORS CONCOURS

Usine à Fray-Bentos (Uruguay, Amérique du Sud)

La Compagnie Liebig, établie au capital de 12 millions de francs, possède, dans l'Uruguay, des établissements considérables dont la population ouvrière s'élève à près de 2,000 individus. Toute la contrée environnante dépend de l'usine, et la ville de Fray-Bentos lui doit son origine et ses accroissements. Toutes les rues qui se trouvent sur ses terrains, qui ont une étendue d'une lieue carrée, sont exclusivement habitées par ses ouvriers et leurs familles. Elle y a aussi fait construire une école pour les enfants et une église.

Le bétail abattu par la Compagnie pour la fabrication de l'EXTRAIT s'élève à près de 500 bœufs par jour.

Les appareils de cette immense usine sont mis en mouvement par des chaudières de la forcé totale de 740 chevaux.

Un grand réservoir d'une contenance de 5,000 pipes, alimenté par une machine spéciale, domine les établissements de la Compàgnie et peut ainsi, en un instant, et par des conduites qui s'étendent dans toutes les directions, inonder les bâtiments pour les nettoyer, ou pour éteindre tout incendie qui s'y déclarerait.

Les vapeurs provenant d'une évaporation de près de 80,000 litres d'eau par jour sont recueillies dans des tuyaux et dirigées dans une cheminée élevée, et spécialement construite pour cet objet. Pour le nettoyage général, l'eau arrive par torrents de tous côtés, et en un instant l'établissement entier est nettoyé jusque dans ses moindres détails.

De grands égoûts, construits en briques et en ciment, recueillent l'eau et la conduisent en aval de la rivière. La propreté la plus minutieuse qui règne dans cette splendide fabrique remplit dans d'admiration et de satisfaction.

CHOSSON — LYON CHATAL-TARDY — LYON

MÉDAILLE D'OR MÉDAILLE D'OR

MOYNE — GREPPO — BONNARD

MÉDAILLES D'ARGENT

Il n'est pas de gourmet qui ne connaisse la réputation de la charcuterie lyonnaise. Cette réputation est acquise au plus juste titre, et ne s'applique pas seulement au produit célèbre appelé *Saucisson de Lyon*. Elle s'étend à tous les autres aliments que doit la table de chacun à cette industrie.

Du reste, la charcuterie joue un grand rôle dans la vie lyonnaise, et c'est probablement à la grande consommation qui s'en fait dans la seconde ville de France qu'elle a dû d'y être préparée avec plus de soin. L'étranger, en effet, ignore absolument que la majeure partie des indigènes ne fait qu'un repas sérieux par jour : à deux heures après midi, et ne consomme le matin et le soir, pour calmer les transes de son estomac inquiet, qu'une tranche de *galantine,* de *jambon fumé* ou de *tête roulée.*

Les charcutiers lyonnais vendent même, à toute heure, cuits à point, ceux de leurs produits qui ne doivent point être mangés froids.

Nous avons placé en tête de cet article les noms des cinq charcutiers les plus connus de Lyon, qui ont vu leurs produits couronnés à l'Exposition. MM. CHOSSON, place du Pont, veuve CHATAL et TARDY, place Bellecour, qui ont obtenu des médailles d'or; BONNARD, rue Grenette, MOYNE, place de la Méséricorde et GREPPO, rue St-Pierre, à qui le jury a décerné des médailles d'argent.

Leur industrie est une industrie locale, importante, qui méritait qu'on parlat d'elle.

NOMS DES RÉCOMPENSÉS

HORS CONCOURS

Caves réunies de Roquefort. — Joffroy (Alexis), de Paris. (Liébig).

DIPLOMES D'HONNEUR

Doyen, de Strasbourg. — Bonfils, de Carpentras. — Tessier-Sollier, de Roquefort.

MÉDAILLES D'OR

Chatal Tardy, de Lyon. — Chevaller, de Paris. — Chosson, de Lyon. — Theyssoneaux et ses fils, de Bordeaux. — Thireaux, de Beaufort. — Naquet père et fils, de Carpentras. — Schnéegans, Rub, de Strasbourg.

Rappel. — Roussel ainé, de Roquefort. — Perrier, de Crest. (Drôme) — Henry, de Strasbourg.

MÉDAILLES D'ARGENT

Grassot, de Saint-Denis. — Bonnard, de

Lyon. — Miroille Tarascon, de Vaison. — Moyne, de Lyon. — Muratoris de Port-Maurice. — Greppo, J.-P., de Lyon. — Philippe Berrio, de Lucques. — Denoi et Cⁱᵉ, de Paris. — Demeurat, de Tournon. — Lambert, de Nantes. — Blanchet, Gabriel, de Paris. — Neppert-Lombard, de Lyon. — Bischoff, de Colmar. — Quet, de Lyon.

Rappels. — Potin, de Paris. — Vicat, de Paris.

MÉDAILLES DE BRONZE

Maiyargues, de Nice. — Rosière, de Romainville. — Vicard, de Lyon. — Schupbach, de Berne. — De l'Espine, d'Avignon, — Geymet de Maussence. — Stable, de Nice. — Anglo Wiss (Suisse). — Mandet, de Tarare. — Baudet, de Saint-Laurent. — Dronne, de Paris. — Viard, de Paris. — Mercier, (Basses-Pyrénées). — Pols, de Londres. —

Lilia Edwards, de Londres. — Peyron, de Quimperlé.—Aumont, de Graville. —Cassegrein, de Nantes. — Terrier-Brunet, de Paris. — Paul Maurin, de Salerne. — Remondet, de Lucenay. — Augereau, de Nantes. — Jean Allo, de Nice. — Bareis, de Colmar. — — Itier, de Lyon. — Bourcier, de Lyon. — Goisson, de Lyon. — Porcor, de Barcelonne. — Avigdor, de Nice. — Savard.

MENTIONS HONORABLES

Alphonse Obez. — Cavagé, de Grépiar. —Guillen et Bourgeois. — Tressinge, de Montignac. — Leygonie, de Meyssac. — Facconi Paolo. de Bologne (Italie). — Paolo Antoni. — Demartin Louis. — Déforge , de Pithiviers. — Dechane , de Cannes. — Pascal. — Albertin de Grenoble. — Duprat, Clément, Maurel, de Bordeaux. — Girin, de Lyon. — Mathey, de Paris. —Allier, de Valréas. — Augier, de Grasse. Dor, à Lafare près d'Aix. — Ardisson, de Saint-Chamond. — Buyer , de Saint-Pierre de Foursac. — Perrin (J)., de Sorgues. — Roche de Belves. — Rousseau, Rozier, Renault d'Orléans. — Armien, Paulin, de Léon Saint-André près Marseille. — Chausson (Louis-Victor), de Paris. — Nayrac, de Sarlat. — Penier (J.-P.-F.) de Crest. — Moura et Thorin, de Fribourg (Suisse). — Pelletier, de la Forge. — Baron L. Brisse, de Fontenay - aux - Roses. — Magna, de Loriol. — Vicomte Raoul de Saint-Sèvre, de la Marche-sur-Saône (Côte-d'Or). — Simonot, de Beze.

SECTION XXXI

————·••✕••·————

Chocolats, Epices, Confiserie et Liqueurs

CLASSE 58e

Condiments et stimulants. — Sucres et produits de la confiserie.—Epices diverses, thés, cafés et boissons aromatiques, chocolats, sucres divers, produits divers de la confiserie. — Conserves de fruits. — Liqueurs.

COMPOSITION DU JURY

Président.

CAP. BESSON .... LYON.

Vice-Président.

PELPEL .... PARIS.

Secrétaire.		COMBIER.............. Lyon.
LETANG.............. Paris.		DUFIER .... Lyon.
Membres.		TREMBLAY............ Lyon..
MOUTTON............ Paris.		PAYRAUD............ Lyon.
FERRAND............ Lyon.		ANDRÉ............... Nimes.

PAYRAUD — *rue de Lyon, 37* — LYON

MEMBRE DU JURY

L'industrie des chocolats, telle que la pratique M. Payraud, est une de celles qui, par leur importance, illustrent un industriel et un pays. M. Payraud n'est inférieur à aucun des grands fabricants de Paris, et sa production journalière est si considérable, qu'on aurait lieu de s'en étonner, si l'on ne savait que le chocolat Payraud a une telle réputation, que loin de se borner à fournir de ses produits la zône dans laquelle se trouve Lyon, il rayonne industriellement dans toute la France et à l'étranger. M. Payraud a deux fabriques : l'une à *Lyon*, à la Mouche et l'autre à *Genève*.

140 ouvriers ou ouvrières travaillent habituellement dans ses ateliers ou dans ses magasins, et comme à ce personnel il faut joindre tous les genres de machines ingénieuses qui existent dans cette spécialité, et qui remplacent un grand nombre de bras, on ne s'étonnera pas si nous disons que, chaque jour, il sort de chez lui 2000 kilos minimum, de ce succulent produit que tous les bébés apprécient tant et sur la bonté du quel ils sauraient bien mieux disserter que nous.

CASATI — *rue de Lyon* — LYON

MÉDAILLE D'ARGENT

Casati : c'est Casati ! Il est superflu, à notre avis, d'en dire davantage sur son compte et sur celui de son chocolat, et si, comme industrie, il ne produit pas autant que M. Payraud, la qualité n'est pas inférieure, et qui plus est, chez lui, on a l'avantage de le déguster à chaud. *Dignus est intrare in nostro docto libro.*

MADERNI — *Rue de Lyon* — LYON

Encore un nom en *i* — encore un de ces habiles importateurs napolitains qui, connaissant leurs mérites personnels, aiment à venir en France, où ils sont certains de les voir appréciés.

M. MADERNI reconnaîtra la vérité de notre dire. Le succès qu'il a acquis àLyon a dû lui prouver, en effet, qu'on estimait tout ce qui est réellement délicieux, et M. MADERNI avouera même que, grâce à ce qu'il a fait grand et bon, dès son arrivée, il n'a presque eu qu'à émettre ses chocolats, et dire, en excellent italien :

Veni — Vidi — Vici.

BORNIBUS — PARIS

MÉDAILLE DE BRONZE

C'est à la création de ses *Appareils* uniques de fabrication, au *Perfectionnement de ses produits* qui ont figuré *aux Expositions universelles*, que M. BORNIBUS doit le succès de sa maison. Qui n'a entendu parler de cette marque si connue, que l'on retrouve sur toutes les tables autour desquelles se réunissent les fines bouches de la gourmandise ?

Presque sans interruption, M. BORNIBUS avait obtenu des récompenses dans toutes les Expositions qui ont eu lieu depuis 1855.

A Lyon, le Jury a tenu à honneur de le récompenser aussi, mais son verdict est-il suffisant ?

ESCOFFIER — LYON   ESCOFFIER — NICE

MÉDAILLE D'ARGENT   MÉDAILLE DE BRONZE

Nous ne savons si ces deux confiseurs sont frères ou parents à un degré quelconque. Ce que nous savons, c'est qu'en faisant remonter nos souvenirs aux jours de notre enfance, nous nous rappelons, point trop vaguement, d'avoir vu écrit ce nom sur des boîtes d'excellents bonbons que nous nous plairions encore aujourd'hui à grignoter, si cela était permis aux gens raisonna. bles, et si le bonbon et le marron glacé n'étaient pas demeurés l'apanage exclusif des jeunes femmes et des bébés.

Quoiqu'il en soit, et que MM. ESCOFFIER de Lyon et de Nice soient frères ou ne soient pas parents, le nom d'ESCOFFIER est célèbre dans la confiserie. Je l'ai su autrefois par ma propre expérience, et bien des enfants m'ont confirmé dans cette opinion, à l'époque du jour de l'an.

TERASSE — *rue de la Barre* — LYON

MÉDAILLE D'ARGENT

M. TERASSE est, avec M. ESCOFFIER, l'un des meilleurs confiseurs lyonnais. Il fabrique toute espèce de bonbons meilleurs les uns que les autres. On nous a dit qu'il avait depuis quelque temps un successeur. Nous espérons pour tous les deux et pour l'avenir de la confiserie française qu'il lui aura cédé ses traditions avec sa maison.

SAPIN & Cⁱᵉ — LIMOGES

LIQUEURS — MÉDAILLE D'OR

Cette Maison jouit à bon droit d'une réputation séculaire pour la supériorité de ses produits, qui sont connus sur tous les points du globe, et pour les immenses quantités livrées chaque année à l'Exportation.

M. Sapin, breveté, Membre de plusieurs Sociétés savantes, de l'Académie nationale manufacturière et commerciale, de la Société d'encouragement pour l'industrie nationale , de la Société des Sciences industrielles, Arts et Belles-Lettres de Paris, etc., a fait une étude spéciale de la Chimie végétale; il met à contribution la flore de toutes les latitudes, et son laboratoire pourrait servir de cabinet d'études au botaniste le plus érudit. Pas une substance, une plante, dont les propriétés ne soient étudiées, caractérisées, et dont les effets ne soient connus et approuvés.

Ce n'est donc pas sans raison que M. Sapin a donné à quelques-unes de ses liqueurs le titre d'hygiéniques; chacun des éléments qui les composent a des vertus propres et spécifiques, que les Savants de l'antiquité, ainsi que les Falcutés modernes, ont reconnues et préconisées. Ces Liqueurs sont le complément d'un bon repas et le *nec plus ultra* des jouissances du goût.

FILLION — *rue Gasparin, 5* — LYON
MÉDAILLE D'ARGENT

Les magasins de M. FILLION, rue Gasparin, constituent un véritable entrepôt de liqueurs. M. FILLION produit les liqueurs fines. Il est l'inventeur du *Quina-Vermouth,* produit hygié nique, breveté s. g. d. g.

Vᵉ JENOUDET & MALIVERNET frères — *rue de Barème* — LYON
MÉDAILLE D'ARGENT

La maison Vᵉ JENOUDET et MALIVERNET frères est une fort ancienne maison de Lyon, aussi sa raison sociale a-t-elle dû, depuis sa fondation, subir bien des modifications.

Elle s'occupe de la distillerie de toutes les liqueurs fines.

CHAPUIS & Cie — LYON

MÉDAILLE DE BRONZE

Messieurs CHAPUIS et Cie possèdent une distillerie à vapeur, rue Montbernard, 9, Ils fabriquent toutes les liqueurs et spécialement le vermouth et la *Grande Chartreuse* qu'ils imitent avec une rare perfection.

NOMS DES RÉCOMPENSÉS

HORS CONCOURS

Say, de Paris.

DIPLOMES D'HONNEUR

Jeanti et Prévost, de Paris. — Vignand-Focking, d'Amsterdam.

MÉDAILLES D'OR

Société anonyme de sucrerie de Châlon-sur-Saône. — Chappaz, de Marseille. — Suchard, de Neufchâtel. — Lesage et Peignard, de Paris.

Rappel. — Sapin et Cie, de Limoges.

MÉDAILLES D'ARGENT

Bertrand, d'Apt. — Casati, de Lyon. — Fillion, de Lyon. — Veuve Jenoudet et Malivernet frères. — Terasse, de Lyon. — Rochat, de Lyon. — Bartet et Besnier, de Lyon. — Perrin, de Gap. — L'hôpital, de Pétersbourg. — L. Rousselot, de la Martinique. — Blanqui, de Nice. — Veuve Rouget, de Moscou. — Desvigne, de Paris. — Noyaux, de Saint-Etienne. — Ervens Bols, d'Amsterdam. — Martini Sola, de Turin. — Arnaud, de Voiron. — Gasnière, de Lyon. — Douarillot, de Suisse.

Rappels de médailles. — Chardouneaux et Ducros, de Nimes. — Marchand, de Paris. — Trebucien frères, de Paris. — Huntley-Palmers, de Londres. — Olibert, de Bordeaux. — Félix Potin, de Paris. —

Robin de Lisle, d'Espagnac. — Etienne, de Nantes. — Louvel, de Paris.

MÉDAILLES DE BRONZE

Escoffier, à Nice. — Deshusses, de Versoix (Suisse). — Morey, de Chalon-sur-Saône. — Gelot, de Lyon. — Gamb-Wirig, de Lyon. — Fondonay et Castello, de Barcelonne. — Blussaud, de Lyon. — Deleuze, de Moussac. — Bauer, à Brun (Autriche). — Pitet, à Pont-de-Veyle. — Giromani-Luxardo, à Zara (Dalmatie-Autriche). — Chermette, à Roanne. — Watrin, de Liége. — Dizerven, de Lauzane. — Olivier frères, de Toulouse. — Hœlcher, de Genève. — Santier, de Genève. — Chapuis, de Lyon. — Picon, d'Alger. — Orif, de Saint-Etienne. — Drouet, du Havre. Ballard, de Turin. — Brun, de Voiron. — Caucal, de Saint-Germain-du-Bois. — Melkior, à Bruxelles. — Mayer, de Thann. — Hildebrand, de Bordeaux. — Serve père et fils, de Lyon. — Daymann-Druat, de Bruxelles. — Desjardin, de Paris. — Bouchard, de Lyon. — Baudet, de Lyon.

Rappel. — Bornibus, de Paris. — Hugon, de Paris. — Carenon Boniface, de Moussac. — Jacquemin, de Meursault.

MENTIONS HONORABLES

Menard, de Chalons. — Trinquet, de Lyon. — Baille et Terpubeau, de Cette. — Romain-Dulrue, de Voiron. — Sabatier, de

Menduel. — Foassin, de Liège. — Ulhrich, de Turin. — Viola Bixio, de Turin, — Faye, de Lyon. — Casenier, d'Ornans. — Bakluert, d'Anvers. — Berlioz, de Lyon. — Picard, de Villefranche. — Scouteter, de Lille. — Calmon, de Valence. — Isolabella, Jamini, de Milan. — Gentilli, de Trieste (Autriche). — Vittone, de Nice. —Romano Velchor, de Sebenica (Autriche). — Grillat de la Frette. — Detang, de Beaune. — Gerbault, Ridon, de Saint-Aignan. — Rouvière, de Dijon. — Pacotte, ds Pont-de-Vaux. — Delpèche, de Cahors. — Cernaud, de Gevery. — Laurent et Bigallet, de Lyon. — Ballivet, de Châtillon. — Pastre, d'Aubenas. — David, de Lyon.— Ninot, de Lyon. — Guillou, de Paris. — Bertrand, d'Apt. — Souvignet, de Lyon. — Stonpany, de Montélimar. — Leblanc, Wincklé, d'Altkirch. — Escofier, de Nice. — Teyssonneau, de Bordeaux. — Barbot. de Larochette. — Grotes, de Weestzann (Hollande). — Artige, d'Aubenas. — Negre, d'Aix. — Benoist de Blois. — Plan-Placide, de Barras. — Viala (Arthur), de Vigon. — Bouvier, de Marseille. — Régnier, d'Avalon. — Berthier, de Toulouse. — Abouzet et Vincent, de Nimes. — Pitollet, de Dampierre. — Berlioux, de Lyon.

SECTION XXXII

Vins et Alcools

CLASSE 59e
Boissons fermentées. — Vins ordinaires et de luxe, cidre, bière, etc. — Eaux-de-vie, alcools, boissons spiritueuses.

COMPOSITION DU JURY

Président.	*Membres.*
TERREL DES CHÊNES.... Lyon.	CHABOD................ Lyon.
Secrétaire.	CAP. BESSON............ Lyon.
RÉVOL................. Lyon.	

Le vin est une des productions agricoles les plus importantes de la France. La récolte des vins atteint en effet le chiffre énorme 750 millions. La vigne occupe 2,500,000 hectares de terrains et rend au trésor 250 millions. Suivant les saisons, la production du vin varie de 50 à 70 millions d'hectolitres. En établissant donc un calcul d'après le chiffre de la population, en France, on arrive à une consommation de 2 hectolitres par personne environ.

Partie de cette récolte est consommée par les producteurs et le commerce, partie est transformée en alcools. Les principaux vins de France se récoltent dans le Bordelais, la Bourgogne et la Champagne. La distillation se fait surtout dans les deux Charentes où l'on fabrique le Cognac. Toutefois, dans le Gers, le Lot-et-Garonne, l'Hérault, l'Aude et le Gard on produit aussi des eaux-de-vie.

La vigne était admirablement représentée à l'Exposition de Lyon, et sous ce rapport il y avait parmi les produits exposés, non-seulement le nombre, mais la qualité. On prétend, en effet, que rarement une Exposition de vins a été plus complète.

Il est vrai que par sa situation Lyon est un centre pour les productions vinicoles : cette ville se trouve rapprochée de la Bourgogne et plus voisine encore de ces fameux crûs de Côte-Rôtie que les gourmets tiennent en si haute estime.

La Gironde, quoique plus éloignée, a tenu à prendre part à la lutte, et même une large part.

Le Midi de la France, lui aussi, avait envoyé de ses vins blancs fameux, qu'on est si fier de posséder dans sa cave lorsqu'on a des prétentions à une collection sérieuse.

Enfin, la Champagne y étalait ses grandes marques. Au point de vue international, l'Exposition était aussi remarquable, car nous avons dégusté avec componction des vins de *Transylvanie,* d'Espagne et du Portugal. La présidence du Jury et l'organisation supérieure de ce concours, avaient été données à M. TERREL DES

Chènes, qui nous permettra de lui témoigner ici notre admiration pour la façon intelligente avec laquelle il a su tout disposer et diriger dans ce dédale immense de productions vinicoles.

Vincent MALÈGUE—PÉZILLA-LA-RIVIÈRE (Pyrénées-Orientales)
VINS FINS — DIPLÔME D'HONNEUR

Monsieur Vincent Malègue, propriétaire des vignobles Moussol et Canta, à Pézilla-la-Rivière, a obtenu pour ses vins la plus haute récompense de l'Exposition, c'est-à-dire *un diplôme d'honneur*. Cette Maison est fort connue tant en France qu'à l'Étranger ; elle doit sa grande notoriété à la supériorité incontestable de ses produits, qui lui ont valu de nombreuses médailles dans différents concours ou expositions, à Pau 1857, Avignon 1858, Marseille 1861, Perpignan 1862, etc., et notamment aux *Expositions universelles de Paris 1867 et de Lyon 1872.*

« Lorsqu'on a eu la bonne fortune de goûter les vins fins de liqueurs, français et étranger, qu'expédie cette Maison, on n'est plus à s'étonner des distinctions qu'ils ont obtenues et de l'active recherche dont ils sont l'objet. »

RÉVOL — *place de la Miséricorde, 1* — LYON
VINS — DIPLÔME D'HONNEUR

M. Jules Révol a obtenu un diplôme d'honneur pour la collection de vins qu'il a exposée.

M. Révol est un des principaux négociants en vins de notre ville. Il possède, ainsi que l'indique la haute récompense qui lui a été décernée, les meilleures qualités, les premiers crus et une nombreuse collection de ces qualités et de ces crus.

Ses magasins sont situés place de la Miséricorde, à Lyon. On voit rangées aux devantures, des bouteilles et des fioles affectant les formes les plus variées et capables de faire pâmer tous les disciples de Bacchus.

J'ai vu maints gourmets, au gousset peu garni sans doute, se promener — à travers les glaces — devant ces régiments de bouteilles, comme un général devant un front de bataille, et leur regard indiquait combien ils regrettaient de ne pouvoir point complimenter à leur aise d'aussi excellents soldats.

Mais le lecteur va croire que j'ai été du nombre de ces malheureux gourmets. Aussi bien, pourquoi dirai-je qu'ils sont trop verts. Je ne suis point buveur, je vous assure, mais comme c'est bon du vrai vin bien fait, signé d'une bonne marque ! Et M. RÉVOL, que nous avons l'honneur de connaître, nous en enverra certainement une caisse, après avoir lu notre livre.

BODEN AINÉ — REIMS

VINS DE CHAMPAGNE — MÉDAILLE D'OR

M. BODEN aîné a obtenu du jury une médaille d'or, pour son vin de Champagne.

Le jury a hautement apprécié la fabrication de M. BODEN et lui a donné la plus haute récompense qui ait été décernée aux vins de Champagne.

La maison BODEN est de Reims. La qualité exceptionnelle de ses produits, et le soin extrême avec lequel sont faits ses vins, lui assurent qu'elle ne tardera pas à posséder la première marque de Champagne.

BRUGALLIÈRES — FLORESSAC (Lot)

VINS — MÉDAILLÉ D'OR

On a remarqué une série de vins fins de dix années différentes, des coteaux du Lot, exposés par M. BRUGALLIÈRES, maire de

Floressac, propriétaire des domaines de Chambeau et de Paillas.

Ces vins, produits par le pineau ou pied rouge, sont pleins, riches en corps et en couleur, ont un grand parfum et du bouquet. Ils durent très-longtemps et gagnent beaucoup de perfection par l'âge.

Ces vins ne peuvent manquer de prendre du renom.

BLANC SÉBASTIEN — MONTROMAND (Cévennes)

VINS DE MONTROMAND — MÉDAILLE DE BRONZE

Montromand est situé dans les Cévennes et dans le chainon de ces montagnes, appelé l'Yzeron, au canton de Saint-Laurent-de-Chamousset, département du Rhône, sur le bord du bassin houiller de Sainte-Foy-l'Argentière et de la Brevenne.

Son nom lui vient des Romains. *Mons romanus, Mont-Romain,* ainsi nommé à cause des grands travaux que les Romains avaient exécutés à travers les monts et les vallées de ce pays, pour la construction de l'un des quatre aqueducs conduisant de l'eau à la cité romaine de Lyon.

Les sommets de cette commune sont granitiques, et les parties inférieures sont composées de couches de schistes argileux et autres, sur lesquelles repose le terrain houiller.

C'est dans ces schistes que se trouvent les vignes de Montromand, depuis l'élévation de 350 mètres jusqu'à celle de 55° au-dessus du niveau de la mer. Le point culminant de cette localité, le Pilon, atteint la hauteur de 918 mètres.

Le vin rouge de Montromand, renommé dans les environs, n'était encore paru dans aucun concours public. Il est d'un franc goût, c'est-à-dire exempt de toute saveur autre que celle du fruit; car dans les premiers temps, comme produit des schistes argileux, il devient moelleux en vieillissant et se conserve plus de vingt-cinq ans.

GIRARDIN — COGNAC

MÉDAILLE D'OR

Contribuer à maintenir la bonne réputation des eaux-de-vie de Cognac est un devoir que la raison impose aux propriétaires et aux commerçants de ce pays. M. GIRARDIN en fait sa règle de conduite ; il se montre très-amateur des meilleurs produits de la Champagne. A l'occasion de la récompense qui lui a été décernée, il n'y a donc rien d'étonnant que ses produits aient été ainsi remarqués ; et dans son propre pays, nous apprend l'*Ère nouvelle* de Cognac, la satisfaction a été grande : pourtant « *est-on toujours prophète dans son pays ?* »

BOURCIS-THOLOZAN & Cⁱᵉ — PONTCHARRA-SUR-BRÉDA (Isère)

MÉDAILLE D'OR.

La vinaigrerie au système orléanais de MM. BOURDIS-THOLOZAN et Cⁱᵉ, de Pontcharra-sur-Bréda (Isère), vient d'obtenir à l'Exposition de Lyon, une médaille d'or. Elle en avait déjà obtenu une de bronze à Chambéry, 1860.

VULLIEROD — DIJON

MÉDAILLE D'ARGENT

M. VULLIEROD a obtenu une médaille d'argent pour la fabrication des merrains destinés à contenir des liquides.

Son procédé, démontré dans une petite brochure intitulée : *Notice sur un mode nouveau de fabrication des merrains et futailles,* présente des avantages qu'a reconnus le jury.

A côté de ce système, nous voulons parler d'un nouveau mode de scier les bois sur maillets, c'est-à-dire selon le fil du bois, complétant l'ancien système MOREAU, applicable au découpage des bois pour la menuiserie et l'ébénisterie ;

Indiquant une nouvelle manière de fabriquer par la scie les merrains sur mailles, avec plus d'économie et de régularité que ceux provenant de la fente par le coutre ;

Merrains tous dôlés, d'une égale largeur et d'une égale épaisseur;

Scie sans fin horizontale brevetée s. g. d. g., et emploi d'une machine perfectionnée faisant exactement les feuilles, à l'aide de deux scies circulaires;

Machines brevetées s. g. d. g. pour monter les tonneaux, feuillettes et quarteaux, sans être obligé de réduire l'épaisseur des douelles au ventre des pièces, ce qui a ordinairement lieu dans la pratique actuelle ;

Réduction qui contracte les douelles et entraîne l'écoulement des liquides par les tubes capilaires aboutissant aux extrémités des fûts, et qui dans tous les cas en diminue beaucoup la solidité.

AMER AFRICAIN PICON — Représentant M. ROY

DEUX MÉDAILLES D'ARGENT

L'exécrable réputation de l'absinthe n'est pas faite d'aujourd'hui et est bien établie par les plus grandes sommités médicales, qui, ayant constaté les effets funestes de cette boisson, ont baptisé du nom d'absinthisme les nombreuses maladies qu'elle engendre.

C'est surtout dans les pays chauds que l'abus de l'absinthe produit des effets désastreux, et malheureusement la passion de l'absinthe est d'autant plus violente, que la chaleur est plus intense.

Ainsi, dans notre colonie africaine, militaires et civils se livraient autrefois à une consommation exagérée de la fatale liqueur, et le règne de l'absinthe menaçait de durer longtemps, lorsqu'un produit nouveau, fabriqué par Gaëtan PICON, de Philippeville, sous le nom d'*Amer africain,* fut lancé dans la consommation comme apéritif, tout à la fois sain et attrayant. En peu de temps l'*Amer africain* ou l'*Amer* PICON, fit son chemin, et aujourd'hui il s'en fabrique annuellement plus d'un million de bouteilles.

Les ingrédients qui entrent dans sa composition, sont les suivants :

Alcool pur de vin, sucre raffiné, quinquina calysaya, zestes d'oranges douces et amères, rhubarbe de Chine, gentiane, quassia-amara et colombo d'Algérie; tous très-hygiéniques. Aussi les plus grands médecins, s'occupant d'hygiène, ont-ils constaté que cette liqueur était essentiellement apéritive, fébrifuge et tonique, sans être irritante.

Le goût de l'*Amer africain* rappelle celui du Bitter, quoiqu'en différant énormément, quant à sa composition surtout : ainsi dans le Bitter il y entre de l'aloës, qui est très-bon pour se purger, mais très-mauvais à prendre journellement, par n'importe quelle quantité; aussi cette boisson très-échauffante produit-elle par le temps, chez les personnes qui en font une grande consommation, des ravages très-grands dans certains organes.

Il en diffère aussi par la manière de se consommer : le Bitter se boit ordinairement avec du Curaçao, et l'inconvénient c'est que, tantôt on en met trop, tantôt pas assez; de sorte que jamais on ne le boit semblable.

Quant à l'*Amer,* il se boit pur ou plus ou moins étendu d'eau, selon les goûts.

C'est donc grâce aux nombreuses qualités qu'il possède, que le jury de l'Exposition universelle de Lyon a accordé à l'inventeur de l'*Amer africain,* DEUX MÉDAILLES D'ARGENT, l'une comme produit algérien, l'autre comme liqueur hygiénique.

BILGER — LE HAVRE

MÉDAILLE D'ARGENT

Le constructeur de la *Chaumière normande*, dont nous avons parlé plus haut, M. BILGER, du Hàvre, a exposé dans la xxxiie section, du *Cidre*, du *Poiré* et du *Calvados* ou Eau-de-vie de Normandie. Les produits peu connus à Lyon, ont été appréciés assez bien par le jury, pour mériter une médaille d'argent. Ils sont d'ailleurs excellents, et l'Eau-de-vie de cidre faite par M. BILGER, brûle comme de l'eau-de-vie de Montpellier et fait d'excellent punch. Nos lecteurs pourront en juger si l'Exposition dure, en allant en goûter l'année prochaine à la *Chaumière normande*.

NOMS DES RÉCOMPENSÉS

DIPLOMES D'HONNEUR

Jacquier de Vacheron, de Saint-Verand (Rhône). — Exposition d'ensemble de la côte châlonnaise. — La société d'agriculture de Vaucluse. — La société centrale d'agriculteurs de Chambéry. — La société de vinification de Transylvanie. — Exposition d'ensemble du Portugal. — Vincent Malègue, à Pézilla-la-Rivière. — Jules Révol, de Lyon. — Exposition d'ensemble de la famille Marey-Monge et comtesse Armand. — Exposition de MM. de Beuverand et de Poligny, à Lachassagne.

MÉDAILLES D'OR

Portier neveu, des Moulins-à-Vent. — Reyssié Rubat, de Mâcon. — Le vicomte de Loriol, de Pougelon. — Badet Roche, de Lantigné. — Fommier, de Limas (Rhône). — Durandet-Bourgeois, de Marchampt. — Henry Piot, du château Pouilly. — Vi-

comte de Lisle, du château du Molard. — Le baron Thénard. — Eugène Blondeau, de Poligny. — Chabot fils, de l'Hermitage. — Paret, d'Ampuis. — La commune d'Ampuis. — Le marquis de Vogué, de Musigny. — Maire fils, de Beaune. — Union des propriétaires de la Côte-d'Or. — Vins du château de Loudon. — Dussault, de St-Émilion. — Bidault, de Fontebonne. — Château Laffite. — Daynaud, de Château-Laforest. — Boden aîné, de Reims. — Lefebvre et Remondet, de Volnay. — Deschamps, de Prinziens. — Remilly, d'Hyennes. — Souliers, de Collioure. — Just Mestre, de St-Jean-la-Seille. — Kutzmann, de Château-Neuf-du-Pape. — Mme de Beauregard, de Lunel. — Brugalière, de Floressac. — La société vigneronne d'Issoudun. — Tourray et Gravain, de Mayselle (Puy-de-Dôme). — Girardin, de Cognac. — Larroque jeune, de Bordeaux. — Bourdis

Tholozan, de Pontcharra. — Don José, d'Almeida (de Porto). — Valente, d'Allem (Porto). — Pasquale Scala, de Naples. — Riscale, de Madrid. — Giusepe Scala, de Naples. — La société d'agriculture de la Suisse Normande. — Le comte de Provins, d'Ombrie (Italie). — V. Allen, de Porto. — Comte de Brucher, de Courthézon. — Henry Allard, de Chateauneuf-du-Pape. — Comte de Cassagne. — Jobertes. — Comte de Pontac. — Château Charbonneau (Rieunier et Cie). — Château Palmers (Comte de Pontac). — Château St-Julien (Rieunier et Cie). — Château Haut-Brion. — St-Pey-de-Lauzon (Comte de Pontac). — Haut-Sauterne. — Château Peyrenet.

MÉDAILLES D'ARGENT

Ferreira, de Porto. — Delafond-Richard, de Morgon. — Comtesse de la Rochette, de Julienas. — Baland, de Romanèche. — Dru, de Chénas. — J. Chignard, d'Odenas. — Rubat, de Chiroubles. — Jeannin, de Quincé. — Montchanin, de Reguié. — Charrin, de St-Étienne. — Illisible (n° 44 du catalogue), de Quincié. — Creyton, de Limas. — Moniotti Dessolles, de St-Julien. — Pollet fils, de Davayé. — L'abbé Feytel, de Charentay. — Perrafia, de Morchampte. — De Georges de Villaret, de St-Jean. — Philibert, de Chaintré. — E. Protat, de Sommeré. — Patissier, de Vaux-Renard. — Gairal, de Serrezin. — Fellot, de Rivollet. — J. Chervin, de Bagnols. — Mme de Davayé, de Solutré. — Pierre Baland. — Gilet de Valbreuse, d'Émeringe. — Rollet, de Leynes. — Béranger. — Bourisset. — De Valence, de Buxy. — Chevrier, de Rosey. — Dorville. — Guillemot, de Givry. — Vauthey, de Sanges. — Vanel, de Sanges. — Le château de Rully. — Antoine Poux, de Seyssel. — Charbonnel, de la Côte-St-André. — Veuve Dayet, de Poligny. — J. Servant de l'Hermitage.— Frécon, d'Ampuis. — Baille, de Poligny. — Faton, d'Arsures. — Rigolier, d'Ampuis. — Verilhac, de Cornas. — Fond Champinot, de

Condrieu. — J.-P. Mazuyer, de St-Andéol. — Montoy, de Richebourg. — Jorrot, de Bonnemard. — Malivernet, de Volnay. — Brame, de Cantenar.—Bérard, d'Hyères. — Château de Lasouque. — Château de Destournelles. —Chance, de Lucien-le-Luc. — Tour de Rodet. — Château de Gruau Larose.—Marciano de Soria, de Madrid.— Sainte-Croix-du-Mont. — Domaine de la Roche. — Clos de Saint-Robert. — Moreau et de Neuville.—Deveaux, de Lons-le-Saunier.— Milan-Bara d'Avise.—Dufaut et Cie, de Château-Pierre. — Falcoz des Marches.—Degaillon, de Trouvières.—Silvos, de Chignin. — Dijoud, de la Rochette. — Tardy aîné, d'Apremont. — Larthoud, de Charpinot. — Turrel, de Montmélian. — Finet, d'Échaillon. — E. Janson, de Lunel. — Marquis de Ribiers, château neuf du Gardagne. — Martin Voricelli et Vanel, de la Solitude. — Marquis de Billioti, de Beauchêne.— Nepoty, de Saint-Laurent. — Baron de Serres, clos Grand, de Buisard. — Vincent Bonnet, d'Oppède. — Leborgne fils, de l'Hermitage. — L. Barral, de Frontignan. — E. Jaüjon, de Lunel. — Brugalières, maire de Floressac.— Vin de Corne, d'Échaudé Tonnière.—Boudet-Saunier, de Peissein. — Vignacourt, de Renaison. — Chaverondier-Josserand, de Perreux. — Eugénie Penissat, de Chevalord. — E. Delovite, de Lintheric. — A. Donat, de Balaruc-les-Bains. — Vuiletet, de Néry. — Jose-Maria Rebello, de Porto. — Romano de Vlaho (Dalmatie). — Dugas, de Bordeaux. — Fessy, de St-Vincent-de-Boisset. — Tinland, de St-Fortunat. — Broche, de Bagnols. — Bressy, de Châteauneuf. — Vœlfin frères, d'Alsace. — Yvon et Gaborian, de Jarnac. —Faucault, de Cognac. — Winand et Fœkint, de Suisse.— Veuve Rouget, de Pétersbourg. — Jules Seillon. — Bilger, du Havre. — Rieunier et Cie, de Cognac. — Société anonyme de Jonzac. — Ollier, de Grenoble. — Gross, de Lons-le-Saulnier. — Sommaria, de Paris. — Vullierod, de Dijon.

MÉDAILLES DE BRONZE

Boissons, de Thorins. — Devollué. — Godard.— Pasquier-Desvignes, de Brouilly. — Audras, de Julliénas.— Jenny, de Morgon. — Comtesse de Milly. — Lenoir-Sornay, de Morgon.—Torrel-Gaudet, de Douley. — Claude Deuls.—Durand, de Julliénas. — Pulliat, de Chiroubles. — Cheysson, de Chiroubles. — Métra-Chanrion, de Pierreux. — Godard aîné, de Lantignié. — Dyon, de Morgon. — Adrien Badet, de Beaujeu.— Bellicart, de Leynes. — Clairet, de Marcey. — De Lestrade, de St-Julien. — Pardon-Lardy, de Jullié. — De St-Trivier, de Vaux Renard. — Dubief, de Prissé. — Pinet, de Vaux.— Gagnières, de Chaintré. — De Parseval, de Solutré. — Bernard, de Chasselas. — Vicomte de la Rochette, de St-Martin. — Cournault, de Givry. — Delaye frères.— Drain.— Mlle Chambre, de St-Martin. — Delaboulaye, de Bussy. — Griveau, de Russilly. — Necloux, de Poncey.

Barrault-Boissenet, de Mercury. — Mushelet, de Rully. — Ninot-Robin. — De Longeville, de Givry.—Perrault, de Thezut. — Blanchard, vigneron. — Senart, de Corton. — Laviolette, de Beaune. — Michecoppin, vin blanc (Yonne). — Duchesne-Thoureau, de Riceys. — Vincendon-Dumoulin, de Château-Chevrier.—Gagnières. — Blanc, de Montromand. — Viollet, de Thuir. — De Fontenille, de Cahors. — — Isidore Janne, du clos Sainte-Hélène. — Caire Vauglenne, d'Arlooz. — Briod, de Mille. — Peyrieu, de Château-Marinay. — Bidon, de Seyssel. — Brun, de St-Germain. — Michel, de Césériat. — Vuilletet, frères. — Pacoutet, de Salins. — Paul Le Blanc, de Brioude. — Marquis de Miramoud, de Paulhiac. — Mesmer-Delarbre, de Tournon

(Ardèche). — De Bouschet, de la Calinette. — Louis, de Ribeauvillers. — Daurel, de Marosseau. — Grasset, de Cazour-les-Béziers. — Thoreau, de Saint-Hilaire. — Vicomte de Villa Ponça (Portugal). — Servarès, d'Alexandrie. — Boinette, d'Ormiso. — Poitevin, d'Élypse. — Poullain Rampon, de Vaucoupin. — Folliot, de Chablis. — Hirsch-Boissard, de Zug (Suisse). — Durand, d'Anse. — Prosper Faure, a'Avignon. — Vincent, de Boisset. — Cirbiot, de Laboussardie. — Mazuyer, de Saint-Andéol. — Letoureux, de Lour-Cheverny. — Breton-Laugier, d'Orléans.— Ficher, de Leppert. — Bilger, du Havre. — Pignon et Curlier. — Hentey et Son (Angleterre). — Deloncle, de Met-Haute (Lot).

MENTIONS HONORABLES

Spay-Lachapelle, de Guinchay.—Crotte, de Tarqueline. — Berthaud, de Thorins. — Bourgeon, de Chénas. — Malgontier, de Thorins.—Colomb, de Chiroubles.—Comte de Montaigu, de Lachaise. —Delafond, de Bellevue.— Jules Bussy, de Châlons.— Mme Benoist, de Mercurey,—Mauguin, de Rully. — Marlin, de Givry. — Muratier-Serdon, de Mercurey. — Coste-Caumartin, de Russily.—Dervaux, de St-Dézert.—C^{sse} Duranti, de Mercurey.— Meulien, de Poncey. —Galletti, de Monthelie. — Marquis de Quinsonnas. — Michoul, de St-Joseph. — Henry Cote, d'Irigny. — Rollieu, de Montpellier. — Baron d'Alexandry. — Deperse, de Saint-Rodolphe. — Prince de Béarn, de Laroche-Beaucourt. — Vincent Marion, de Reguy. — Goutarel, de St-Michel. — Pelloux, au Château-de-Brétail. — Tinthoir des Côtes, de Cargnole. — Portier, de Givry. — Demazières, de St-Désert. — Gros, de Poncey. — Perrault père et fils, de Rully. — Baron Girod de Ruflieux.

GROUPE VII

Agriculture et Horticulture

CHAPITRE IX

SECTION XXXIII

Serres et Matériel général de l'Horticulture

CLASSE 61ᵉ
Serres et matériel général de l'horticul- ture. Matériel et objets servant à l'ornementation des parcs et des jardins.

COMPOSITION DU JURY

Président.

VILLERMOZ .... LYON.

Secrétaire.

FAVRET .... LYON.

Membres.

ESTIENNE .... LYON.
DENIS .... LYON.
CUZIN .... LYON.
TRANCHAND .... LYON.

NOMS DES RÉCOMPENSÉS

MÉDAILLES D'OR

Rolland, de Lyon. — Pinay, de Lyon. — Mathiau, de Lyon.

Rappel. — Desmouilles, de Toulouse.

MÉDAILLES D'ARGENT

Lorcet, d'Issoudun. — Hugues and sons, de Londres. — André et Fleury, de Paris. — Monnier. — Grivet, de Paris. — Mulatier-Silvent, de Lyon.

Coopérative. Castagne (Ferdinand).

MÉDAILLES DE BRONZE

Ferrand, de Lyon. — Tronchon, de Paris. — Drevet, de Lyon. — Mercier, de Châlons. — Guérin-Gros père, de Lyon. — Salard, de Lyon. — Ducellier.
Coopérative. Lecomte.

MENTIONS HONORABLES

Fenoglio, de Paris. — Mouquet, de Lille. — Guérin, de Lyon. — Michel, de Colmar. — Denerolle, de St-Étienne. — Reynier. — Thiers, de la Vacquerie. — Vitry, de Nanteuil-le-Haudois. — Bard, de Thiers. — Zani.

SECTION XXXIV

Fleurs et Plantes

CLASSE 62ᵉ — Fleurs et plantes d'orne-
ments, plantes potagères, fruits et arbres fruitiers. Graines et plantes d'essences forestières. Plantes de serre.

COMPOSITION DU JURY

1ʳᵉ Quinzaine.

VUILLERMOZ, *Président.* Ecully.
MOREL, *Secrétaire*...... Vaise.
CUISSARD .... Ecully.
GAULAIN............. Lyon.

2ᵉ Quinzaine.

VILLERMOZ, *Président.*
CHRÉTIEN, *Secrétaire.*
GAULIN.
TRÈVE Père.
HOSTE.
GUILLOT Fils.

3ᵉ Quinzaine.

LUIZET, *Président.*

BARRIOT, *Secrétaire.*
CUISSARD.
LACHARME.
RIVOIRE.
ROCHET.

4ᵉ Quinzaine.

VUILLERMOZ, *Président.*
RIVOIRE, *Secrétaire.*
BARRIOT.
ALEGATIÈRE.
BOURGET.
FARFOUILLON.
FILLION.
LUIZET.
JOANON.
LIABAUD.

5e Quinzaine.

Dʳ TERVER, *Président.*
LAGRANGE, *Secrétaire.*
BELLISSE.
BIZET.
BOUCHARLAT Jeune.

6e Quinzaine.

TREYVE, *Président.*
HOSTE, *Secrétaire.*
GUILLOT.
MOIROUD.
PERRIER.
MAS.

7e Quinzaine.

WILLERMOZ, *Président.*
DUSSERT Fils, *Secrétaire.*
DEVERS.
GUILLOT Fils.
GUILLOT L.
PAGNEUX.

8e Quinzaine.

BIZET, *Président.*

HOSTE, *Secrétaire.*
BARRIOT.
DURAND Pierre.
BRUN.
JOANON.
THIBAUT.

9e Quinzaine.

DE MORTELLET, *Président.*
HORTOLES, *Secrétaire.*
BELLISSE.
GEMERAV,
FRISON.
NOLOTTE.
OCQUIDANT.
PERRIER.
RIVOIRE.

10e Quinzaine.

SIMON Henry, *Président.*
BOUCHARLAT Aîné, *Secrétaire.*
BIZET.
BOUCHARLAT Jeune.
DUSSERT Père.

NOMS DES RÉCOMPENSÉS

DIPLOMES D'HONNEUR

Fillion, de Lyon. — Morel, de Lyon. — Liabaud, de Lyon. — Boucharlat, de Lyon. — Antoine Besson, de Marseille.

MÉDAILLES D'OR

Cuissard et Barret, de Lyon. — Dallière, de Gand (Belgique). — Simon Genry, d'Eculy. — Rivoire, de Lyon. — Hoste de Lyon. — Jouteur, de Fontaines. — Desmouilles, de Toulouse. — Jouannon, de Saint-Cyr. — Allegatière, de Monplaisir. — Debelfort, de Lyon, — Berthier Bendatter, de Nancy. — Bouchard, de Lyon. — Martin, de Vin-

dassy. — Talliot et Chapuis, de Lyon. — Schwartz, de Monplaisir. — Demortière, de Lyon. — Bourget, de Lyon. — Luiset, d'Eculy.

MÉDAILLES D'ARGENT

Charvet, de Lyon. — Witzig, de Lyon. — Guinat, de Lyon. — Martinot, de Trévoux. — Schmitt, de Lyon. — Dauphin, de Lyon. — Faudon, de St-Didier. — Corbin, de Lachassagne. — Lhuillier, de Nancy. — Deschamps, de Lyon. — Jacquier, de Montplaisir. — Cardonna, de Lyon. — Chinarde, de Lyon.

MÉDAILLES DE BRONZE

Lassonnerie, de Lyon. — Orphelinat St-Joseph, de Lyon. — Blanchon, de Lyon. — Gonichon, de Lyon. — Bruny, de Lyon. — Bécus, de Lyon. — Durand, de Monplaisir. — Pontet, de Monplaisir. — Ducher, de Monplaisir. — Levet, de Monplaisir. — Joly, de Monplaisir.— Lacharme, de Lyon. — Dantin, de Lyon. — Boucenne, de Fontenay. — Blanchet, de Vienne. — Lespinasse, d'Écully. — Bailloud, de Lyon. — Guérin-Gros, de Lyon. — Teillard, de St-Didier. — Rolland, de Lyon. — Baillet, de Joigny. — Pécoud, de Lyon. — Presson et Gurbin, de Dessines (Isère). — Arienti, d'Écully. — Bécus, d'Écully. — Denis frères, de Lyon.—Rozier, de Loire.—Pommier, de Limas. — Griffon, de Tournay (Belgique). — Bailloud, de Lyon.

MENTIONS HONORABLES

Germain, de Lyon. — Rimancourt, de Langres. — Ravet de Lyon.

GROUPE VIII

Matériel et application des Arts libéraux

CHAPITRE X

SECTION XXXV

Papeterie, Imprimerie, Lithographie
Plumes et Crayons

CLASSE 63ᵉ

Produits de l'imprimerie et de la librairie. — Dessins lithographiés ou gravures industrielles. —Peinture de décors, etc.— Objets sculptés. — Objets divers décorés par la gravure. — Objets de plastique industrielle obtenus par les procédés mécaniques. — Objets moulés. — Objets de papeterie. — Reliure. —Matière des arts, de la peinture, du dessin. — Papier pour cartonnage et reliure.

CLASSE 64ᵉ

Application du dessin et de la plastique aux arts usuels.

COMPOSITION DU JURY

Président.
KLEBER (Alphonse). Rives (Isère)
Secrétaire.
GUYOT............ Bruxelles.
Membres.
L. de MONTGOLFIER .. Annonay.

POURE.......... Boulogne-s.-M.
BONNET................ Lyon.
STORCK .... Lyon.
PERRIN................ Lyon.
MINA .... Lyon.

Un petit nombre de fabricants de papier français, dit le rapport du jury, ont répondu à l'appel qui leur a été fait par l'Exposition

de Lyon, et nous remarquons avec peine l'absence de tout fabricant
étranger.

C'est un fait regrettable, pour les premiers surtout; car jamais
l'industrie n'a besoin de s'affirmer davantage que lorsque le pays
vient d'éprouver de grands malheurs. Il est utile alors de constater
quelles sont les forces vives qui restent et quels sont les efforts à
faire pour conserver son rang.

Cette année surtout, il eût été opportun, à cause des modifications que vont subir les traités de commerce de la France avec les
autres peuples de l'Europe, de faire acte de présence et de prendre
sa place dans cette lutte pacifique d'intérêts qui ne sont opposés
qu'en apparence, car ils sont tous placés sous le même drapeau et
doivent tous contribuer par leur prospérité à la grandeur et à la
richesse du pays.

Toutefois, les spécimens exposés représentent, à quelques excep-
tions près, les genres principaux de la fabrication française, et
l'exposition de la papeterie, telle qu'elle est, offre un échantillon
de chacune des catégories importantes de cette industrie.

Il n'y a pas d'invention nouvelle à signaler dans le groupe des
fabricants dont les produits figurent à l'Exposition Lyonnaise,
mais on peut avec justice constater des progrès sérieux, particulièrement dans l'emploi des succédanés qui sont devenus des
auxiliaires indispensables, et forment le plus solide élément de
prospérité dans l'avenir de la papeterie.

Après un examen approfondi, nous avons puisé dans les progrès
que nous signalons, la certitude que la France n'a pas à craindre
de devenir tributaire de l'étranger. Grâce aux sortes que les
fabricants français peuvent offrir sur le marché national, la
librairie à tous les degrés — depuis le livre à bon marché pour
l'instruction jusqu'au livre qui forme un objet d'art, — la photographie, l'imprimerie, la fabrication des registres et les industries
si nombreuses qui se complètent à l'aide du papier, peuvent trouver

la satisfaction de leurs besoins variés à des prix relativement bas.

Nous devons une mention spéciale aux papiers d'emballage qui jouent un rôle si utile dans le commerce en général. Ils sont largement représentés à l'Exposition de Lyon. Nous allons, du reste, faire une revue des produits des fabricants qui ont le plus vivement frappé notre attention.

BLANCHET & KLÉBER — RIVES

MEMBRE DU JURY — HORS CONCOURS

MM. BLANCHET frères et KLÉBER ont exposé des papiers d'une incontestable supériorité.

Les usines de Rives étaient connues par leurs fabrications excellentes dès la fin du siècle dernier.

En 1828, on monta la première machine à papier et, depuis cette époque, la prospérité et la réputation des papeteries de MM. BLANCHET frères et KLÉBER ne cessèrent plus de se développer.

Les produits de cette maison s'exportent dans tous les pays et trouvent encore un écoulement régulier sur des marchés lointains, fermés depuis longtemps à la concurrence étrangère par l'industrie indigène.

Les deux tiers de la fabrication se composent de pâtes superfines et surfines; le restant est absorbé par quelques articles fins pour l'impression et la fabrication du papier registre.

Il n'est pas de fabrique de papier en France qui offre une production plus variée que celle de Rives. Pour quelques-uns de ses produits, elle est presque sans rivale, et la marque de son papier pour la photographie est connue dans le monde entier.

Les usines de MM. BLANCHET frères et KLÉBER comptent actuellement trois machines et deux cuves qui occupent 350 ouvriers ou ouvrières. Ces derniers sont dotés d'une caisse de secours qui, depuis vingt-cinq ans, leur rend les plus grands services. Ils reçoivent, en outre, un intérêt sur la production qui leur est distribué à la fin de chaque année.

La force motrice des usines de Rives est de 125 chevaux hydrauliques, et ils disposent de 90 chevaux vapeur; mais, à part l'emploi d'une force de 25 chevaux vapeur, les autres ne le sont qu'à titre de secours.

La maison BLANCHET frères et KLÉBER a obtenu en :

1823 une médaille de bronze, Exposition de Paris.

1834   —   d'argent,   —   —

1839-44 et 47 médailles d'or,   —   —

Elle a depuis obtenu aux Expositions universelles de New-York, Londres et Paris, les récompenses les plus élevées qui aient été accordées à cette industrie.

(Extrait du rapport du Jury)

Mme Veuve J.-M. AUSSEDAT — CRAN, près ANNECY (H^{te}-Savoie)

MÉDAILLE D'ARGENT

La vitrine de cet exposant était sans contredit la plus variée de celles représentant cette industrie.

On y remarquait surtout :

Papiers à registres d'une beauté et d'une solidité remarquables, rivalisant de perfection avec ceux les plus renommés;

Papiers pour pliages riches, seuls de ce genre figurant à l'Exposition et offrant le plus vif intérêt comme fabrication et comme emploi;

Papiers pour intérieur de carte et carton, fabriqués presque exclusivement avec le bois traité par le procédé Alexandre AUSSEDAT; ce papier se distingue par la régularité de sa fabrication et la variété de ses nuances.

Etalée avec goût, cette collection produit à distance l'effet de la plus riche série de papiers demi-teintes; vue de près, elle laisse constater que l'on a intelligemment réuni toutes les conditions que réclament le collage et l'apprêt de la carte et du carton.

Papiers ordinaires d'emballage solides et bien faits.

BONNEDAME — *Imprimeur* — ÉPERNAY

MÉDAILLE DE BRONZE

Cette maison a su établir sa vitrine dans une position fort avantageuse sous le rapport de la clarté. MM. BONNEDAME ont exposé, entre autres choses, des reproductions d'ouvrages du XVIe et du XVIIe siècles. Un tirage très-soigné sur du papier de choix et sur le vélin, recommandait ces ouvrages à l'attention du visiteur.

La médaille de bronze décernée aux produits sortant de cette maison a été inscrite au nom de Fiévet. M. Fiévet était le prédécesseur de M. BONNEDAME, qui est l'auteur des ouvrages récompensés et le véritable exposant. Nous tenons, dans l'intérêt, de la justice, à relever cette erreur.

⁎
⁎ ⁎

Notre chapitre sur la XXXVe section sera complet quand nous aurons parlé de la lithographie, de la fabrication des plumes métalliques, des crayons.

Nous empruntons encore ici, au rapport du jury, quelques renseignements intéressants pour le lecteur.

Depuis à peine un demi-siècle que l'art de Senefelder a été importé en France, que de progrès l'on a vu se réaliser chaque jour dans cette science qui rend populaires les chefs-d'œuvre qu'il met aujourd'hui à la portée des fortunes les plus modestes.

Pour s'en convaincre, il suffit de jeter un coup d'œil sur les impressions en noir de la maison BERTAUTS, de Paris, et sur celles en couleur de MM. Georges ROWNEY, de Londres, et P.-G. TRESSLING, d'Amsterdam.

L'esprit industriel, tout en respectant le goût pour les arts et avec une habileté d'exécution très-grande, a poussé la chromolithographie dans la voie mercantile et pratique. Des résultats très-avantageux ont été obtenus, et la maison APPEL, de Paris, et celle de NISSOU, de Paris, en fournissent la preuve.

Quelques-uns des exposants sont arrivés à un haut degré de perfection dans le mélange et l'harmonie des couleurs, comme aussi pour le repérage qui a toujours été une pierre d'achoppement pour les tirages multipliés.

Dans la fabrication des plumes métalliques, nous citerons la maison :

POURE, GILLOTT, K'LILLY & Cie — BOULOGNE-SUR-MER

HORS CONCOURS

Cette fabrique (anciennement BLANZY-POURE et Cie), a exposé des produits qui sont considérés à juste titre, comme pouvant rivaliser avec ceux des fabriques les plus renommées de l'étranger.

Cette maison, placée au premier rang, se livre à la fabrication des plumes métalliques de tous genres, depuis les qualités les plus ordinaires.

Elle fabrique également tous les accessoires nécessaires à cet article, tels que porte-plumes en tôle, acier, cuivre, maillechort et même en bois; boîtes en carton pour loger leurs produits, etc., etc.

Fondée en 1846, cette usine a acquis une telle importance, qu'aujourd'hui elle produit annuellement plus de 2,400,000 grosses de plumes, et 120,000 grosses de porte-plumes, pour lesquelles elle fait une consommation de plus de 200,000 kilog. d'acier de Scheffield, et est activée par une force motrice de 150 chevaux.

Un personnel de plus de 900 ouvriers des deux sexes y est employé.

Outre les nombreuses récompenses que cette maison a obtenues aux diverses expositions précédentes, dont trois médailles d'or, et hors concours à Paris, en 1867, son habile chef, M. Blanzy, a été décoré de la Légion d'honneur en 1863. Cette distinction vient de s'éteindre par la mort du titulaire.

(Rapport du Jury)

* * *

Il nous reste à parler de la fabrication des crayons, citons ici une maison qui emploie 900 ouvriers et dont le chiffre annuel d'affaires s'élève environ à 2,000,000 de francs.

A.-W. FABER — *Boulevard de Strasbourg* — PARIS

CRAYONS ET ARDOISES — MÉDAILLE D'OR

La fabrique de crayons de A.-W. Faber, fondée en 1761, est la plus grande qui existe. Elle fournit non-seulement à l'emploi usuel les crayons les plus fins, fins et demi-fins, mais aussi des crayons ordinaires aux plus bas prix, afin de répondre à toutes les demandes et d'écarter toute concurrence.

Pour satisfaire à tous les emplois spéciaux, elle produit des crayons pour dessin, architecture, sténographie, manuscrits, pontographie, paysagistes, tableaux, pour marquer les tissus, pour forestiers, pour charpentiers, ainsi que des crayons mine de couleur, mine sanguine, craie noire, mine blanche, ardoise artificielle, crayons gomme, mine métallique, crayons à mine mobile, porte-mines de toutes espèces, nécessaires et boîtes garnis de crayons, etc., etc.

Il a été décerné à cette fabrique les premières médailles de toutes les expositions universelles et autres. A l'Exposition maritime du Havre, le diplôme d'honneur, à l'Exposition universelle de 1867, elle a obtenu l'unique médaille d'or décernée à l'industrie des crayons et la croix de la Légion d'honneur a été donnée à M. de FABER.

NOMS DES RÉCOMPENSÉS

MÉDAILLES D'OR

Latune et Cie, de Crest.— Johannot, d'Annonay.

Rappel. — Faber, de Paris.

MÉDAILLES D'ARGENT

Aussedat, de Crau (H^{te}-Savoie). — Orioli Escoffier, de Pontcharra (Isère). — Peyron frères, de Vizille (Isère). — Filliat frères, de Rives. — Rose, de Paris. — Colladon, de Genève. — Schœnhaupt. — Blot (Eugène), de Boulogne-sur-Mer. — Royer, de Paris. — Jundt, de Strasbourg. — Veuve Ducroquet, de Paris. — Richard Drivet, de Lyon, — Chevallier et Cie, de Paris. — Jouaust. de Paris. — Pitrat, de Lyon. — Serrière, de Paris. — Jules Delalain, de Paris. — Veuve Belin, de Paris. — Vingtrinier, de Lyon. — Cheneviet et Chavel, de Valence.—Savigné, de Vienne. — Jules Boyer, de Paris. — Georges Rowney, de Londres. — Adam et Tressling, d'Amsterdam.—Appel, de Paris. — Nisson, de Paris. — Gasté, de Paris. — Bertauds, de Paris. — Aubry, de Paris. — Duchez et Cie, de Paris. — Lecoffre et Cie, de Paris. — Justaud, de Bellevigne.

Rappel. — Callot, de Paris.

MÉDAILLES DE BRONZE

Capitaine, de Fures-Tullins (Isère). Courier Adolphe, de Fures-Tullins.—Guély, de Fures-Tullins. — Piques, de St-Seine (Côte-d'Or). — Jarrand frères, fabricants, de Lyon. — Morel, de Lyon. — Landa, de Chalon-sur-Saône.—Broguard, de Paris.— Max Cremnitz, de Paris. — Hamelin, de Paris. — Berg, de Marseille. — Nachmann, de Paris. — Giordana et Salusalia, de Turin.—Bouasse-Lebel, de Paris. — Bonamy, de Poitiers. — Delagrave et Cie, de Paris. — Lyons, de Lyon. — Yves Barret, graveur chimique en relief. — Maucey fils et Cie, de Fures-Tullins. — Patritti. — Dupont, de Lyon. — Donnaud, de Paris. — Mougin-Rusand, de Lyon. — Timon, de Vienne. — Allaux, de Bruxelles. — Mouchon, de Paris. — Bonnedame, d'Epernay. — Josserand, de Lyon.

MENTIONS HONORABLES

Nublat, de Saint-Étienne. — Villard, de Marseille. — Bourdin, de Lyon. — Grinsard, Longini, de Strasbourg. — Chanouny, de Montpellier. — Le Brochères, de Paris.

SECTION XXXVI

Photographie

CLASSE 65e............................ Epreuves et appareils de photographie.

COMPOSITION DU JURY

Président.
GUILLEMINOT.......... Paris.

Secrétaire.
E. FONTÈS............. Paris.

Membres.
GEYMET .... Paris.
RANDON .... Paris.
ESCUDIÉ .... Lyon.

L'exposition de Photographie a été fort belle; mais les exposants n'ont pas assez répondu à l'appel qui leur avait été adressé. Nous le constatons en le regrettant, parce que s'il y avait eu le nombre et que ce nombre eût pu être en rapport avec la valeur des œuvres déjà existantes, certainement l'exposition de photographie de Lyon eût été l'une des plus remarquées parmi les nombreuses exhibitions de ce genre.

L'Etranger était extrêmement bien représenté comme valeur artistique. Aussi, bien avant la décision du Jury, avions-nous décerné à M. Luckardt, de Vienne (Autriche), la palme. Ses portraits, traités avec un goût et un fini admirables, n'ont pas de rivaux, que nous sachions, si ce n'est Adam Salomon, de Paris, qui peut atteindre à cette perfection, nous le savons, mais dont les sujets exposés sont trop fréquemment répétés dans les expositions, ce qui lui a fortement nui dans la circonstance. A nos yeux, ce serait peu de chose, parce que nous savons que c'est simple péché de paresse de la part de M. ADAM SALOMON, mais au point de vue du Jury, cela a été plus grave, car la France a été privée de l'honneur d'arriver *première* ou *ex æquo* dans cette lutte, parce qu'il a bien fallu tenir compte d'une réalité.

Après M. LUCKARDT, dont je m'attends à admirer les merveilles à l'Exposition de Vienne, s'il continue à progresser encore, se trouve placé par le jury, M. MIECZKOWSKI, de Varsovie. — J'en suis désolé, mais sa vraie place n'était qu'à côté de M. LUMIÈRE. Il y a une telle similitude dans les genres de MM. MIECZKOWSKI et LUMIÈRE, que nous ne voyons pas du tout pourquoi l'un a eu une *Médaille d'or*, tandis que l'autre a reçu un *Diplôme d'honneur*.

Notre verdict, en les mettant *ex-æquo*, conserverait parfaitement intacte la distance entre M. LUCKARDT et ces deux exposants, tandis que ce qui a été fait diminue la valeur des *Médailles d'or*. Nous pouvons nous tromper, mais nous ne le pensons pas et nous appuyons notre dire sur une étude très-approfondie de l'exposition de ces artistes. — Autre inconvénient qui résulte de cette classification, c'est que l'une des exhibitions *les plus supérieures* se trouve absolument annihilée. — Celle des émaux de la maison MATHIEU DEROCHE, de Paris ; est-il possible qu'on les ait exclus du droit à une *Médaille d'or*, et pourquoi ? Nous n'avons pas à dire ici ce qu'est la maison MATHIEU DEROCHE et ce qu'elle produit. Ce serait lui faire l'injure d'une réclame. — Mais nous en appelons de notre appréciation à tous les connaisseurs et artistes.

Enfin, les rappels et les médailles d'argent se trouvent aussi perdre de leur valeur par suite du diplôme accordé à M. MIECZKOWSKI ; et c'est injuste, parce que tous les artistes qui ont reçu des récompenses de cette nature ont, eux, un droit considérable à ne pas être reculés à une distance qui n'est pas celle qui leur convient. Nous sommes très-ronds et semblons durs pour M. Mieczkowski, et cependant nul doute que ce dernier ne nous pardonne en parfait connaisseur et appréciateur qu'il est lui-même.

Du reste, son nom est depuis si longtemps connu dans le domaine de l'art photographique, que nous savons ne devoir porter aucune atteinte à son talent et nous en serions d'autant plus fâchés, que nous n'entendons pas diminuer la valeur de ses œuvres, ce qui serait en même temps diminuer celle de M. Lumière, à côté de qui nous le plaçons.

Seulement, chez ces deux artistes, il y a le même faire, et cette ressemblance dans le *beau* les honore tous les deux. Ils font le portrait avec la même idée du *fini* qu'on doit y apporter. Leurs éclairages sont vifs, bien ménagés; leurs tirages chauds de ton, ont presque la même teinte; leurs modèles sont également bien posés; où donc est la différence; dans les formats peut-être? Nous n'en voyons même pas de ce côté. Chacun a produit des types de toutes grandeurs : seulement, l'un a par hasard exposé un plus grand nombre de portraits-cartes, et l'autre de portraits 40-50. Mais on peut dire que, dans les deux vitrines, chaque artiste a tenu à prouver que tous les genres lui étaient familiers. Nous persistons donc dans notre classification.

Quant à M. Victoire, c'est à un autre titre qu'il a été placé à côté des deux artistes précédents, et à aussi juste titre. M. Victoire n'a pas exposé comme *portraitiste*. Nous sommes persuadés cependant qu'il aurait été un concurrent sérieux, très-sérieux pour les deux artistes dont nous venons de parler, s'il avait voulu montrer les travaux qui sortent de ses ateliers. Mais il a préféré exposer comme *savant,* et il est seulement malheureux que nous n'ayons vu personne imiter cet exemple, qui honore M. Victoire à un si haut degré.

L'avenir réel de la photographie consiste dans la suppression du tirage des épreuves à la lumière. Il faut que dans la photographie, le *cliché seul* soit conservé, parce que c'est lui qui est l'exactitude, le miroir reproducteur. Ce cliché doit donc être transporté sur toute espèce de support, et cela fait, il faut qu'on puisse tirer les épreuves à l'encre grasse ou non, en taille douce ou lithographiquement. Alors l'inaltérabilité s'ensuivra, et l'on pourra livrer meilleur marché, plus rapidement, et par tous les temps.

Tous les savants tendent à ce but. Il est déjà atteint, en partie, par le procédé WODBURY (photoglyptie), par le procédé ALBERT (albertypie). M. VICTOIRE a tenu à apporter sa part d'expérience et son talent d'opérateur et de chercheur. Certes les résultats qu'il a obtenus sont fort remarquables et sa part est large. Que la pratique en soit sérieuse et il y a, à n'en pas douter, un immense pas de fait vers le but final. — L'encouragement décerné par le Jury à M. VICTOIRE doit lui être précieux, et on devait bien cela à sa modestie et à ses laborieuses recherches.

Nous arrivons maintenant aux artistes qui ont reçu des médailles d'argent et des rappels de médailles d'argent. — Sauf les observations faites plus haut qui tendaient uniquement à rehausser les récompenses dont nous allons nous occuper, nous sommes parfaitement d'accord avec les décisions du Jury.

Une observation seule nous paraît essentielle à poser. — Elle a rapport à la valeur réelle qu'on doit donner au Rappel de médailles. Cette valeur est identique à celle attribuée à la médaille elle-même. Il n'y a pas lieu à doute, et si souvent le Jury se sert de cette dénomination, c'est parce que, obligé de ménager les récompenses, il ne trouve que ce moyen d'en donner un plus grand nombre, lorsqu'il y a de nombreux méritants.

Devant l'égalité dans les mérites, nous croyons devoir citer les médailles par ordre alphabétique.

M. BERNOUD, de Lyon, doit la récompense qu'il a obtenue à la

multiplicité de ses œuvres, toutes fort soignées. Portraits,
paysages sont également bien traités. Mais sa collection de
marines est surtout remarquable et a fait l'admiration de tous
les connaisseurs. Elle contient deux cents types au moins, presque tous représentant des navires italiens. On sait que M. BERNOUD
possède une maison à Florence, une à Livourne et une à Naples.
De là aussi l'explication de ces belles vues de Pompéï et de ces
riches paysages de la campagne napolitaine, que nous avons
rarement vus aussi bien interprétés.

M. BOISSONNAS, de Genève, a exposé des portraits d'enfants.
— Pour combien d'artistes cette spécialité est un écueil. — Combien peu en effet réussissent bien dans ce genre où il faut une
habileté inouïe d'exécution. M. BOISSONNAS a exposé de petits chefs-
d'œuvre cependant, et, qui plus est, le nombre en est très-considérable, ce qui exclue tout hasard dans ses tours de force constants.

M. CHARNAUX, de Genève, traite les vues panoramiques de
glaciers, avec une *maestria* et une *audace* surprenantes. — Pour
lui, aller au sommet du Mont-Blanc, faire vingt clichés de
glaciers (c'est-à-dire opérer dans les conditions les plus détes-
tables), n'est qu'un jeu, et il obtient des résultats aussi parfaits,
au milieu des difficultés inouïes qui l'entourent, que s'il s'agissait
de faire une reproduction dans ses ateliers.

MM. LÉON et LÉVY, de Paris, sont les seuls qui réunissent
les mêmes qualités ; seulement dans un autre genre, car ceux-ci
se sont surtout adonnés à la vue *stéréoscopique*. On sait comme
ils réussissent et quelles richesses renferment leurs collections des
vues de toutes les parties de l'Europe. Cependant, malgré ce genre
de spécialités, MM. LÉON et LÉVY avaient aussi envoyé de belles
épreuves, format 24/30, sur l'Egypte.

La plus haute récompense accordée aux grandissements a été
donnée à M. CHAMPIOT, de Lyon. C'était tellement justice qu'il
n'y a pu avoir d'hésitation dans ce verdict. M. CHAMPIOT fait un

cliché de grandissement avec une telle finesse et un degré si juste
de force, que les épreuves grossies sont merveilleuses et dépassent
tout ce qui se fait dans ce genre. J'admets qu'il doit posséder
d'excellentes lentilles, mais pour arriver comme il le fait à
obtenir des épreuves sans retouches (et ceci est absolu), il faut
aider puissamment, par son talent d'opérateur et ses soins, le
travail des instruments, si perfectionnés qu'ils soient.

M. GANZ, est de l'école de LUCKARDT, LUMIÈRE et MIECZROWSKI.
Il doit être bien estimé comme portraitiste, à *Zurich*, car on
devine à sa manière un homme d'un goût exquis et d'un soin bien
habile.

M. GÉRARD a été classé avec les photographes. Il aurait
pu être admis dans la section des beaux-arts, parce que ses
miniatures, pour être faites sur épreuves photographiques, n'en
sont pas moins d'adorables petites peintures; mais, puisqu'il
a été ainsi déclassé, il était essentiel de lui donner une place
très-honorable. Il l'a obtenue; nous l'en félicitons chaudement.

M. JOGUET est encore un lyonnais dont les travaux ont
été appréciés hautement. Comme tous les photographes, il fait
le portrait fort bien, et sa clientèle est aussi belle que celle de ses
collègues heureux, mais chacun a ses affections, ses priviléges.
M. JOGUET est connu de tous pour son amour du paysage. Il s'y
est voué et, encouragé dès le début par des succès, il a persévéré
avec acharnement et est devenu, sans conteste, un paysagiste qui
fait école. — Qui n'a admiré à Paris, chez GOUPIL et chez
CRÈVECŒUR, ses magnifiques vues de la Grande-Chartreuse, *grand
format*, ses études d'arbres si utiles aux dessinateurs et aux
peintres? C'est un des rares provinciaux dont les œuvres soient
estimées par les artistes parisiens. — Nous parlons, à un autre
titre, de ses monuments de Lyon, que personne n'a fait comme lui.

M. MUZET, aime et pratique le même genre, le paysage, et il
réussit aussi parfaitement.

Voici M. Reuttlinger. Est-il utile de dire qu'il habite Paris et quel genre il fait. Je crois que personne n'ignore son nom. On le trouve au dos de toutes ces ravissantes épreuves d'artistes qui font le tour du monde et qu'on ne saurait trop admirer. Il est surtout un amant du dégradé, qu'il fait dans la perfection.

M. Taeschler-Signer, de St-Gall, s'est donné plus spécialement au paysage. Il comprend cette spécialité en artiste et l'exécute en maître sûr de ses effets.

Il nous reste à parler de M. Terisse, de Lyon. Cet artiste est, lui aussi, un de ceux qui, après être arrivés par l'étude et le travail, ont le mérite, non-seulement de savoir se maintenir à la hauteur acquise, mais de suivre le progrès pas à pas, et de tenir ainsi leur maison à un niveau qui les honore, tout en leur conservant une clientèle de choix et de bon goût.

J'ai dit plus haut qu'il y avait peu ou point de médiocrité dans l'exposition de photographie. Il a fallu pourtant établir un degré d'infériorité, mais entre nous il est si petit, que ceux que nous trouvons nommés aux médailles de bronze, doivent comprendre que leurs œuvres ont cependant été estimées.

M. David, de Courbevoie, par exemple, n'est-il pas un des plus habiles paysagistes photographes que nous connaissons. Son album est ravissant.

M. Terpereau, de Bordeaux, fait très-bien la reproduction et surtout les cartes géographiques qui, on le sait, exigent une précision et un soin inouïs.

Gardons-nous d'oublier M. Redon, de Lyon, qui est amateur, je crois, mais dont les travaux indiquent un homme bien versé dans la partie à laquelle il s'adonne, par amour de la science. Ses amplifications microscopiques sont étonnantes, et il est très-malheureux pour tous, qu'au lieu d'être à la section de la photographie, on les ait laissés dans celle des produits chimiques, où peu de connaisseurs songeaient à les admirer.

M. Fafournoux a été un des photographes les plus connus pendant l'Exposition. L'idée qu'il a eu de monter un chálet près du palais, a dû lui être favorable. Du reste, il soigne ses portraits. *Vie* et *éclat* se trouvent constamment dans ses œuvres.

MM. Lachenal et Favre, de Paris, débutent dans les Expositions, comme exposants, mais certainement ils n'en sont pas à leurs essais comme opérateurs. Spécialistes en stéréoscopie, ils ont déjà des collections nombreuses, uniques et sans faiblesse, c'est-à-dire uniformément belles. Leur maître, M. Soulier, leur a inculqué les règles de son art d'une telle façon, que les élèves peuvent aujourd'hui enseigner, eux aussi. Je les attends à *Vienne*, certain que s'ils y vont, ils représenteront dignement l'art photographique *français*.

M. Gut, un *Zurichois*, fait la reproduction à merveille. Il soigne ses détails, comme bien peu le font. Rien n'est perdu ; la copie est fidèlement exécutée. Il doit être l'ami des peintres et des graveurs, dont il reproduit les œuvres. A cela ajoutons que ses portraits sont bons aussi, très-bons même.

M. Temporel a fait comme ses collègues de Suisse ; il n'a envoyé que de fort jolies choses. Décidément, on fait dans ce pays la photographie avec un goût exquis et un grand talent.

Nous arrivons à l'ébénisterie photographique, qui tient une si large place dans la photographie. Surtout dans cette branche, il faut regretter le peu d'exposants. Mais cela n'enlève rien aux mérites de ceux qui avaient envoyé des produits. Voici, en première ligne, Madame Ve Gaillard, *de Monplaisir*, aussi connue à Paris qu'à Lyon, où se trouvent ses ateliers, a envoyé d'exellents articles. Mais aucun éclat dans son exhibition. Tout ce qu'elle a exposé est du domaine du confortable, du solide, du soigné. Rien pour l'œil, tout pour le travail ; aussi avons nous admiré le choix des bois, la régularité dans l'exécution et l'ingéniosité des systèmes ; entre autres choses remarquées par nous, citons son nouveau chassis sans charnières, qui est appelé à remplacer tous les autres modèles avant peu (Médaille de bronze).

M. Monget, fait aussi l'ébénisterie photographique. Il est très-justement apprécié comme fabricant cette spécialité, et cela est dû aux soins constants qu'il met a tout ce qui doit sortir de ses ateliers.

Dans l'encadrement, nous trouvons avec un mérite presque égal.

M. Luthringer, de Paris, et M. Patard, de Lyon. Il y a beaucoup de goût dans leurs expositions, et cette industrie est bien représentée par ces deux fabricants, qui n'ont pas grand besoin, je suppose, de réclame, pour maintenir ou agrandir la clientèle qu'ils ont dû acquérir depuis longtemps.

Reste à parler de M. Perrody, de Genève, le seul exposant pour la partie qui concerne les glaces destinées aux clichés. Cette industrie est modeste; et cependant, comme un opérateur est heureux d'avoir sous la main des verres choisis pour ses clichés. Son œuvre en dépend plus qu'on ne le croit. M. Perrody fabrique en homme convaincu de ce que nous venons de dire.

Il reste encore beaucoup de jolies choses dont nous pourrions parler; mais il faut savoir s'arrêter, et ceux qui ont visité l'Exposition de photographie sauront bien complêter le vide qui existe à cette place.

*
*   *

M. Guilleminot, de Paris (président), est un habitué des Jurys. Toutes les fois qu'il s'agit de donner une appréciation raisonnée et qui exige une grande connaissance de la photographie, on s'adresse à lui pour le prier d'accepter les fonctions de Juré. Au Havre, il a été comme à Lyon Président du Jury, et à l'exposition d'économie domestique (1872), à Paris, il était encore membre du Jury.

Cela prouve la compétence de M. GUILLEMINOT sur ces sortes de sujets, et le cas que font de lui les artistes qui le nomment toujours comme juge de leurs œuvres.

En dehors, cependant, de cette supériorité, M. GUILLEMINOT est un fabricant très-distingué de produits chimiques spéciaux à la photographie, et il en avait envoyé de forts remarquables à l'Exposition. Ses produits, connus et appréciés de tous, se distinguent par leur pureté et leur bon marché, deux conditions essentielles pour donner de bons résultats en photographie; car si la pureté procure plus de perfection, le bon marché permet de diminuer les prix et d'augmenter les productions.

M. ESCUDIÉ, de Lyon, avait exposé de remarquables épreuves contenant tous les genres qu'il fait dans ses ateliers, qui sont ceux d'une des plus anciennes maisons de photographie de la ville. Son prédécesseur et beau-père, M. DURAND, est un des introducteurs de la photographie à Lyon, et on devine que si M. ESCUDIÉ a été choisi par ses collégues pour juger leurs œuvres, il le doit autant à ses talents personnels d'opérateur, qu'à son savoir et à sa modestie.

M. GEYMET, de Paris, est classé par tout ce qui est savant, dans les personnalités rares qui, dans la photographie, voient un art et une science. Il cultive l'art en artiste consommé; et quant à la science, elle lui doit des progrès sérieux.

M. RANDON, autre membre du Jury de cette section, est cet artiste typique qui signe G. RANDON. A cette signature, qui ne reconnaît le désopilant ami des *tourlourous* qu'il charge avec une verve aussi spirituelle qu'inépuisable. M. RANDON a l'esprit aussi fin que le crayon, et nul n'était plus apte à juger de la valeur des œuvres exposées dans la section XXXVI.

Pour être complet, disons que cette section avait comme les autres un secrétaire, et que ce secrétaire c'était :

MOI.

NOMS DES RÉCOMPENSÉS

DIPLOMES D'HONNEUR

Luckardt, de Vienne (Autriche). — Mieczkowski, de Varsovie.

MÉDAILLES D'OR

Lumière, de Lyon. — Victoire, de Lyon. *Rappel de médaille d'or.* — Adam Salomon, de Paris.

MÉDAILLES D'ARGENT

Charnaux, de Genève. — Gantz, de Zurich. — Taeschler-Sigher, de Saint-Gall. — Boissonas, de Genève. — Champiot, de Lyon. — Joguet, de Lyon. — Gérard, de Lyon. — Terrisse, de Lyon.

Rappels. — Bernoud, de Lyon. — Léon et Lévy, de Paris. — Mathieu Déroche, de Paris. — Muzet, de Lyon. — Reutlinger, de Paris.

MÉDAILLES DE BRONZE

David, de Courbevoie. — Terpereau, de Bordeaux. — Valentin et Meyer, d'Avignon. — Redon Léon, de Lyon. — Fafournoux, de Lyon. — Veuve Gaillard, de Lyon. — Patard, de Lyon.

MENTIONS HONORABLES

Lachenal et Favre, de Paris. — Devos, de Marseille. — Temporel, de Genève. — Gut, de Zurich. — Monget, de Lyon. — Perret, de Besançon. — Luttringer, de Paris. — Perrody, de Genève,

---

SECTION XXXVII

Musique

CLASSE 66e .... Instruments de musique et accessoires.

COMPOSITION DU JURY

	Président.	
DEBAIN	....	PARIS.
	Secrétaire.	
GROS Aimé	....	LYON.

Membres.
LEYBACH	....	TOULOUSE.
DUMAS Fils	......	NIMES.
MANGIN	....	LYON.
RENAULT	....	LYON.
LEROY	....	LYON.

Ce n'a été que très-tard que les voûtes de l'Exposition ont retenti de cet ensemble de sons musicaux désagréables qui se produisent partout où il y a agglomération d'instruments de musique. En effet, la VIIIe galerie qui leur était réservée a été l'une des dernières installées, et nous croyons même que c'était dans la VIIe galerie, c'est-à-dire dans la grande coupole, qu'on devait les placer primitivement. CAVAILLÉ-COLL avait promis une de ses merveilleuses grandes Orgues, qui font l'honneur de la facture française. Il a dû y renoncer, le local n'étant pas disposé. Plusieurs autres facteurs n'ont pu exposer pour le même motif. De là, pénurie réelle d'Exposants dans cette section, comme nombre. Quant à la qualité des instruments, nous n'en dirons pas de même. Nous avons eu à en admirer de fort beaux, et on nous permettra de signaler quelques maisons qui se sont distinguées plus spécialement.

DEBAIN — *Rue Lafayette* — PARIS

MEMBRE DU JURY — HORS CONCOURS

Il est, dans la carrière des arts, deux sortes d'individualités distinctes : les unes sans spontanéité, sans élan, sans initiative, se traînent dans les sentiers battus, et ne s'élèvent que rarement au-dessus de la médiocrité ; les autres, c'est le petit nombre, n'acceptent pas le joug des idées toutes faites ; ils planent sur les hauteurs, s'efforcent sans cesse de découvrir de nouveaux horizons, et tournent vers l'inconnu leurs désirs enthousiastes.

Ce que nous disons des arts en général s'applique spécialement à la facture instrumentale. — Nulle part la concurrence n'est plus active ; mais, il faut le dire, les hommes d'une portée vraiment sérieuse ne forment qu'une imperceptible minorité. Les nullités, les plagiaires abondent ; mais il est facile de compter les inventeurs réellement distingués.

M. Debain a, depuis longtemps, marqué sa place parmi ces hommes d'élite. — Par ses belles découvertes, par son dévouement à la cause de l'art, par ses sacrifices incessants, il a une physionomie à part.

M. Debain a envoyé à l'Exposition de Lyon quelques-uns de ses magnifiques harmoniums, instruments dont il est on le sait l'inventeur, et qui sortent de ses immenses et splendides ateliers de Saint-Ouen, où travaillent presque constamment 500 ouvriers.

Mais il était évident pour tous, que M. Debain serait désigné pour être, encore une fois, membre du Jury ; en effet, il a été l'un des membres du Jury de la section, et qui plus est son *président*, et, naturellement, ses produits ont été classés *Hors concours*.

Grand prix de Rome, M. Debain est chevalier de la Légion d'honneur et décoré de plusieurs ordres étrangers. Partout ses inventions ont obtenu un immense succès.

En résumé, M. Debain a conquis une position considérable, et, chose rare, il l'a obtenue sans intrigue, sans autres ressources que son intelligence, son travail et son activité. Il a créé une industrie nouvelle qui rend à l'art musical d'éminents services, qui occupe aujourd'hui en France plus de trois mille ouvriers et donne lieu à des opérations s'élevant par années à plusieurs millions. — Le mérite et l'utilité des inventions dont il a doté le pays, l'influence dont il jouit, la considération et les sympathies qui l'entourent, les relations de plus en plus étendues que sa maison a établies dans toutes les parties du monde, sont des faits dont les efforts de la médiocrité et de l'envie ne sauraient affaiblir la portée.

KRIEGELSTEIN — *Boulevard Haussmann* — PARIS

PIANOS — DIPLÔME D'HONNEUR

Je ne connais pas du tout l'importance comme fabrication de la maison Kriegelstein, et ne m'en occupe nullement.

Je fais simplement compliment à ce facteur de ses résultats. Il a réuni, dans son faire, toutes les qualités de *l'excellent piano.*

C'est à la fois un *Pleyel,* un *Erard* et un *Herz.* Les connaisseurs me comprendront.

BORD — 14, *Boulevard Poissonnière* — PARIS

PIANOS — MÉDAILLE D'OR

Le piano BORD est l'un des plus répandus, et il doit sa réputation, autant à la qualité de ses sons qu'à l'extrême modestie de son prix de vente. Cependant il ne faut pas conclure contre lui par le fait de ce bon marché que nous signalons; c'est une qualité de plus, et une qualité qui mérite bien d'être appréciée par les amateurs, parmi lesquels tous n'ont pas le mérite d'être doués d'une grande fortune.

BEAUCOURT FILS — *rue de l'Harmonie, Monplaisir* — LYON

HARMONIUMS — MÉDAILLE D'OR

M. BEAUCOURT FILS est un facteur de grandes orgues et d'har moniums. Ce constructeur lyonnais a donné à cette fabrication une importance très-sérieuse, et, au point de vue artistique surtout, il méritait qu'on le plaçât de pair avec nos premiers facteurs de Paris. Le Jury en a ainsi jugé. L'instrument qu'a exposé M. Beaucourt est le type parfait de l'harmonium d'amateur et de salon.

Il est rempli de combinaisons si nouvelles que, malgré la petite habitude que j'ai de ces sortes d'instruments, je n'ai pu les saisir toutes ; et désireux cependant de connaître à fond cet harmonium, je me suis résigné à aller à Monplaisir, prier M. Beaucourt lui-même de me faire ressortir tous les avantages de cet instrument.

M. Beaucourt fils a succédé à son père au double point de vue artistique et commercial. Il continue, comme son prédécesseur, à chercher sans cesse des combinaisons qui, en adoucissant le son, multiplient aussi les ressources.

A l'audition, nous avons remarqué des résultats surprenants et que nous n'avions jamais rencontrés dans aucun instrument de ce genre.

Le son est *rond* et *plein ;* rien de *criard, d'aigre,* qui généralement déchire l'oreille tout en n'imitant *rien.*

Comme étendue moyenne, l'harmonium a cinq jeux et demi. Les registres, au nombre de vingt-deux, produisent des effets multiples et offrent des ressources admirables. La *voix céleste* est à citer tout spécialement ; j'en ai été émerveillé.

Chaque registre possède sa *sourdine* indépendante, perfectionnement énorme, et dont on devine l'importance. Quant au grand défaut de l'harmonium ordinaire, qui consiste en une puissance trop peu mesurée dans les basses d'accompagnement, ce qui couvre souvent le chant, il a maintenant disparu totalement, grâce à un effet de double enfoncement qui, tout en rendant les basses assez faibles pour ne pas étouffer le chant, permet, en enfonçant plus ou moins certaines notes, de marquer la marche harmonique, un octave en dessous, sans déplacer les mains. C'est inouï de voir comme cette combinaison est ingénieuse et offre d'avantages.

A cela joignons l'établissement d'un système indépendant et agissant à volonté, appelé *prolongement par substitution,* qui permet de faire sonner comme *pédale* une note basse, aussi sec ou aussi longtemps qu'on le désire, en la changeant naturellement suivant les besoins de l'harmonie.

Restent les genouillères, qui agissent en *pianissimo.* Quant à la *percussion,* son principal mérite est l'*indépendance* qui a été réservée à chaque registre.

A. LECOMTE & Cie — *rue St-Gilles 12* — PARIS

INSTRUMENTS DE CUIVRE — MÉDAILLE D'ARGENT

Le jury de la section XXXVII, en lui décernant une médaille d'argent, a semblé vouloir réparer un peu, à Lyon, l'oubli par trop grand dans lequel celui de 1867, à Paris, avait presque laissé la maison LECOMTE (médaille de bronze). — Cependant nous aurions voulu un effort de plus; parce que, à notre point de vue, la maison A. LECOMTE ET Cie nous semble être supérieure, non-seulement pour *quelques* spécialités, mais pour *tous* les genres de spécialités qu'elle fabrique. — Une médaille d'or aurait justement récompensé le labeur incessant et intelligent d'une maison qui, fondée en 1860, est arrivée en si peu d'années à être au premier rang de la facture instrumentale.

*
* *

Pourquoi M. COUTURIER, de Lyon, facteur des plus estimés, s'est-il retiré du concours? Il conserve ses mêmes avantages, c'est vrai, mais je ne comprends pas plus le Jury ne donnant pas, que M. COUTURIER refusant une médaille d'or à son Exposition.

GAUTROT — PARIS

INSTRUMENTS DE CUIVRE — MÉDAILLE D'OR

Une fois de plus, la médaille d'or est venue grossir la riche collection de cette Maison. Ce n'était pas seulement *justice,* c'était *nécessité.* Je suppose bien que M. GAUTROT était persuadé de ce résultat avant la décision du Jury. On est toujours fort de son *droit* et sûr de son mérite.

La facture lyonnaise était représentée par de bonnes Maisons, telles que celles de MM. GRUNER et MAROKY. Celle de Toulouse, par M. Martin qui, on le voit, lutte sans désanvatages avec les facteurs parisiens; tellement elle met de soins à la confection de tous les instruments qui sortent de chez elle. La *lutherie* comptait parmi le petit nombre d'Exposants en cette spécialité. M. Sylvestre, un lyonnais, dont la réputation n'a certes pas besoin d'être faite. Enfin, nous terminons en constatant l'admiration que nous avons souvent éprouvée devant les ingénieux accessoires de toutes sortes, sortant de la Maison Fortain et Cⁱᵉ, de Paris, accessoires multiples à l'infini, recherchés pas les facteurs du monde entier, et qui, en somme, on le devine, contribuent tant à l'excellence des instruments. On le voit, la musique tenait une bonne place à l'Exposition de Lyon.

NOMS DES RÉCOMPENSÉS

HORS CONCOURS

Pleyel, Wolff et Cⁱᵉ, de Paris. — Henry Herz, de Paris.— Mangeot et Cᵉ, de Nancy.

DIPLOME D'HONNEUR

Kriegelstein, de Paris. — Goumas, de Paris.

MÉDAILLES D'OR

Bord, de Paris. — Eleké, de Paris. — Beauvais, de Paris, — Martin, de Toulouse. — Gouty-Richard, de Paris. — Beaucourt, de Lyon. — Gautrot, de Paris. — Jacquot, de Nancy.

Rappel. — Schmidt, et Heugton, de Washington (Angleterre).

MÉDAILLES D'ARGENT

Instruments de musique. — Focké, de Paris. — Baruth, de Lyon. — Bellet, de Paris. — Deschaux, de Lyon. — Gruner, de Lyon.—Philippi, de Paris. —Lecomte, de Paris. — Cousin, de Lyon. — Silvestre, de Lyon.— Fortain et Cⁱᵉ, de Paris.

MÉDAILLES DE BRONZE

Maroky, de Lyon. — Mertens, de Paris. —Quantin, de Bourges (Cher). — N. Erard, de Paris. — Molleron, de Lyon. — George, de Toulon. — Rey, de Lyon. — Ritter-Bietermann, en Suisse.

MENTIONS HONORABLES

Wiard, de Saint-Etienne. — Pape fils, de Paris. — Pourtier, de Paris.

SECTION XXXVIII

Art médical
Instruments de précision

CLASSE 67e

Appareils et instruments de l'art médical. — Appareils et instruments divers à l'usage du médecin et du chirurgien.—Appareils spéciaux, matériel des recherches anatomiques dans la médecine vétérinaire. — Appareils balnéatoires, hydrothérapiques, de gymastique, hygiène.

CLASSE 68e

Instruments de précision et matériel de l'enseignement des sciences. —Instruments de géométrie, d arpentage, de topographie, de géodésie, d'astronomie, des arts de précision.—Mesures et monnaies, balances. — Instruments de physique, de météorologie , d'optique. — Instruments divers servant à l'enseignement des sciences, cartes et appareils de géographie et de cosmographie. — Publications périodiques et journaux d'éducation.

COMPOSITION DU JURY

Président.		*Membres.*	
Dr GLENARD............ Lyon.		Dr KASTUS............... Lyon.
Secrétaire.		Dr BRON .... Lyon.
LORENTI............... Lyon.		Dr BOURLAND.......... Lyon.

Société Française de Secours aux Blessés, *19, rue Matignon,* **Paris.**

AMBULANCES — DIPLÔME D'HONNEUR

Cette Société avait obtenu, à l'Exposition de 1867, un grand diplôme d'honneur. Les objets de toute nature, concernant les soins à donner aux blessés, qu'elle exposa à cette époque, firent l'admiration de tous. Depuis, quels progrès ont dû être faits pour mettre ce service au niveau des besoins qui ont surgi! Nous avons été à même d'en juger à l'Exposition de Lyon, et cependant nous savons que cette exhibition était incomplète. Toutefois, nous tenons à ne pas laisser inaperçus les services immenses qu'a rendus cette Société, et à conserver ici le souvenir de son matériel remarquable.

Ses voitures suspendues, pour le transport des blessés, sont commodes et pratiques; les divers systèmes de brancards sont tous fort ingénieux; en un mot, il n'y a rien dans cette Exposition qui ne soit marqué au coin de l'humanité.

La maison GALANTE était très-bien représentée par une série complète de tous ces appareils en caoutchouc, si ingénieux et si utiles en campagne, surtout quand il faut transporter, par grande quantité, de ces objets, accessoires de pansements, qui peuvent être brisés par les cahotements d'une voiture.

La Société de secours avait exhibé, sous une fort belle tente de chirurgien, deux boites de chirurgie, l'une *pour amputation*, l'autre pour *résection*, sorties des célèbres ateliers de M. MATHIEU, son fournisseur. Nous n'accompagnerons le nom de ce fabricant d'aucun éloge : il nous en voudrait.

MULATIER & SILVENT — LYON

MÉDAILLE D'ARGENT

Enfin, de Lyon, nous avons à parler tout particulièrement de l'exposition de MM. MULATIER et SILVENT, qui avaient envoyé une collection remarquable d'attelles et gouttières en laiton. On connaît l'importance de ces appareils, qui remplissent un si grand rôle dans la chirurgie. MM. MULATIER et SILVENT se sont adonnés à cette fabrication et ont réussi à tel point que nous ne connaissons aucun fabricant à *Paris* qui soit aussi riche de modèles qu'eux.

Nous nous arrêtons, quoique nous eussions encore bien des noms à citer. Faisons remarquer, en terminant, le désintéressement de tous ces industriels qui ont exposé sous le couvert de la Société de secours, et n'ont, par conséquent, pu concourir dans *cette section* comme exposants.

Dans l'exposition de la Société de secours aux blessés, il nous paraît juste de citer particulièrement les noms des principaux constructeurs ou industriels qui ont contribué puissamment, par leurs travaux, à atteindre cet ensemble de résultats si utiles dont nous venons de parler. Nous serons brefs, parce que ce serait nous exposer à entrer dans de trop longs détails et que notre cadre ne nous le permet pas. Cependant, citons :

M. KELLNER, le célèbre carrossier de Paris, qui a l'honneur d'avoir contribué pour la plus large part à l'étude et à la construction des voitures destinées au transport des blessés, d'après les données du docteur baron Mundy. A l'Exposition de Lyon, le public a pu admirer *trois types* différents sortis de ses ateliers, et qui, tous, ont servi pendant le siége de Paris. Ce n'était pas une des moindres curiosités de cette exhibition.

M. BINDER, si connu du *high life* parisien, qui a construit les voitures des ambulances de la presse des docteurs Ricord et Demarquay.

La COMPAGNIE GÉNÉRALE DES OMNIBUS de Paris, qui, elle aussi, a contribué à faire une partie du matériel de la Société et a produit un modèle nouveau, dont les plans et dessins ont été créés par MM. Ellissen (Albert) et Geibel, l'un ingénieur civil et l'autre carrossier fort estimé à Paris.

M. WERBER, orthopédiste très-habile, et à qui la Société a confié la difficile mission de confectionner tous les membres artificiels dont elle fait don aux invalides amputés de la guerre 1870-1871. Une vitrine entière était remplie de tous ces systèmes qui remplacent les membres absents avec une intelligence vraiment admirable. M. Werber a obtenu une médaille d'argent.

A côté de M. Werber nous devons placer le nom de M. le comte de Beaufort qui s'est occupé, avec tant de succès, de la même question, et dont les écrits publiés à ce sujet font autorité.

M. Delpech avait envoyé un sac d'infirmier très-ingénieux, tellement ingénieux qu'il a été constamment demandé pendant la durée de l'Exposition pour faire le service médical du palais ; ce sac est complet et renferme, sous un petit volume, tout ce qu'il est indispensable d'avoir sous la main, sur le champ de bataille ou en cas d'accidents (Médaille de bronze).

DUCHESNE — LYON
DENTS ARTIFICIELLES — MÉDAILLE DE BRONZE

Je déteste les dentistes depuis mon âge le plus tendre, et je sais pertinemment que je ne suis pas le seul. Aussi devant cette répugnance générale que chacun possède à leur endroit, je comprends qu'il se soit trouvé un homme *au moins,* qui ait cherché le moyen de vous faire horriblement mal *sans douleur.* L'homme qui a découvert cet insensibilisateur est si connu, que je ne le nomme pas. A quoi bon ! Cependant je le nommerai pour parler de sa remarquable exposition, composée de travaux supérieurs d'éxécution et de haute précision, travaux toutefois peu estimés, paraît-il, par le Jury qui a été, ce nous semble, trop sévère à son égard — J'ai nommé : M. Duchesne.

GUIMARD — *Quai Saint-Antoine, 31* — LYON
MÉDAILLE D'ARGENT

M. Guimard a obtenu une médaille d'argent pour son nouveau système de gymnastique médicale et orthopédique, reposant sur des principes bien différents de notre vieille gymnastique militaire. Plus d'appareils encombrants fort coûteux; des appareils simples, intelligents, qui, en tout petit nombre, forment un gymnase complet. Nous avons, entre autres, admiré une échelle de gymnastique qui remplace à elle seule 250 à 300 francs d'objets anciens. Il ne faut pas oublier de mentionner aussi, un petit appareil pour gymnastique de chambre, laissant bien loin derrière lui les grandes machines compliquées et fort coûteuses de nos gymnases de Paris, permettant, par une combinaison avec les haltères, d'avoir un petit gymnase indispensable à tout homme de cabinet, et un autre système composé de deux cordes terminées par deux petites poignées et appelées par l'inventeur *cordes suédoises*. A l'aide de ces cordes, l'on peut, soit seul, soit deux ensemble, se livrer à une foule d'exercices très-attrayants qui paraissent réaliser une question à l'ordre du jour : la gymnastique à bon marché.

NOMS DES RÉCOMPENSÉS

DIPLOME D'HONNEUR

La société française de secours aux blessés militaires, de Paris.

MÉDAILLES D'OR

Gaiffe et Darlot, de Paris. — Gramme, de Paris. — Lépine, de Lyon.

Rappel. — Georges (Charles), de Paris.

MÉDAILLES D'ARGENT

Paz, de Paris. — Benas. — Benevolo. — Delanne. — Gettlife. — Guimard, de Lyon. — Léon et Guichard. — Mulatier-Silvent. — Pugens. — Redon.— Rivoire.— Silvant. — Têtaz, de Paris. — Werber, de Paris. — Lelièvre, de Paris. — Tollet, Martin Leblanc et Cⁱᵉ, de Paris.

Rappels de médailles d'argent. — Sadon, de Roulaix. — Wickam.

MÉDAILLES DE BRONZE

Bailly, de Lyon. — Berguerand, de Lyon. — Chavanou, de Lyon. — Delestre, de Lyon. — Demouret, de Lyon. — Hoël, de Lyon. — Rou, de Lyon. — Theynard, de Lyon. — Vergne-Chose, de Paris. — Blathe. — Duchène, de Lyon.

MENTIONS HONORABLES

Chatelet. — Colin. — Delpech. — Goffinon et Barbas. — Jeansault. — Roudil. — Daura.

SECTION XXXIX

L'Enseignement

CLASSE 69e

Appareils, instruments, modèles, conçus en vue de faciliter l'enseignement primaire. Modèles de dessins, méthode de chant, travaux d'élèves. — Bibliothèque et matériel de l'enseignement donné aux adultes dans les écoles communales, dans les cours spéciaux, dans la famille et dans l'atelier. — Collections, publications, documents, pièces de toutes natures destinées à provoquer, éclairer et encourager le développement des sociétés coopératives.

COMPOSITION DU JURY

Président.
AUBIN .... Lyon.
Secrétaire.
HOSTACHE .... Lyon.

Membres.
LEMONON .... Lyon.
PONCIN .... Lyon.

L'Administration de l'Exposition a fait beaucoup pour l'enseignement. Cette question, à l'ordre du jour aujourd'hui, et plus importante que toute autre dans l'œuvre de régénération nationale, a été traitée avec un soin tout particulier à l'Exposition.

La dernière galerie couverte lui a été réservée. Son organisateur a été le directeur de l'Ecole de la Martinière, et la façon dont il a su tirer parti des éléments qui lui ont été confiés, fait le plus grand honneur à M. GIRARDON.

Chaque différent mode, système ou classe d'enseignement, se trouve distinct. L'Ecole centrale, l'Ecole de la Martinière, l'Ecole

des Beaux-Arts de Lyon, la célèbre école de Cluny, l'Ecole pro
fessionnelle de Mulhouse, ont envoyé leurs divers modèles. Il y a
des réductions de machines, de ponts, de travaux hydrauliques,
fort bien réussies, et l'on comprend que les élèves qui sortent de
ces écoles doivent être recherchés comme ayant acquis une pratique sérieuse, garantie indispensable pour tout homme appelé à
diriger une usine de quelque importance.

COTILLON — *Méthode d'orthochromie* — ROMANÈCHE
DIPLÔME D'HONNEUR

Le dédain irréfléchi des artistes pour les règles du modelé, consacrées par la science, tend à s'effacer chaque jour.

L'étude de la perspective linéaire est universelle, celle de la
perspective aérïenne est à sa naissance, grâce au concours de la
photographie.

Quant aux questions, importantes cependant, du modelé et du
clair-obscur, nos grands maîtres, guidés par un sentiment du
relief, que l'observation intelligente de la nature développait sans
cesse, les ont seuls résolues avec bonheur. Mais ils ont négligé
de nous transmettre le fruit de leurs études. Frappé de cette
cause d'infériorité de l'enseignement pratique du dessin, M. Cotillon paraît avoir voulu combler cette lacune ; se souvenant qu'un
peintre célèbre voyait dans le cercle l'expression générale de la
ligne, il a pensé qu'en fait de relief tout était dans la ligne. Il a
donc choisi la sphère pour type, pour mesure étalon si l'on veut.
Des formules rigoureusement exactes, des épures et des calculs
innombrables ont été la base de ce travail. Cent trente-neuf lavis
à l'encre de Chine contiennent l'application de ce nouveau système à la représentation des surfaces géométriques les plus
usuelles.

Quant au nom d'*Orthochromie* (teintes correctes), il nous semble complètement justifié, attendu que chaque teinte a ses limites et son degré d'intensité lui-même, déterminées avec précision. La vigueur des effets obtenus est d'autant plus remarquable que les moyens employés sont d'une très-grande sobriété.

Frère BRUNO — BELLEY
MÉDAILLE D'OR

L'appareil astronomique inventé par le frère BRUNO, et que chacun a admiré dans la galerie de l'enseignement, place sous les yeux, tels qu'ils se produisent, les mouvements du soleil, de la terre et de la lune, et les phénomènes qui en résultent. Il détruit ainsi l'illusion causée par la vue du mouvement apparent des astres, et facilite singulièrement l'étude de la cosmographie, qu'il transforme en une récréation pleine d'attrait.

L. BEAUMARCHEY — *Cosmographe* — AIX (Bouches-du-Rhône)
MÉDAILLE D'ARGENT.

Tout le monde a remarqué dans le pavillon destiné à l'enseignement, au milieu des merveilles de toutes sortes, exposées par les différentes écoles ou sociétés savantes dont nous venons de parler, un système cosmographique exposé par M. BEAUMARCHEY, habitant Aix-en-Provence.

Ce système, des plus ingénieux, est une véritable découverte. Il démontre la sphère sidérale et solaire de la façon la plus habile, c'est-à-dire la plus facile à comprendre et la plus économique. Il rend plus utile, moins coûteux, plus aisé qu'un globe, un *planisphère* céleste, à l'aide de pièces mobiles (*horizon, méridien, cercle horaire, terre, etc.*), en y ajoutant :

1° Une brochure explicative et des figures sur quelques points difficiles de la cosmographie ;

2° Un instrument servant de petit observatoire et de cadran universel (Dépôts à Paris, Lyon, Marseille, et d'autres villes).

Cette œuvre de M. BEAUMARCHEY lui a valu des médailles de sociétés savantes, ainsi qu'à des expositions, notamment à Paris, Lyon, etc. ; une décoration universitaire, des mentions et des approbations du ministère de l'Instruction publique, du Congrès scientifique et de diverses notabilités.

Nous savons que M. BEAUMARCHEY désire trouver un éditeur pour le planisphère et d'autres appareils cosmographiques, *sphère transparente* avec *système solaire, montures axifères pour globes,* représentation des *éclipses* et de la *précession* des équinoxes, sphère *polyaxe, cartes-globes, tableaux divers, etc.*

Nous croyons devoir nous associer au désir de l'auteur et nous souhaitons vivement, dans l'intérêt de la science, de le voir mis à exécution. Il ne manque point d'éditeurs intelligents, d'ailleurs, à Lyon, comme à Paris, à qui nous croyons rendre un réel service en leur indiquant l'adresse de M. BEAUMARCHEY, rue St-Michel, à Aix-en-Provence.

CONVENTZ — *11, place des Squares* — LYON

MÉTHODE DE COMPTABILITÉ — MÉDAILLE D'ARGENT

La comptabilité ou du moins les systèmes de comptabilité, en usage jusqu'à ce jour, présentent tous de graves difficultés qui, à de certains moments, peuvent causer de notables préjudices aux négociants en entraînant des erreurs souvent irréparables, en rendant le travail long et pénible, en empêchant, par là, souvent un commerçant d'entreprendre et de mener à fin, en temps utile, son inventaire, sans compter l'obscurité des formules, la dépendance du patron envers son comptable et l'absence absolue de contrôle dans le travail de ces derniers.

Le meilleur système est celui qui pare le plus possible à tous ces inconvénients, et le système bon, d'une façon absolue, serait celui qui non-seulement les diminuerait, mais les ferait disparaître entièrement. C'est ce dernier problème que paraît avoir résolu M. Conventz, un professeur de comptabilité de Lyon.

Il est arrivé à mettre en pratique et à pouvoir garantir à tout négociant qui se servira de son système et tout cela en diminuant le travail :

1° La tenue à jour prompte et facile de tous ses livres ;

2° L'impossibilité de laisser passer inaperçue une erreur ou une omission ;

3° Le moyen d'établir d'une manière précise son bénéfice ou sa perte, à n'importe quel moment, par un travail de dix minutes, l'évaluation des marchandises en magasin étant connue ;

4° La suppression des formules bizarres, souvent inintelligibles, remplacée par la simple énonciation des faits ;

5° La facilité de vérifier le travail de son comptable par un calcul simple et rapide ;

6° Les indiscrétions relatives à l'inventaire et à ses résultats rendues impossibles ;

7° Des renseignements complets et positifs sur tout ce qui peut, l'intéresser.

A tous ces avantages, le système de *la Ligne droite* en joint un autre, c'est qu'il n'exige que quelques jours de pratique pour faire, d'un homme doué de moyens ordinaires, un comptable achevé, et qu'il peut aisément, sans perturbation ni retard, être substitué dans toute maison de commerce à la méthode précédemment suivie.

GUIMARD — *31, quai Saint-Antoine* — LYON

M. Guimard, l'inventeur du gymnase médical et orthopédique

dont nous avons parlé dans la section XXXVIII, devait se retrouver à la section XXXVII avec les produits destinés à l'enseignement.

Il a, ici aussi, obtenu une médaille d'argent pour le gymnase pédagogique dont il est l'inventeur.

M. Guimard, qui s'est appliqué à répandre la gymnastique en la rendant économique, a fait entrer un gymnase complet dans un petit espace, tous les appareils en sont simplifiés et sont combinés de façon à servir à différents exercices.

Le gymnase de M. Guimard est à la portée de toutes les écoles, même les plus pauvres, et son inventeur qui fera nous l'espérons accomplir une révolution à l'exercice si utile de la gymnastique, mérite les plus grands éloges.

Mlle FRACHON — *rue de la Tête-d'Or, 31* — LYON

INSTITUTION DES JEUNES AVEUGLES — DIPLÔME D'HONNEUR

L'Institution des Jeunes Aveugles dirigée, à Lyon, par Mlle HÉLÈNE FRACHON, s'est exposée elle-même à l'Exposition de Lyon.

M. STANISLAS FERRAND avait prêté une des classes de son école modèle à cette intéressante Institution, et tous les jours le public, sortant de la galerie réservée à l'enseignement pour visiter le Parc, s'empressait d'aller rendre une visite à ces pauvres déshérités de la nature, auxquels Mlle FRACHON s'évertue, en les instruisant, à faire goûter quelques-unes des douceurs de la vie.

Tous ces enfants, dirigés par une de leurs camarades, un peu plus âgée, étaient assis sur les bancs de cette classe octogonale, et travaillaient chacun à sa façon. Sur la demande des visiteurs, on les faisait lire et écrire, suivant un nouvel alphabet, créé pour eux, par la directrice de leur école.

Un piano était placé dans la classe, et une jeune aveugle en jouait avec un véritable talent, et venait ainsi apporter une distraction, et diminuer la longueur des heures que ces pauvres enfants devaient passer dans l'école.

L'Institution de Mlle Frachon n'est pas seulement une école pour les Jeunes Aveugles des deux sexes, c'est encore un asile pour les adultes, et bien qu'étant dirigée et entretenue par l'initiative privée toute seule, elle a acquis une véritable importance, dont les amis de l'humanité doivent remercier sa dévouée fondatrice.

Un deuil de famille est venu, depuis peu, éprouver Mlle Frachon; sa sœur, qui l'aidait dans son œuvre de dévouement, a quitté la vie l'année dernière, et cette immense douleur, que l'âme délicate de Mlle Frachon devait ressentir plus qu'aucune autre, a été, pour elle, la source d'un redoublement de zèle et de dévouement.

NOMS DES RÉCOMPENSÉS

HORS CONCOURS

Ecole professionnelle de Mulhouse. — Ecole normale spéciale de Cluny. — Ecole centrale lyonnaise. — Ecole nationale des beaux-Arts, de Lyon. — Ecole de la Martinière. — Société d'enseignement professionnel du Rhône. — Cours municipaux de dessin pour les adultes.

DIPLOMES D'HONNEUR

Cotillon, de Romanèche. — Dusseigneur-Kléber, de Lyon. — Engel-Dolfus, de Mulhouse. — Mlle Frachon, de Lyon. — Mlle Alliot, de Lyon. — La société des maîtres ouvriers de Saint-Etienne.

MÉDAILLES D'OR

Mlle Reine Baud, de Lyon. — Le frère Bruno, de Belley. — Clerget, de Dijon. — Clos, de Lons-le-Saunier. — Ecole normale primaire de Villefranche (Rhône). — Le capitaine Feloz, de Lyon.— Comité du cercle mulhousien. — Léon Lebon, de Bruxelles.

MÉDAILLES D'ARGENT

Anselmier. — Beaumarchey. — Delpois et Buchon. — Berthaux. — Bouasse-Lebel. —Bouvier.— Chanel. — Conventz. — Dânel — Delagrave. — Deyrolle. — Ecole professionnelle de dessin et de modelage de Paris. — Ferrand. — Fleury. — Fournier. — Godchaux, de Paris. — Gauthier. — Guelpa, de Belley. — Guimard. — Lenoir. — Palud. — Pugens. — James et Revou. — Stratton. — Valin. — Thibandier et Bouin, de Lyon. — Senocq, de Lyon. — Duployé. — La société des charpentiers de Tours.

MÉDAILLES DE BRONZE

Bapteroses, de Briare. — Berdin, de Lucy-le-Bocage. — Bertrand, de Roanne. —

Bérerd, de Lyon. — Chapelle, de Saint-Etienne. — Chomel, de Lille. — Ménétrier et Rhomer, de Lyon. — Chairgrasse, de Bruxelles. — Darru, d'Alger.—Desbois, de Lyon et de Tarare. — Fontaine-Buquet, de Paris. — Giraud, de Grenoble. — Guillon, de Romanèche. — Hermitte, de Saint-Ismier. — Longchampt, directeur des études de l'institution polytechnique.—Orly, d'Alais. — Lecois-Pellier, de Brest. — Lefranc, de Belgique. — Céline, Léon-Ville, de Lyon. — Luppi, de Lyon. — Maury, de Montardy. — Monnier, de la Pyramide.— Orbany, de Villefranche. — Remondet-Aubin, d'Aix. — Rigolade, de Cognac. — Sirand, de Grenoble. — Société protectrice des apprentis et des enfants de manufactures. — Société Franklin, de Paris. — Société protectrice des animaux.—Mlle Zolla Anne. — Malaise. — Conesland. — Chrétien, de Paris.

Bilbaut, d'Amiens. — Buisset, de Montredon. — Bourges, de Vinça. — Charvin, de Paris et de Lyon. — Cozoua, de Lentilly. — Damidot, de Talmay. — Demon, d'Orléans. — Delestre, de Lyon. — Depernex et Bouvet frères, de la Sainte-Famille, de Belley (Ain). — Dufaure, de Saint-Boës. — Dupuy, de Pernes.— Faure de Sartiges, d'Andance. —Flammand, de Douai. —Giévin, de Paris. — Girard, de Nancy. — Girard, de Firminy. — Alain Gouzien, de Brest. — Hachette, de Paris. — Jaumet, de Saint-Génis-Laval. — Javel, de Beaucaire. — Alphonse de Longuemar, de Poitiers. — Lory, de Paris. — Claudius Malterre, de Lyon. — Melliot, de Paris. — Menin, de Paris.—Mir.—Mittet, de Barraux.— Mlle Perraud.—Poncet-Denoailly, de Paris. — Colonel Staff. — David Sutter.

MENTION EXCEPTIONNELLE

Laboratoire municipal créé par M. MERGET.

GROUPE IX

Beaux-Arts

———•‹›✕‹›•———

CHAPITRE XI

SECTION XL

Peinture, Sculpture, Architecture
Gravure

CLASSE 70ᵉ
Peintures à l'huile sur toile, sur panneaux, sur enduits divers. Peintures diverses et dessins.
CLASSE 71ᵉ
Sculptures et gravures sur médailles.

CLASSE 72ᵉ
Dessins et modèles d'architecture.
CLASSE 73ᵉ
Gravures et lithographie.

COMPOSITION DU JURY

Président.
MARTIN-D'AUSSIGNY..... LYON.
Secrétaire.
DUBOUCHET............ LYON.

Membres.
CHAINE. — BONNET. — LAURIER. — REIGNIER. — SUBLET. — BRESSON.

Notre intention était de ne pas parler dans ce livre des Beaux-Arts, qui sont sans doute *des merveilles,* mais qu'on est convenu de ne pas appeler *de l'industrie.*

Nous sommes revenus sur notre première décision à l'unanimité.

Mais ici une grave discussion s'est élevée, devant le nombre d'œuvres *vraiment artistiques* exposées; nous avons craint de froisser quelques susceptibilités, et nous nous contentons de publier seulement les verdicts du jury sans circonstances atténuantes.

NOMS DES RÉCOMPENSÉS

HORS CONCOURS

Banias, Félix. — Beaume, Joseph. — Bertrand, James. — Biard, François. — Chintreuil, Antoine. — Couder, Alexandre. — Doré, Gustave. — Etex, Antoine. — Froment, Eugène. — Guichard, Joseph. — Zillemacher, Eugène. —Kierboé, Charles-Frédéric. — Matet, François. — De Pommayrac, Paul. —Poncet, Jean-Baptiste. — Raffort, Etienne. — Tassaert, Octave. — Tissier, Ange. — De Tournemine, Charles. — Lorin. — Bonnet, Guillaume. — Corpeaux, Jean-Baptiste. — Franceschi, Jules. —Hiolle, Ernest-Eugène. — Oliva, Alexandre. — Bertinet, Gustave. — Bail, Maurice. — Danguin, Jean-Baptiste. — Revoil, Henry. — Trilhe, Ernest.

MÉDAILLES D'OR

Peinture. — Appian. — Bernard. — Dubouchet. — Maillard. — Mont-Chablond. — Petit, Eugène.

Sculpture. — Barrias. — Delhomme.

Architecture. — De Perto. — Auché. — Coquet.

MÉDAILLES DE VERMEIL

Peinture. — Castiglion, Joseph. — Fayen-Perrin. — Gayraud. — Le comte Dunouy. — Labrichon. — Pouson. — Ponthus-Cinier. — Cimier. — Ribot.

Gravure. — Bruuet.

Sculpture. — Thabard.

MÉDAILLES D'ARGENT

Peinture. — Anguin. — Bails. — Beyle. — Doze. — Girardon. — Hermann, Léon. — Lemann. — Perrachon. — Rivoire. — Romains. — Sicard.

Gravure. — Niciol. — Morse. — Pessin. — Weyrassat.

Sculpture. — Becquet. —Doublemard. — Irvoy. — Lambert. — Virieut.

Architecture. — Farge, de Saintien. — Lataud. — Bissuel. — Carra. — Germer. — Durand.

Peintures en émail sur porcelaine. — Lafond. — Yvetot.

MÉDAILLES DE BRONZE

Peintures. — Allemand, Hector-Gustave. — Bocion. — Berger. — Mᵉ Bernaerts. — Bakalowitz. — Bellangé. — Bianchi. — Bauvesie de Boucherville. — Castex. — Desgranges. — Mᵉ Chaine. — Olivier. — Mˡˡᵉ Condamine. — Mʳˢ Casmann. — Karcher. — Chevrier. — Camine. — Cellier. — Coquerel. — Coninet. — Cogen. — Delobbe. — Detranger. — Dallemagne, Léon. — Dallemagne, Adolphe. — Domer. — Dollaret. — Girier. — Guérard. — Houry. — Gaudefroy. — Ofavergeon. — Froment. — Joliet. — Junot. — Julien. — Kœclin. — Schwartz. — Krug. — Lecomte Charpin. — Laborne. — Lortet. — Legras. — Mallet. — Mᵉ de Maussion. — Maignan.

— Mauginot. — Mouser. — Mazure. — Michaud. — Niederhaussen. — Nanteuil. — Oudinot. — Pécrus. — Robin. — Salle. — Sicard, Appolinaire. — Mᵉ Salles-Vagner. — Seignemartin. — Mᵉ Sterrer. — Sibuet. — Thielley. — Terrier. — Urgelle. — Villa. — Zimmermann.

Sculpture. — Bernaerte. — Fabisch, Philippe. — Martin. — Sceta. — Textor.

Architecture. — Baraban. — Hénard. — Bailly. — Bellemain. — Coussar. — Girard. — Poix.

Calligraphie. — Fleury.

MENTIONS HONORABLES

Peinture. — Arbeit. — Archenolt. — Barriot. — Bavoux. — Benner, Emmanuel. — Besson. — Bieton. — Boulogne. — Brymer. — Mˡˡᵉ Caille. — Caron. — Cathelineau. — Chauvier de Léon. — Charrier. — Chauvigné, Auguste. — Chevallier. — Cornillon. — Cousin. — Dadoize. — Defaux. — Desavary. — Dellière. — Desbrosses. — Mˡˡᵉ Dieunet. — Dubourg. — Estignaud. — Ferragu. — Garnier. — Gonzalès. — Guillon. — Auteroche. — Hébert. — Isembert. — Jame. — La Chapelle. — Legrand, Alex. — Mˡˡᵉ Lelarge. — Levigne. — Lif. — Loire. — Loutrel. — Mˡˡᵉ Malbet, Delphine. — Mariller. — Mathis. — Mˡˡᵉˢ Meigret, Félicie. — Mayer. — Pothémont. — Mᵉ de Olandon. — Mˡˡᵉ Glivier. — Perreh. — Mᵉ Pourra. — Raillou. — Mˡˡᵉ Rey Rosier. — Mˡˡᵉ Siffert. — Bost. — Schmitt. — Mˡˡᵉ Pusin, Camille. — Van der Broeck-Ulm. — Verron. — Willemich. — Volf. — Zuber.

Gravure. — Bénard. — Laloze. — Salmon. — Mˡˡᵉ Berthe.

CHAPITRE XII

ALGÉRIE ET COLONIES

COMPOSITION DU JURY

Président.

TESTON, chef de bureau au ministère de l'Intérieur, Paris.

Secrétaire-Rapporteur.

Michel PERRET, fabricant de produits chimiques.

Membres.

GIRARD, Directeur de la Manufacture des Tabacs, à Lyon.

LOIR, Professeur de chimie à la Faculté de Lyon.

Membres.

MULATON, Membre de la Chambre de Commerce, à Lyon.

TOUAILLON, Ingénieur.

GILLET, Teinturier à Lyon.

RŒHRIG, Professeur à l'Ecole de Commerce, Lyon.

De La ROCHETTE, Membre de la Chambre de Commerce de Lyon.

AUBRY LECOMTE, Commissaire de Marine.

L'Algérie et les Colonies ont répondu d'une façon très-remarquable à l'appel qui leur a été fait par l'administration de l'Exposition, et l'installation des produits envoyés à la mère patrie par ces pays, faite d'une façon toute particulière, a présenté outre un cachet spécial, le plus grand intérêt.

C'est le ministère de la marine lui-même qui s'est chargé de ces exhibitions, et il a envoyé à Lyon comme délégués MM. Aubry Lecomte et Teston, et prié un lyonnais illustre, M. Dusseigneur-Kléber, de lui prêter son concours, afin que nos colonies soient représentées dignement dans le grand tournoi industriel de 1872.

Déjà aux précédentes Expositions, l'Algérie et les Colonies avaient révélé leur puissance de production, la fécondité inépuisable de leur sol, la variété infinie de leurs richesses minérales, végétales et animales. L'Algérie surtout, cette terre privilégiée dont le climat est si admirable, a comme l'habitude d'étonner le monde par la nouveauté de ses produits. Placée à deux jours de la France en face d'elle, de l'autre côté d'une mer dont elle contribue à lui donner l'empire, cette colonie travaille avec une activité dévorante.

Malgré des crises nombreuses, telles que les insurrections arabes, des bouleversements matériels, tels que des tremblements de terre, l'invasion des sauterelles, etc., elle vient démontrer au monde qu'il n'est aucun fléau du ciel ou de la terre qui puisse ébranler la foi des colons dans l'avenir réservé à leur œuvre, ni entraver le développement continuellement progressif de la colonisation Européenne.

Nous ne parlerons dans cet article particulièrement d'aucun des producteurs qui ont été couronnés à l'Exposition de Lyon. Nous allons tâcher d'entrer dans l'ensemble des exhibitions et d'en faire comprendre l'importance.

Dans la section principalement réservée aux produits algériens et coloniaux, nous avons trouvé exposés des matières premières et des objets particuliers aux pays exposants. Des trophées d'armes, placés de chaque côté de la galerie, rappelaient les mœurs des peuples indigènes et venaient indiquer leur degré de civilisation, car, c'est douloureux à dire, mais, croyons-nous, la perfection de l'armement peut servir de thermomètre indiquant à quel point en est le progrès dans tel ou tel pays.

Parmi les matières premières qu'a envoyées l'Algérie, il est surtout nécessaire de parler des minerais de fer, cette huitième merveille du monde, que produisent les carrières de Mokla-el-Hadid, qui améliorent tous les minerais de fer de France auxquels on les mélange, et qui ont rendu de si grands services aux établissements métallurgiques.

Nous devons parler aussi des mines de plomb argentifère, des gisements de marbre qui se découvrent chaque jour, et des produits des exploitations et industries forestières, une véritable richesse, autant pour les ressources qu'ils fournissent à l'ébéniste, au tourneur, au charron, au constructeur de machines, que pour les liéges et les matières résineuses.

En produits de la chasse et de la pêche, nous ne citerons que les plumes d'autruche du Sahara, et le corail pêché exclusivement sur le littoral algérien.

Quant à l'Agriculture, on connait la richesse agricole de l'Algérie qui est appelée dans un avenir peu éloigné à devenir un véritable grenier pour la France. Elle a exposé entre autres produits ses tabacs si estimés.

Nous trouvons enfin exposée une série qui comprend les soies, les laines, les poils de chameau, de chèvre, de chèvre angora, les crins, les lins, les chanvres, les produits du palmier nain, de l'alfale chinapats, l'asclépiade ou soie végétale et la filasse du mûrier, enfin le coton qui tient le premier rang dans la production de la province d'Oran, les substances tinctoriales, telles que l'indigo, la garance, le safran, etc., les tannins, le suif, le colza, l'œillette, le ricin, la graine de lin, le miel, la cire, les pavots somnifères et les cuirs.

Les Colonies ont exposé des produits spéciaux aux différents climats sous lesquels elles se trouvent. Nous ne voulons point en faire la nomenclature. Ils rappellent pour la plupart les mœurs des peuples qui les habitent, les moyens de nourriture employés par

delà les mers, et se composent principalement de ce qu'on est convenu d'appeler les *Denrées coloniales*.

J. BRUYAS — CONSTANTINE

MÉDAILLE D'ARGENT

M. J. BRUYAS a fait deux installations à l'Exposition et a par
conséquent été, dans ce grand concours industriel, l'un des représentants de notre colonie d'Algérie qui a mérité le plus d'éloges.

Il est établi à Constantine et y mène de front deux industries,
dont il a exposé les produits différents.

Il a obtenu, dans la section XXVI, une médaille d'argent pour
ses savons et ses bougies. Cette distinction a été amplement
méritée et nous semble un peu faible.

M. BRUYAS s'occupe aussi d'extraire de l'huile des différentes
graines et des différents fruits, capables d'en produire, que
fournit l'Algérie, tels que lentisques, olives, arachides, colza et
autres.

Bien qu'il se soit adonné depuis peu à cette industrie, la récompense qu'il a obtenue prouve, d'après ce qu'il sait faire à ses débuts,
ce que sera plus tard sa production. M. BRUYAS a pour autre
industrie, les travaux de quincaillerie et des métaux de toute
espèce.

Sa Maison, s'occupant de ce genre, est extrêmement importante,
et, ici comme pour les huiles, M. BRUYAS mérite les plus justes
éloges.

Il serait à désirer que nos colons d'Algérie comprissent tous
leur mission d'une façon aussi intelligente: notre colonie d'Afrique
verrait alors son développement s'activer dans de bien plus
sensibles proportions.

NOMS DES RÉCOMPENSÉS

DIPLOMES D'HONNEUR
ALGÉRIE

Pascali, gérant de l'exploitation Herzog, d'Oran. — Pierre Lavie, de Constantine. — Chiris, de Rhylen, près Bouffarick. — Bosson frères, d'Oran. — A. Rivière, directeur du jardin d'acclimation d'Alger.

COLONIES

Belanger, de Saint-Pierre (Martinique). — Comité agricole et industriel de Saïgon (Cochinchine). — Droquant, de Dunkerque. — La direction du pénitencier de la Guyane. — Comité local de Pondichéry. — Masson. — Devezeaux, de la Gouadeloupe.

MÉDAILLES D'OR
ALGÉRIE

Cordier, d'El Alia. — Masquelier, de St-Denis du Sig. — Du Pré, de St-Maure.

COLONIES

Francfort et Samuel, de Saïgon.

Rappel. — Bougenol, de la Martinique. — Lesade, de la Grande Anse.

MÉDAILLES DE VERMEIL
ALGÉRIE

Averseng, de Chéragas. — Costérisan, de Sidi Ali. — Vᵉ Merlin, de St-Denis-du-Sig. — Mielli, de Philippeville. — Orphelinat, de Misserghin. — Castagliona, de Médéah. — Rivière, de Crécia. — Jean St-Ferme Ste-Marie, d'Oran. — Firmin Dufoure, de Soumah. — Hédiard, d'Alger.

COLONIES

Ch. Poulain, de Pondichéry. — Pierre, de Saïgon. — Brière de Presles, de la Martinique. — Duchassaing, de la Martinique. — Etablissement de Savannah. — Usine de Bienhoa, de Cochinchine. — Massieux, de St-Germain. — Cheneau, de Macouba. — Dariste.

MÉDAILLES D'ARGENT
ALGÉRIE

Gabert, de Philippeville. — Giraud, d'Oran. — Mathieu, d'Alger. — Sauve, de Relizanne. — L'adjoint au maire, du pont de Chétif. — Goby, de Barbozat. — Dufour, d'Autoia. — Bartholémy, d'Oran. — Safranc, de Clémence. — Bruyas, de Constantine. — Chambre de commerce de Constantine. — Malglaive, de Marengo. — Barnonin, de Constantine. — Chambre de commerce de Philippeville. — Le D. Beyron, d'Oran. — Julia Louis, de Missergini. — Sanson, de Constantine. — Dautrin, d'Oran. — Sotan, d'Alger. — Chautareille, de Médiac. — Berr, d'Oran. — Picon, de Philippeville. — Courvoisier, d'Alger. — Abadie de Philippeville. — Dubois, de Dalmatie. — Le bas a Sidi, de Mabrouck. — Mercurin, de Chéragas. — Girard de Leyre, de Constantine. — Sériac, de Djilfa. — Borounot, de Biskra. — Bosson, d'Alger et de Paris. — Geise, d'Alger. — Schmala, du 2ᵉ spahis, de Ouizet.

COLONIES

M. Pagel. — Amiol, de Tahies. — Clément, de Glaffeu. — Importeur des gommes du Sénégal. — Jules Tardivel. — Richy, de St-Pierre. — Rousselot. — Le comte de Chattelez. — Menniol, de Duchazain. — Netz héritier. — Deschamps, de Dubois. — Adam, de Paquette. — Thai Wan Thoug, de Cochinchine. — Leroux, de Préville. — Putteaux, de la Martinique. — Tessorain, d'Habitation. — Prunser. — Letendu, de Matouba. — Chateauvieux, de Réunion. — Mezeun. — Devin, de la Martinique. — Fouché, de Virgile. — Litrée de St-Marie. — Hackert, d'Habitation.

CHAPITRE XIII

SECTION SPÉCIALE

Agriculture et Sériciculture

Les agronomes français ont tenu a honneur de donner à l'exposition des produits de notre sol un caractère d'ensemble qui fit parfaitement ressortir leur valeur. Dans ce but, ils avaient élevé dans le parc une série de constructions fort simples du reste et entourées de jardins qui semblaient être les illustrations de leur œuvre.

L'organisation et l'agencement des divers systèmes d'éducation de tel ou tel produit y étaient parfaitement détaillés, et chacun s'est plu à venir très-souvent admirer la façon heureuse avec laquelle tout avait été disposé.

L'agriculture marche de pair avec l'industrie, et il était rationnel qu'à l'Exposition de Lyon on trouvât tous les éléments nécessaires pour traiter à fond ces deux questions vitales pour tous les pays.

Dans les sections ressortissant de l'agriculture et de l'horticulture, il y a eu plusieurs concours, répétés à intervalles de quinzaine, pendant toute la durée de l'Exposition.

Ces concours ont été, paraît-il, des plus remarquables, et ont même dépassé toutes les espérances qu'on avait pu concevoir à l'avance.

La Société d'Agriculture de France a du reste décerné des prix spéciaux en dehors de ceux accordés par le Jury. Son vice-président, M. de la Loyère, qui remplaçait en deux circonstances M. Drouyn de Lhuys, son illustre président, a prononcé deux discours qui ont eu un grand retentissement et qui resteront comme l'un des souvenirs les plus remarquables et les plus purs de l'Exposition de Lyon.

VISSAC & Cie — *Usine du Saut-du-Tarn* — ST-JUERY (Tarn)

Nous profiterons de ce chapitre spécial, réservé à l'Agriculture, pour parler d'une maison dont l'importance est capitale, et qui a assisté à l'Exposition sans participer au concours.

C'est la fabrique d'acier du Saut-du-Tarn, ancienne maison Léon TALABOT et Cie.

Les produits de cette usine rentrent pour une part, par la fabrication des faux, dans la section agricole, et le lecteur nous saura gré de nous être rattachés à cette spécialité pour dire quelques mots d'une maison si importante, qu'il a tout intérêt à connaître.

Le Directeur de la Cie est M. VISSAC, mais elle est encore connue sous son ancienne raison sociale : Léon TALABOT et Cie. M. Talabot est ingénieur en chef du chemin de fer P.-L.-M et commandeur de la Légion d'honneur.

Tous les travaux d'aciéries se font dans cette usine, et plus spécialement, ainsi que nous l'avons dit, les limes et les faux. Tout ce qui en sort est admirablement trempé et doué de toutes les qualités qui constituent l'excellence des produits de ce genre.

Les représentants à Lyon de la fabrique d'acier du Saut-du-Tarn, sont MM. BRUYAS et BONNAND, place Bellecour.

DIPLOMES D'HONNEUR

Section spéciale (collaboration). — E. Rolland, de Lyon. — Grenier, ingénieur, de Lyon. — Vassivière, entrepreneur, de Lyon.

CHARRUES VIGNERONNES.

Diplôme d'honneur. — Fleury-Targe, secrétaire de la société régionale de viticulture de Lyon, de Charly.

Médailles d'or. — Messager, d'Auxerre (Yonne). — Pellet, à Curgy (Yonne).

Médaille de vermeille. — Moreau-Chaumier, à Tours (Indre-et-Loire).

Médailles d'argent. — Moncel, de Charbonnières (Rhône). — Chaperon, de Communay (Isère).

Médailles de bronze. — Simon, de Lavigny-les-Beaune (Côte-d'Or). — Plissonnier, de Loisy-sur-Tournus (Saône-et-Loire). — Renault-Goin, de Ste-Maure (Indre-et-Loire) — Collinon, bourrelier, de Chablis (Yonne).

CULTURES VITICOLES.

Prix d'honneur. — Peyrieux, propriétaire, de Saint-Jean-de-Bournay (Isère).

Médailles d'or. — de Valbreuze, propriétaire à Saint-Triviers-sur-Moignans (Ain). — Le vicomte de Loriol, propriétaire à St-Étienne-les-Ouillières. — Dufour, propriétaire-vigneron à Davayé (Saône-et-Loire).

Médailles de vermeil. — De la Chapelle, propriétaire à la Valbonne (Ain). — Le vicomte de Loriol, propriétaire à Saint-Étienne-les-Ouilles. — Michel Perret, propriétaire à Tullins (Isère). — Fleury Vaganay, vigneron à Saint-Andéol-le-Château (Rhône). — Du Villard, propriétaire à Chalon (Saône-et-Loire).

Médailles d'argent. — Menubarbe, vigneron à Virieu-le-Grand (Ain). — De Chichiliane, propriétaire à Montavie (Isère). — Berrerd, vigneron à Vaux. — Jules Petit, propriétaire à Saint-Nizier (Loire). — Clerguer, propriétaire à Serrières Saône-et-Loire. — Badet-Levert, vigneron à Saint-Désert (Saône-et-Loire).

Médailles de bronze. — Pelliod, proprié-
taires à Neuville-sur-Ain (Ain). — Lépine, propriétaire à Passins (Isère). — Louis, propriétaire à Trept (Isère) — Rojon, propriétaire à Saint-Chef (Isère). — Clivalier, propriétaire à Saint-Irénée-lès-Lyon. — Guyot-Guillemot, propriétaire à Massilly (Saône-et-Loire). — Alfred Mathey, propriétaire à Meugny (Saône-et-Loire). — Clavelot, vigneron à Chagny (Saône-et-Loire). — Descombes, instituteur à Salornay-sur-Guie (Saône-et-Loire).

SÉRICICULTURE.

Prix d'honneur. — Dusseigneur, de Lyon.

Médailles d'or. — M. le docteur Luppi à Lyon. — Le comice agricole de Saïgon (Cochinchine). — S. A. Ismaïl-Pacha, vice-roi d'Égypte. — De Bernardi, de Turin (Italie).

Médailles de vermeil. — Le professeur Castrogiovanni, de Turin (Italie). — *Le Moniteur des Soies*, dirigé par M. Duplat, de Lyon. — Chamecin, chimiste et professeur, à Lyon. — Thurigna, de Grenoble. — Delprino, de Turin (Italie).

Médailles d'argent. — Rolland à Orbes (Suisse). — Rouffia, instituteur à Perpignan. — Isidore Dell'oro de Yokohama (Japon). — Toussain Rey, à Annecy (Haute-Savoie). — Nourrigat, de Lunel.

Médailles de bronze. — Le docteur Brouzet, de Nîmes. — Orlandi, de Milan (Italie). — Jacquemet Bonnefond, pépiniériste à Annonay. — Mmes Ansoux, de Lyon. — André, de Lyon. — Veuve Hilarion-Meynard, de Valréas. — Duquaire, de Guerrins. — MM. Frèrejean, de Thoissey. — Crevat, de Loyette. — Mmes Henry, de Lyon. — Fége, de Bony. — Mlles Rosalie et Clorinde Machard, d'Annecy. — Mme Nontas, de Lyon.

Sur la proposition de M. le vicomte de la Loyère, le congrès, par un vote unanime, a, en outre, décerné *une médaille d'or* à M. Victor Pulliat, vice-président de la Société régionale de viticulture de Lyon, pour ses travaux sur les cépages.

CHAPITRE XIV

SOUS LES PROMENOIRS

Nous devons consacrer quelques mots à deux établissements
hors ligne qui se sont établis à l'Exposition sous les promenoirs
réservés, comme on le sait, aux cafés, restaurants et débits de
toute nature.

Bien que la situation de ces deux établissement et leur qualité
de vendeurs, et non d'exposants, les ait placés en dehors du
concours, nous croyons qu'ils auraient mérité, pour leur mode
d'installation et leur genre qui n'ont rien d'ordinaire, des diplômes
d'honneur.

Ces deux établissements sont ceux de M. GAILLETON, de Lyon,
de M. DREHER, de Vienne, représenté à Lyon par MM. MADERNI
et BARTHÉLÉMY.

GAILLETON FILS — LYON

M. GAILLETON fils avait installé, sous l'un des premenoirs de
l'Exposition, un établissement-bouillon dont le succès a été considérable.

Si M. GAILLETON fils, n'a pas le mérite de l'invention de ces
sortes de restaurants populaires auxquels le célèbre *Duval* a laissé

son nom, et qu'il créa à Paris en 1855, il n'en est pas moins vrai qu'il a été le seul en province qui ait osé l'imiter. Il fallait, en effet, beaucoup de hardiesse et surtout d'habileté pour implanter à Lyon une industrie qui semblait être essentiellement parisienne.

En effet, à Paris, la quantité de consommateurs est telle, que le bénéfice, si minime qu'il soit, que peut faire un restaurateur, se renouvelant sans cesse, il a pu être possible de vulgariser les *bouillons* et de les voir prospérer et s'accroître. Mais, à Lyon, avait-on le droit d'espérer un pareil résultat? Les Lyonnais sont assez, trop même, imbus d'une routine et d'un parti pris qu'ils mettent difficilement de côté, et quant aux étrangers de passage, leur nombre en est, en somme, assez limité en temps ordinaire. N'importe, M. GAILLETON eut foi en lui, et établit, il y a six à sept ans à peine, ses deux premiers *bouillons*.

Il ne copia pas servilement les établissements *Duval*, de Paris. Tout en prenant ce qu'il y trouva de pratique, il sut apporter à leur installation d'énormes modifications, et, par ce fait, des économies sensibles furent réalisées. Les consommations, dans les *bouillons* de Lyon, tout en étant de premier choix, atteignirent le *nec plus ultra* du bon marché. Quant au luxe et au confortable, ils furent peut-être même dépassés. Le succès fut bientôt la récompense méritée de ces hardis efforts, et, depuis cette époque, les *établissements de bouillon* sont passés dans les *mœurs* et les *habitudes* lyonnaises.

Fier et fort de cette réussite, M. Gailleton créa alors *trois* autres maisons d'une importance plus considérable encore, et donna à sa maison de boucherie, qui existait depuis nombre d'années, un grand développement. Cette transformation était obligatoire, et pouvait seule lui accorder une supériorité incontestable sur tous les établissements déjà existants.

Il était donc naturel que M. Gailleton pensât à installer un

Bouillon à l'Exposition. Là aussi le succès paraissait assuré, à la condition de créer une maison considérable et en rapport avec l'importance des visiteurs.

Son grand restaurant, situé sous les premenoirs de la galerie vi, a été à la fois une exhibition grandiose et un établissement des plus utiles, où chacun, calculant ses ressources, a pu y prendre des repas excellents dans les meilleures conditions de bien-être et de bon marché.

Pour juger de l'importance de ce *Bouillon,* disons qu'il pouvait contenir à la fois 500 personnes. Le service était fait admirablement par des femmes. Le personnel employé à se service atteignait certainement le chiffre de soixante; aussi, malgré l'affluence énorme qu'on rencontrait souvent aux heures des repas, il était rare de trouver un mécontent.

Cela tient à l'administration parfaite de cet établissement. Tout y est pratique et distinct. Chaque genre a sa spécialité et ses spécialistes. C'est merveille de voir fonctionner tout cela.

La décoration et l'arrangement de la salle avaient été faits avec beaucoup de goût et d'intelligence. Aussi, pendant les fortes chaleurs que nous avons eu à supporter, en juillet et août, a-t-il été toujours possible d'y rencontrer quelque fraîcheur, grâce à la grande masse d'air qu'on y a largement laissé circuler.

Nous terminons cette notice en adressant nos félicitions à M. Gailleton, qui a trouvé le moyen d'embellir l'Exposition et de satisfaire tout le monde, tout en ayant fait, nous l'espérons (et c'est justice), une bonne opération financière.

DREHER — VIENNE

MADERNI & BARTHÉLEMY — *Représentants* — LYON

M. DREHER, de Vienne, a tenu à honneur de créer une brasserie à l'Exposition. Ce sont MM. Maderni et Barthélemy, représentants de cette maison, la première du monde, qui ont monté cet établissement.

Confortable, bonne tenue et service *masculin;* telle a été la devise de ces messieurs, qui s'étaient installés sous le promenoir de la viiie. galerie.

Aussi était-ce le rendez-vous du meilleur monde et des consommateurs sérieux. Nous ne parlerons pas de la valeur intrinsèque de la bière. Qui ne connaît et n'adore la bière Dreher.

Nous dirons seulement que la qualité doit en être bien reconnue supérieure, puisque, depuis 1867, tous les pays se disputent les produits de cette maison, dont le débouché capital est l'Egypte.

La fabrique Dreher, près Vienne (Autriche), occupe un village entier; on y arrive par un railway dont elle est propriétaire.

En 1873, à l'Exposition de Vienne, M. Dreher a décidé qu'il ferait couler *gratis,* pendant six heures de la journée, et tous les jours, quinze robinets continus de bière.

Dans ce fait il y a plus que de la largesse; nous estimons ce cadeau comme un acte princier qui prouve les grandeurs de l'industrie Dreher.

A Lyon, on n'a pu installer ce service gratuit. Mais la bière n'en était pas moins exquise et faisait oublier toutes les bavières *passées.*

CHAPITRE XV

LES ÉTATS

Qui ont prêté leur concours
à l'Exposition de Lyon

Nous touchons à la fin de notre tâche. Mais, avant de terminer notre ouvrage, nous croyons devoir consacrer un chapitre aux pays étrangers qui ont bien voulu prêter leur concours à l'Exposition de Lyon.

Nous n'avons pas besoin, en effet, de rappeler les circonstances dans lesquelles est née l'œuvre à laquelle nous avons consacré ce livre. On sait que, commencée en 1869, elle a été arrêtée par l'invasion étrangère et a dû reprendre ses travaux après une guerre terrible, où tout le monde avait pu croire la France perdue pour de longues années. C'était une tentative héroïque et patriotique entre toutes, que de vouloir, quand la France venait d'être battue par les armes, et malgré l'héroïsme de ses soldats, comme jamais elle ne l'avait été, montrer qu'il fallait plus pour l'anéantir que les vandales d'outre-Rhin, et que si le malheur s'était attaché pendant huit mois au sort de ses armées, si pendant huit mois, des hordes aussi barbares que celles qui envahirent l'Europe à la chute de l'empire romain, des hordes qui portaient avec elles le fer et le feu, avaient répandu la mort et l'incendie sur ses belles campagnes, elles n'avaient point su éteindre chez elle, cette vitalité qui fait de la France la patrie réelle de la pensée et de l'industrie progressives.

Elle a été grande et généreuse entre toutes, la tâche de ces hommes qui ont su montrer que la France vivait encore quand on la croyait morte, et que s'il avait été possible de l'abattre un moment sur les champs de bataille, elle demeurait encore debout pour les travaux de paix et de civilisation, et que rien ne saurait ébranler sa vitalité industrielle et spéculative.

Mais tout en admirant le courage de ces hommes qui, contre tout et presque contre tous, ont tenté et ont réussi, il est de notre devoir d'adresser nos remerciements aux pays étrangers qui ont bien voulu contribuer à cette œuvre, avoir confiance dans son succès, alors que sa possibilité était si discutable, et envoyer sans crainte les produits de leur industrie au dehors de leurs frontières, loin de chez eux, comme un témoiguage de sympathie à la France humiliée et vaincue.

C'est un devoir de reconnaissance que de dire à ces alliés au lendemain du malheur: merci, de n'avoir pas cru la France morte; merci, d'avoir compté sur la vitalité de son industrie et de son commerce; merci, de lui avoir tendu la main sur ce champ pacifique où les peuples luttent entre-eux, avec l'intelligence pour arme, en faveur du progrès et du bien être matériel et moral du monde entier, merci.

*
* *

Ils sont nombreux les pays d'Europe qui ont voulu nous montrer leur amitié. Citons en première ligne l'ANGLETERRE, notre voisine et notre rivale en industrie, unie depuis si long-temps à nous par l'amitié industrielle et par les sympathies mutuelles des deux peuples.

L'Angleterre a largement contribué à l'œuvre française. Malgré l'Exposition de Londres qui s'ouvrait en même temps que celle de Lyon, de nombreux fabricants anglais ont répondu à l'appel qui leur était fait et sont venus, non sans honneur, lutter avec les fabricants français dans ce grand concours international.

Nous avons dù parler, dans les pages de ce volume, de trop d'industriels d'outre-manche récompensés à Lyon; nous avons cité trop de noms anglais, pour vouloir faire autre chose ici, que leur adresser un témoignage de notre reconnaissance.

*
* *

Occupons-nous de la Belgique, ce pays frère de la France, qui parle notre langue et dont les mœurs sont les nôtres. Ce pays où règne une juste liberté, preuve de la majorité intellectuelle de ses habitants.

Elle a pris aussi une large part à l'Exposition de Lyon. Des producteurs de tous genres de ce pays, dont l'industrie ressemble tant à la nòtre, se sont empressés de nous adresser les produits de leur fabrication et ont su enlever des diplòmes d'honneur.

La Belgique a même concouru d'une façon plus directe à l'œuvre de MM. Tharel et Daboneau; M. Anspach, le bourgmestre de Bruxelles, est venu officiellement visiter l'Exposition et y représenter le gouvernement de son pays, et cet homme intelligent a su manifester sa sympathie et son admiration pour l'Exposition lyonnaise, premier travail de régénération de la France.

On se rappelle le concours de pigeons voyageurs, envoyés de Belgique, qui sont partis de l'Exposition emportant des dépêches pour leur pays. Ce concours avait une portée plus grande qu'une simple fète ou une simple cérémonie. Le siége de Paris a démontré, en effet, que la France ferait bien d'emprunter cet art de l'éducation des pigeons voyageurs à son alliée la Belgique.

*   *

La Suisse, voisine de Lyon, n'a fait que continuer ses généreuses traditions en exposant les travaux de ses montagnards intelligents et habiles. Au lendemain de la retraite de l'armée de l'Est, si généreusement reçue sur son sol hospitalier, nous avons vu ses enfants venir en corps à Lyon, où ils ont été reçus sans pompe comme des républicains, mais en véritables frères.

Nous regretterons ici de n'avoir point vu l'horlogerie genevoise dans les galeries du parc de la Tête-d'Or. Sa rivale, l'horlogerie byzontine, manquait aussi. Cela a été peut-être un peu la faute de l'administration de l'Exposition. Espérons n'avoir pas à constater cette lacune l'année prochaine.

*   *

L'Italie, qui nous a prêté son appui moral et son bras pendant la guerre de 1870, qui nous a envoyé des corps francs de volontaires qui ont tenu en échec les armées prussiennes et peut-être sauvé Lyon des horreurs d'un siège, nous a montré encore, dans cette œuvre de paix, qu'elle avait bonne mémoire et qu'elle gardait sa reconnaissance et son amitié au pays qui l'a tant aidée à faire son unification.

*   *

L'Espagne, malgré les révolutions nombreuses qui l'ont agitée ces dernières années, et qui est probablement encore bien loin d'arriver à sa pacification, malgré les obstacles de toute nature qui ont nécessairement entravé son industrie dans ces temps de guerres civiles, a aussi concouru à l'Exposition de Lyon, et son gouvernement a bien voulu, dans la situation si difficile qui lui était faite, prendre des mesures qui favorisassent l'envoi en France des produits espagnols. Elle a droit, de notre part, pour les efforts faits en faveur d'une œuvre civilisatrice, dans des circonstances aussi douloureuses, à une reconnaissance plus grande.

L'Espagne a d'ailleurs prouvé, en existant encore après des agitations aussi nombreuses et une aussi longue agonie, qu'elle avait une force de vie considérable, et que, si la voix des partis s'y taisait, elle reprendrait une place au milieu des puissances européennes, et que ses habitants redeviendraient un jour les dignes fils de ceux qui ont découvert et conquis l'Amérique.

*
* *

Le Portugal, entr'autres produits, nous a envoyé ses vins si célèbres. Ce pays, pendant si longtemps agité et que la fertilité de son sol et sa belle place sur l'Océan rendait l'objet de nombreuses convoitises, vit enfin en paix. Ceux qui ont lu l'histoire se rappellent quelle fut sa puissance maritime, qui lui a permis de posséder les plus belles colonies du monde, dont il a conservé quelques-unes.

Sa position, en face de la plus grande des mers, défendue, comme par des forts avancés, par les îles qui bordent son continent, lui donne le droit d'espérer que sa marine redeviendra une des premières marines commerçantes du monde, et centuplera un jour sa richesse. Encore quelques années d'efforts et de paix.

*
* *

La Russie, ce pays amoureux de notre littérature et de notre esprit, bien qu'à l'autre extrémité de l'Europe, a entendu raisonner chez elle l'écho de l'Exposition de Lyon, et n'a pas dédaigné d'y concourir. On sait que le prince qui règne à St-Pétersbourg est un ami de la civilisation et du progrès, qu'il n'est point, quoiqu'on en ait dit, hostile à la France, dont son fils le prince héréditaire est l'ami, et nous avons tous encore présent à la mémoire le souvenir de son voyage à Paris, lors de l'Exposition de 1867.

***

Nous avons consacré à l'Egypte, dont le vice-roi lui-même a été exposant, un chapitre au commencement de ce livre; nous n'en reparlerons donc pas.

***

Quant aux Etats-Unis, ont sait quelle expérience ce peuple, âgé de deux cents ans, a dejà acquise; on sait la façon grandiose dont il comprend l'industrie, et que ses produits, sans s'inquiéter des mers, trouvent leur place sur tous les marchés, tandis que l'esprit spéculatif des producteurs américains couvre l'Europe d'inventions aussi ingénieuses qu'utilitaires.

***

Nous avons réservé, dans ce chapitre, la dernière place à ·l'Autriche, parce que nous voulions dire quelques mots du grand concours industriel auquel elle se prépare, et qui est à la veille de s'ouvrir dans sa capitale.

Jamais dans aucun pays on n'aura vu de manifestation aussi grandiose de l'intelligence et du travail humains. Le gouvernement de François-Joseph a pris lui-même la haute direction de cette œuvre gigantesque, et a consacré des millions à son exécution. Tous les pays du monde ont été appelés à ce grand concours et ont dû y choisir leurs espaces, avant même que les plans du palais fussent terminés, afin qu'on puisse faire ces plans et construire l'édifice sur les indications données.

Malheureusement, à cette époque, la France, relevant de la guerre, douta un peu d'elle-même et ne retint que des espaces trop limités. Aussi, malgré les efforts qui sont faits pour tirer le meilleur parti du peu de place réservée, il y aura eu beaucoup d'appelés et peu d'élus. Nous espérons que la qualité sera en proportion inverse de la quantité, et que le drapeau de la France sera glorieusement représenté dans cette capitale, la plus belle et la plus parisienne des villes d'Europe, après Paris.

Nous n'avons point dit encore un mot de nos malheureux frères d'*Alsace* et de *Lorraine,* si brutalement annexés à l'Allemagne. Pouvons-nous les considérer comme des étrangers ? Nous les reverrons tous l'année prochaine, tous ceux qui n'ont point quitté le sol devenu prussien pour transporter, au péril de leur fortune, leurs usines sur le sol français. Ils s'empresseront tous, en 1873 comme en 1872, d'envoyer à la mère patrie leurs regrets et leurs souvenirs symbolisés dans les merveilleux produits de leur industrie.

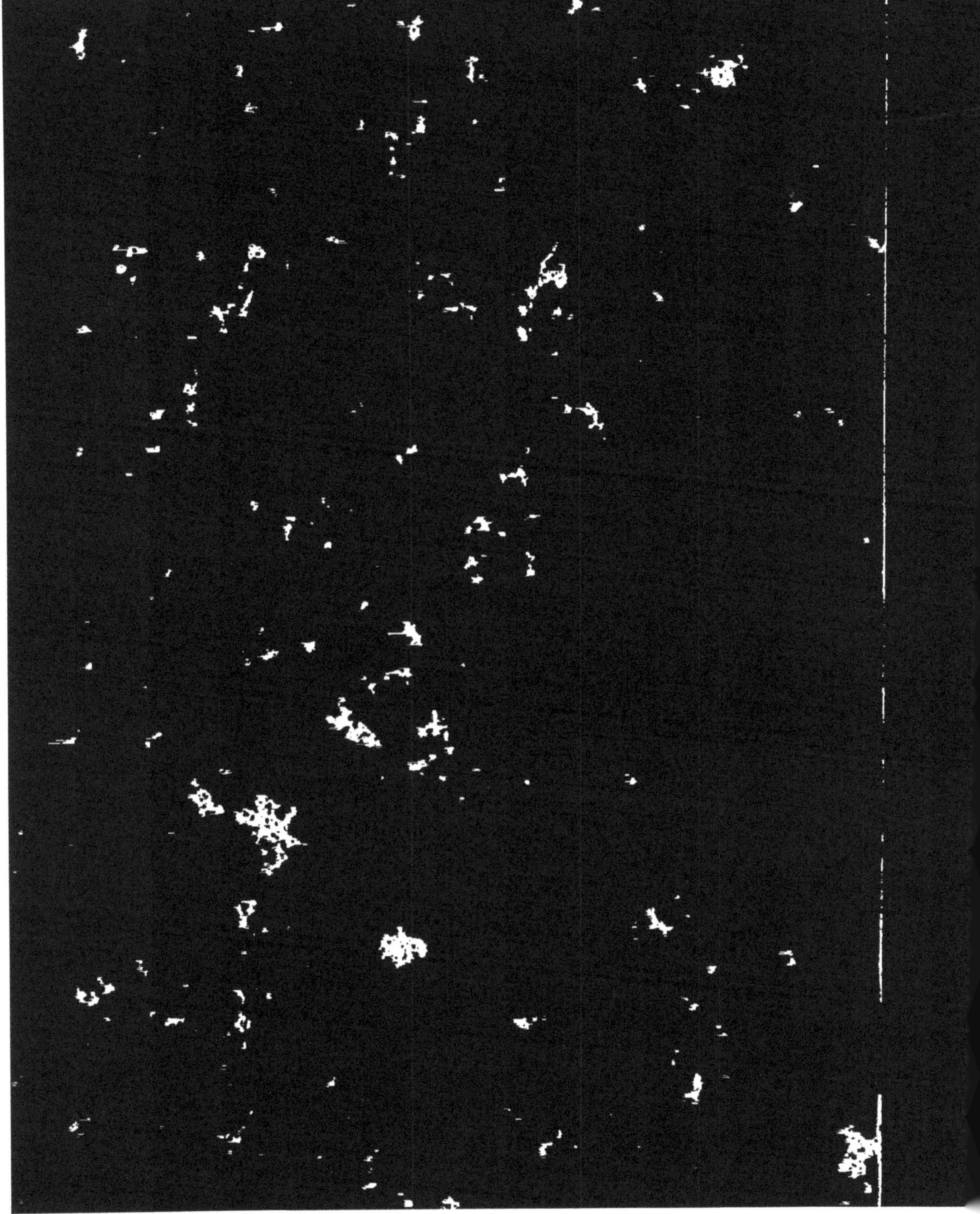